科学出版社"十三五"普通高等教育本科规划教材
中国医学装备协会医学装备计量测试专委会推荐书目

机械通气设备
与输注设备质控技术

主　编　刘文丽　帅万钧

科学出版社
北　京

内 容 简 介

本书结合临床应用系统介绍了机械通气设备和输注设备的质量控制知识,重点阐述了呼吸机、麻醉机、输液泵和注射泵的质量控制检测方法。本书主要内容包括计量和质量控制基础知识;呼吸机、麻醉机、输液泵和注射泵的设备原理、临床应用、使用风险、风险管控、质量控制相关标准和技术规范、安装验收和日常使用中的质量控制、预防性维护及物理参数的质量控制检测技术等。

本书可作为生物医学工程、计量学、临床医学和护理学等相关专业本科生、专科生的专业课教材,也可作为相关专业研究生的选修课教材,还可作为医疗机构工程技术人员、临床医护人员及医疗设备监督检验机构技术人员的参考读物。

图书在版编目(CIP)数据

机械通气设备与输注设备质控技术 / 刘文丽, 帅万钧主编. —北京: 科学出版社, 2020.5

科学出版社"十三五"普通高等教育本科规划教材

ISBN　978-7-03-065160-0

Ⅰ. ①机… Ⅱ. ①刘… ②帅 Ⅲ. ①呼吸器–质量控制 ②麻醉器–质量控制 ③输液器–质量控制 ④注射器–质量控制 Ⅳ. ①TH77

中国版本图书馆 CIP 数据核字(2020)第 085507 号

责任编辑:李 植 / 责任校对:郭瑞芝
责任印制:徐晓晨 / 封面设计:范 唯

科 学 出 版 社 出版
北京东黄城根北街 16 号
邮政编码: 100717
http://www.sciencep.com

北京九州迅驰传媒文化有限公司 印刷
科学出版社发行 各地新华书店经销
*

2020 年 5 月第 一 版 开本: 787×1092 1/16
2020 年 12 月第二次印刷 印张: 13
字数: 280 000
定价: 69.80 元
(如有印装质量问题,我社负责调换)

编 委 会

目　　录

第一章　计量及质量管理基础知识

计量是国家经济建设、科技进步和社会发展的重要技术基础，世界各国都把统一计量单位、保障量值准确可靠作为政权建设和发展经济的重要措施。我国已经形成了以《中华人民共和国计量法》为基础，若干法规、规章相配套的计量法律体系；建立了以国际单位制为基础的计量基准、标准体系，设立了各级计量技术机构，构成了我国的国家计量管理体系。医疗设备质量管理是医院质量管理的重要组成部分，是以规避医疗设备风险为出发点，以医疗设备全生命周期的质量保障为目标，以技术性检测为基础手段，以完整的管理流程为执行依据，以数据收集和分析为持续改进方向的管理工作，其最终目的是规避医疗风险，提高医疗质量和医院综合效益。科技要发展，计量需先行。医学计量作为计量学在医学领域的应用与延伸，是医疗设备质量控制的基础与核心。本章分三小节介绍，分别为计量基础知识、检测和校准实验室质量管理体系、医学计量与医疗机构医疗设备质量控制。

第一节　计量基础知识

一、概　　述

（一）计量的概念

计量是实现单位统一、量值准确可靠的活动。中国古代把砝码称为"权"，至今"权"仍然是法制和公平的代名词。计量在中国历史上称为"度量衡"，用尺、斗和秤分别测量长度、容积和质量。计量学是测量及其应用的科学，涵盖与测量有关的理论与实践的各个方面。计量管理是为了满足社会对测量的需求而进行的法制、技术和管理方面的有组织的活动。

中华人民共和国成立后，计量制度开始统一，适应经济发展的计量学科得以建立，实现了计量事业由传统向近代的转变。20世纪70年代之后，中国计量在法制化的道路上，进入了标准化和国际化的新阶段。

（二）计量的发展概况

在计量发展的原始阶段，以权力约束或使用经验值，大多利用人、动物或自然物作为计量基准来进行计量活动。在中国，公元前221年，秦始皇建立了全国统一的度量衡制度，并实行定期检定计量器具的法制管理；古埃及的尺度是以人的胳膊到指尖的距离为依据的；英国早期的英尺用查理曼大帝的脚长来确定。

1875年5月20日，17个国家代表在巴黎签订《米制公约》，为米制的传播和发展奠定了基础。《米制公约》的签订，标志着计量发展到了以宏观现象与人工实物为科学基础的阶段，这个阶段可以称为计量发展的经典阶段。在该阶段形成了一种基于自然不变的米制。但这类宏观实物基准在大的时间尺度和空间尺度上是会发生改变的。其量值会发生缓慢的变化和漂移，因此影响了测量的准确性。

现代计量则以量子理论为基础，使用微观量子基准代替宏观实物基准。从经典理论的角度观察物质世界，它是在做连续的运动；而从微观的角度观察，量子体系中的事物是不连续的、跳跃的、量子化的。由于原子的能级稳定，跃迁时辐射信号的周期也非常稳定。1967年用铯-133原子特定能级跃迁定义了秒。这类微观量子基准，提高了国际单位制基本单位的准确性、可靠性和稳定性。但更好的方案是将计量单位的定义建立在物理常数的基础上。2018年11月的国际计量大会通过了关于国际单位制 SI 的一项重要决议：4 个基本单位——千克、安培、开尔文、摩尔分别改由普朗克常数、基本电荷、玻尔兹曼常数、阿伏伽德罗常数定义。至此，全部 7 个基本单位都通过物理常数来定义，使国际单位制迎来了重要变革。

（三）计量与测量的关系

测量是通过实验获得并可合理赋予某量一个或多个量值的过程。计量是实现单位统一、量值准确可靠的活动。计量学是测量及其应用的科学。计量学涵盖有关测量的理论及不论其测量不确定度大小的所有应用领域。

计量源于测量，又严于一般的测量。计量是一种特殊的测量，它是以实现单位统一、量值准确可靠为目的的测量。计量涉及整个测量领域，它在测量领域中扮演着监督、保障和仲裁等角色。因此，计量是利用科技手段和监督管理手段来实现统一和精确的测量。测量是获取量值信息的活动，它的对象是仪器；计量不仅要获取量值信息，还要实现量值信息的传递或溯源。因此，测量可以是孤立的，计量则存在于量值传递或溯源的系统中。计量与测量的关系，可以简单地理解为：计量=规范化测量+测量的规范化。

（四）计量的基本特点

计量具有准确性、一致性、溯源性、法制性四个特点。

1. **准确性**　测量结果与被测量真值的一致程度。量值的准确性，即在一定的不确定度、误差极限或允许误差范围内的准确性。测量时在给出量值的同时需要给出相应的不确定度或误差范围，以便表示测量的品质。否则所得量值就不具备充分的实用价值。

2. **一致性**　指在统一计量单位的基础上，无论在何时何地、采用何种方法、使用何种计量器具、由何人测量，只要符合测量要求，其测量结果就应在给定的区间内有其一致性。即测量结果若是可重复、可复现、可比较的，那么测量结果是可靠的。计量实际上是对测量结果及其有效性、可靠性的确认，否则计量就失去了其社会意义。

3. **溯源性**　任何一个测量结果或计量标准的值，都能通过一条具有规定不确定度的连续比较链，与计量基准联系起来。这种特性使所有的同种量值，都可以按这条比较链通过校准向测量的源头追溯，也就是溯源到同一个计量基准，从而使其准确性和一致性得到技术保证。国际单位制是世界各国统一使用的一种通用的单位制。通用的计量单位和计量制度，有利于国际贸易的顺利开展、经济的发展及科技的交流。各国的计量基准都应能溯源至国际单位制。

4. **法制性**　来自计量的社会性。因为量值的准确可靠不仅依赖于科学技术手段，还要有相应的法律、法规和行政管理。特别是对于国计民生有明显影响、涉及公众利益和可持续发展或需要特殊信任的领域，必须由政府起主导作用建立起法制保障。否则，量值的准确性、一致性及溯源性就不可能实现，计量的作用也难以发挥。计量学作为一门科学，紧密结合国家法律、法规和行政管理，它是测量及其应用的科学。

（五）计量的作用

计量的根本任务是建立并保持国际和国内计量单位和测量量值的统一。计量科学研究是国家测量能力的基础、前提和保证，计量科学可持续发展，将保持和提升国家测量能力，并能够为国民经济、社会发展和国防建设提供计量技术保障。计量科学既是科学技术和经济发展的重要支撑条件，又是工业竞争力的重要组成部分，是国家整体经济和社会有序、持续发展的重要基石。

社会发展离不开有效测量，计量是实现单位统一、保障测量数据准确可靠并与国际接轨的技术手段。对于一个国家来说，每一个基本计量单位都必须有唯一的量值传递和溯源体系，这一体系包括标准方法、标准物质和相应的计量器具。通过使用相同的标准物质、标准方法和计量器具，才能在不同的时间和空间内对物质的同一特性进行有效测量，并能对测量结果进行比较，保证测量结果的可比性和有效性，这是现代社会活动中，特别是经济贸易、质量监督、产品检验和研发等活动中必不可少的环节。

总之计量是实现单位统一、保障测量数据准确可靠，并与国际接轨的技术手段，是整个国家经济和社会有序发展的重要技术基础。

二、计量法律制度与法定计量单位

（一）计量法及其基本特征

计量是技术与管理的结合体。计量的技术行为体现在准确测量上；计量的管理行为体现在实施法制管理上。

《中华人民共和国计量法》（以下简称《计量法》）是调整计量法律关系的法律规范的总称。它统一了国家计量单位制，利用了现代科学技术所能达到的最高准确度建立计量基准、标准，保证了全国量值的统一和准确可靠。计量法是国家管理计量工作的根本法，是实施计量法制监督的最高准则。其基本内容是计量立法宗旨、调整范围、计量单位制、计量器具管理、计量监督、计量授权、计量认证、计量纠纷的处理和计量法律责任等。

计量法立法遵循"统一立法，区别管理"的原则。"统一立法"是指经济建设，国防建设，与人民生活、健康、安全等有关的各方面计量工作，都要受到法律的约束，由政府计量部门实施统一的监督。"区别管理"，就是在管理方法上区别不同情况，有的由政府计量部门实施强制管理，有的则主要由企、事业单位及其主管部门依法进行管理，政府计量部门侧重于监督检查。

计量立法，首先考虑的是加强计量监督管理，健全国家计量法制。而加强计量监督管理最核心的内容是保障计量单位制的统一和全国量值的准确可靠，这是计量立法的基本点。由于单位制统一和量值的准确可靠是经济发展和生产、科研、生活能够正常进行的必要条件，因此计量法中各项规定都是紧密围绕这两个基本点进行的。但加强计量监督管理、保障计量单位制的统一和量值的准确可靠，还不是计量立法的最终目的。其最终目的应该是要达到应有的社会经济效果，即为了促进科学技术和国民经济的发展；为了取信于民，保障广大消费者免受不准确或不诚实测量所造成的危害；为了保护人民群众的健康和生命、财产的安全，保护国家的利益不受侵犯。

计量法调整范围包括适用地域和调整对象，即在中华人民共和国境内所有国家机关、社会团体、中国人民解放军、企事业单位和个人，凡是建立计量基准、计量标准，进行计量检定，制造、修理、销售、进口、使用计量器具及计量法规定的使用计量单位，开展计量认证，实施仲裁检定和调解计量纠纷，进行计量监督管理，都必须按照计量法的规定执行，不得随意变通。

根据我国的实际情况，计量法侧重调整的是单位量值的统一及影响社会经济秩序、危害国家和人民利益的计量问题。不是所有计量工作都要立法。立法主要限定在对社会可能产生影响的范围内，其他的不必立法，如家庭自用的计量器具。

我国计量法有自己鲜明的特点，与国际上其他国家相比，大体有以下三方面：实行"统一立法，区别管理"的原则，加强工业计量的法律调整，适应改革需要的放权、授权。

自1985年9月6日全国人民代表大会常务委员会通过《计量法》以来，我国基本建成了计量法规体系，它以计量法为根本法，包括其配套的若干计量行政法规、规章，使得计量领域有法可依。计量法规体系可分为以下三个层次。

1. 计量法律　即1985年9月6日全国人民代表大会常务委员会通过的《中华人民共和国计量法》。

2. 计量行政法规、法规性文件　包括两类：一是国务院依据计量法所制定的计量行政法规，如《中华人民共和国计量法实施细则》《关于在我国统一实行法定计量单位的命令》《中华人民共和国强制检定的工作计量器具检定管理办法》《中华人民共和国进口计量器具监督管理办法》《国防计量监督管理条例》《关于改革全国土地面积计量单位的通知》。二是省、直辖市人民代表大会常务委员会制定的地方性计量法规及自治区和州、县的自治区制定的有关实施计量法的条例、办法等法规。

3. 计量规章、规范性文件　包括三类：一是国务院计量行政部门制定的各种全国性的单项计量管理办法和技术规范，如《中华人民共和国计量法条文解释》《中华人民共和国强制检定的工作计量器具明细目录》《中华人民共和国依法管理的计量器具目录》《计量基准管理办法》《计量标准考核办法》等。二是国务院有关主管部门制定的部门计量管理办法。三是县级以上地方人民政府及计量行政部门制定的地方计量管理办法。

（二）国际单位制

法定计量单位是政府以法令的形式，规定在全国采用的计量单位。计量法是我国单位制和量值统一的法律依据。计量法规定，国家实行法定计量单位制度。国家采用国际单位制（SI）。国际单位制计量单位和国家选定的其他计量单位，为国家法定计量单位。国际单位制是我国法定计量单位的基础，一切属于国际单位制的单位都是我国的法定计量单位。

国际单位制是由国际计量大会批准采用的基于国际量制的单位制，包括单位名称和符号、词头名称和符号及其使用规则。ISO 80000-1：2009 Quantities and units-Part 1：General规定了国际单位制的量和单位。我国也已经制定了有关量和单位的一系列国家标准，如国家标准《国际单位制及其应用》（GB 3100—93）。

1. 国际单位制的构成　SI单位是国际单位制中由基本单位和导出单位构成一贯单位制的那些单位。除质量外，均不带SI词头。国际单位制的构成如下：

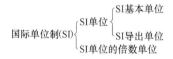

其中，SI单位的倍数单位包括SI单位的十进倍数和分数单位。

2. 基本单位　SI单位中的基本量和基本单位为7个，其名称和符号见表1-1。

表 1-1　SI 基本单位

量的名称	单位名称	单位符号
长度	米	m
质量	千克（公斤）	kg
时间	秒	s
电流	安培	A
热力学温度	开［尔文］	K
物质的量	摩［尔］	mol
发光强度	坎［德拉］	cd

注：其中，在不引起混淆、误解的情况下，方括号中的字可以省略。去掉方括号中的字，形成单位名称的简称。在生活和贸易中，质量习惯称为重量。

3. SI 导出单位　导出单位是指"导出量的计量单位"。导出单位是用基本单位以代数形式表示的单位。这种单位符号中的乘和除采用数学符号，如速度的 SI 单位为 m/s。某些 SI 导出单位具有专门名称和符号，它们是国际计量大会通过的。使用这些专门名称并用它们表示其他导出单位，通常更为方便，如电荷量的单位用库（C）代替安培·秒（A·s）。导出单位可以有多种构成形式：

（1）由基本单位和基本单位组成。

（2）由基本单位和导出单位或具有专门名称的导出单位组成。

（3）由导出单位和导出单位组成。

4. SI 单位的倍数单位　由于应用领域和对象不同，需要选用量级恰当的单位。例如，测量百米跑道长度时采用米，而在表示头发直径时则用微米。因此，在定义的单位前加上一个词头，可以使它成为一个新的单位。词头用于构成倍数单位：十进倍数单位和分数单位。词头符号与所紧接的单位符号应作为一个整体对待，它们共同组成一个新单位（十进倍数或分数单位），并具有相同的幂次，而且还可以和其他单位构成组合单位。

倍数单位的选取，一般应使量的数值在 0.1～1000，如 0.001 34m 可以写成 1.34mm。但为了方便起见，某些惯用的单位可不受该限制。

5. 国际单位制的变革　1875 年《米制公约》签署，确定了统一的国际计量体系。SI 建立于 1948～1960 年，源于《米制公约》。2018 年 11 月第 26 届国际计量大会通过关于 SI 的一项最重大变革。新的国际单位制中，SI 基于一套与物理定律一一关联的定义。千克、安培、开尔文和摩尔 4 个国际单位制的基本单位被重新定义，于 2019 年 5 月 20 日正式生效。自此，7 个基本单位通过 7 个包含这些单位的物理常数来定义（表 1-2）。4 个新定义的基本单位：千克用普朗克常数（h）定义，安培用基本电荷（e）定义，开尔文用玻尔兹曼常数（k_B）定义，摩尔用阿伏伽德罗常数（N_A）定义。表 1-2 中 c 为真空中的光速，Δv C_s 为铯-133 原子基态的超精细结构跃迁频率。

表 1-2　国际单位制基本单位的常数定义

单位名称	单位定义
秒	$1s = 9\ 192\ 631\ 770/\Delta v\, C_s$
米	$1m = (c/299\ 792\ 458)\ s$
千克	$1kg = (h/6.626\ 070\ 15 \times 10^{-34})\ m^{-2} \cdot s$
安培	$1A = e/(1.602\ 176\ 634 \times 10^{-19})\ s^{-1}$
开［尔文］	$1K = (1.380\ 649 \times 10^{-23}/k_B)\ kg \cdot m^2 \cdot s^{-2} = 2.266\ 665 \Delta v \cdot h \cdot k_B$
摩［尔］	$1mol = 6.022\ 140\ 76 \times 10^{23}/N_A$
坎［德拉］	$1cd = (K_{cd}/683)\ kg \cdot m^2 \cdot s^{-3} \cdot sr^{-1} = 2.614\ 830 \times 10^{10} \Delta v \cdot h \cdot K_{cd}$

这是国际测量体系第一次全部建立在常数基础上，与过去的实物基准相比，常数意味着恒定。在新的单位制中，单位通过定值的基本常数导出。新的国际单位制将不再区分基本单位和导出单位，所有单位都是从基本常数中导出的。因为基本常数恒定，所以单位制的基础可靠，从而保证了国际单位制的长期稳定性。这次新的国际单位制的建立在科学史、技术史和文明史上具有里程碑意义。

在技术领域，单位制的变革带来的影响将逐步显现。在新的国际单位制中，千克的定义不再受实物变化导致的质量偏移的影响；所有电学单位的定义都通过量子体系实现。新的国际单位制将会促进未来关于精度方面的技术进步，这将产生深远而重大的影响。

千克、安培、开尔文和摩尔的重新定义将不会对秒、米和坎德拉的定义产生影响。此次 SI 单位的重新定义不会对法制计量产生直接影响，因为用户仍通过原有方式溯源到重新定义后的 SI 上。

由于国际单位制的重新定义是基础性的，而且其作用更多地体现在精细尺度上，因此单位制的变革短期内不会对广大人民群众带来太大影响。平常日用的尺子、电子秤、水表、电表还是和原来一样使用。工业生产中的各种测量仪器也不会因为新定义产生不同的数值。

（三）我国法定计量单位

法定计量单位是指国家法律、法规规定使用的计量单位。我国的法定计量单位由两部分组成：国际单位制单位和根据我国的情况选用的一些非国际单位制单位。1984 年 2 月 27 日国务院发布《中华人民共和国法定计量单位》，并在《计量法》中规定了我国的法定计量单位。

1. 我国法定计量单位的特点 我国与国际上大多数国家一样，以国际单位制为基础，并结合国情选用了非国际单位制的单位作为我国的法定计量单位。在选定的 16 个非国际单位制中，有 10 个是国际计量大会认可的、允许与国际单位制并用的单位；其余 6 个单位是世界各国普遍采用的单位。我国法定计量单位的特点：结构简单明了、科学性强、比较完善具体、与国际单位制相协调，易于掌握。

2. 我国法定计量单位的构成 我国的法定计量单位构成如下：

（1）国际单位制的基本单位。

（2）国际单位制中具有专门名称的导出单位，如力的单位是牛顿，摄氏温度的单位是摄氏度。

（3）国家选定的非国际单位制单位（表 1-3）。

（4）由以上单位构成的组合形式的单位。

（5）由词头（表 1-4）和以上单位构成的十进倍数和分数单位。

表 1-3 国家选定的非国际单位制单位

量的名称	单位名称	单位符号
时间	分	min
	[小时]	h
	日，（天）	d
[平面]角	度	°
	[角]分	′
	[角]秒	″

续表

量的名称	单位名称	单位符号
体积	升	L，（l）
质量	吨	t
	原子质量单位	u
旋转速度	转每分	r/min
长度	海里	n mile
速度	节	kn
能	电子伏	eV
级差	分贝	dB
线密度	特［克斯］	tex
面积	公顷	hm^2

表 1-4　用于构成十进倍数单位的词头

词头名称	对应的因数	词头符号
尧[它]	10^{24}	Y
泽[它]	10^{21}	Z
艾[可萨]	10^{18}	E
拍[它]	10^{15}	P
太[拉]	10^{12}	T
吉[咖]	10^{9}	G
兆	10^{6}	M
千	10^{3}	k
百	10^{2}	h
十	10^{1}	da
分	10^{-1}	d
厘	10^{-2}	c
毫	10^{-3}	m
微	10^{-6}	μ
纳[诺]	10^{-9}	n
皮[可]	10^{-12}	p
飞[母托]	10^{-15}	f
阿[托]	10^{-18}	a
仄[普托]	10^{-21}	z
幺[科托]	10^{-24}	y

对于血压计计量单位的使用，我国有特殊规定。1998 年 7 月 27 日国家质量技术监督局、卫生部联合发布质技监局量函[1998] 126 号《关于血压计量单位使用规定的补充通知》指出：1988 年我国规定对血压计（表）实施法定计量单位。根据实施的具体情况，并借鉴国际上其他主要国家血压计量单位的使用情况，为更有利于医疗诊断工作和国际交流与合作，1993 年国家技术监督局、卫生部和国家医药管理局联合发文对血压计量单位的使用做了相应的规定：

在临床病历、体检报告、诊断证明、医疗证明、医疗记录等非出版物中可使用 mmHg 或 kPa；在出版物及血压计（表）使用说明中可使用 kPa 或 mmHg，如果使用 mmHg 应注明 mmHg 与 kPa 的换算关系；根据国际交流和国外学术期刊的需要，可任意选用 mmHg 或 kPa。

三、测量不确定度及其评定

计量具有准确性、一致性、溯源性、法制性四个特点。量值的准确性，是在一定的不确定度、误差极限或允许误差范围内的准确性。测量时在给出量值的同时需要给出相应的不确定度或误差范围，以便表示测量的品质。测量不确定度是测量结果的重要组成部分，是计量准确性的支撑。

（一）测量误差、准确度与不确定度

1. 测量误差 简称误差，是指测得的量值减去参考量值。由误差的定义可知，误差表示的是一个量，而不是一个区间。当有必要与相对误差相区别时，误差有时称为测量的绝对误差，但不应与误差的绝对值相混淆，后者为误差的模。测量误差不应与出现的错误或过失相混淆。

在给出测量结果时，应说明它是示值、未修正测量结果或已修正测量结果；还应表明它是否为若干个值的平均值。在测量结果的完整表述中，应包括测量不确定度，必要时还应给出自由度及影响量的取值范围。

2. 系统误差和随机误差 误差按其性质，可以分为系统测量误差和随机测量误差两类。

系统测量误差简称系统误差，是指在重复测量中保持不变或按可预见方式变化的测量误差的分量。系统误差的参考值是真值，或是测量不确定度可忽略不计的测量标准的测得值，或是约定量值。系统误差及其来源可以是已知或未知的，对于已知的系统误差可采用修正补偿。系统误差等于测量误差减随机测量误差。

随机测量误差简称随机误差，是指在重复测量中按不可预见方式变化的测量误差的分量。

3. 测量准确度 简称准确度，是指被测量的测得值与其真值间的一致程度。"测量准确度"不是一个量，因此不给出有数字的量值。当测量提供较小的测量误差时就说明该测量是较准的。"测量准确度"不应与"测量正确度"和"测量精密度"相混淆。测量准确度有时被理解为赋予被测量的测得值之间的一致程度。

准确度是一个定性的概念，不宜将其定量化。有些测量仪器的说明书或技术规范中规定的准确度，实际上是仪器的最大允许误差或允许的误差限。

4. 测量不确定度 测量结果通常表示为单个测得的量值和一个测量不确定度。对某些用途，如果认为测量不确定度可忽略不计，则测量结果可表示为单个测得的量值。在许多领域中这是表示测量结果的常用方式。

测量不确定度简称不确定度。根据 2006 版《国际通用计量学基本术语》（VIM），测量不确定度定义为：根据所用到的信息，表征赋予被测量值分散性的非负参数。

测量不确定度包括由系统影响引起的分量，如与修正量和测量标准所赋量值有关的分量及定义的不确定度。有时是对估计的系统影响不作修正，而是当作不确定度分量处理。

此参数可以是被称为标准测量不确定度的标准偏差（或其特定倍数），或是包含了概率的区间半宽度。

5. 测量误差和测量不确定度的主要区别

（1）定义的区别：测量误差表明测量结果偏离真值，是一个差值。测量不确定度表明被测量值的分散性，是一个区间。用标准偏差、标准偏差的倍数或给定概率下置信区间的半宽来表示。

（2）数值符号的区别：测量误差非正即负，符号为+，或为-，不能用±表示。测量不确定度是一个无符号的参数。

（3）结果修正：已知系统误差的估计值时，可以对测量结果进行修正，得到已修正的测量结果。不能用测量不确定度对测量结果进行修正。对已修正测量结果进行不确定度评定时，应考虑修正不完善引入的不确定度分量。

（4）客观性：误差是客观存在的，不以人的认识程度而转移。测量不确定度与人们对被测量、影响量和测量过程的认识有关。

6. 误差、准确度与不确定的比较 测量结果和测量仪器都有误差、准确度，测量结果有不确定度的概念，而测量仪器没有不确定度的概念。现将误差、准确度与不确定度比较如下。

测量结果的测量误差，用测得的量值减去参考量值计算。参考量值为真值或真值的估计。测量误差的符号只能取正号或负号。测量误差等于系统误差与随机测量误差之和。

测量结果的准确度，定义为被测量的测得值与其真值间的一致程度。"测量准确度"是一个定性的概念，它不是一个量，因此不给出有数字的量值。测量准确度有时被理解为赋予被测量的测得值之间的一致程度。

测量结果的不确定度，用以表征被测量值的分散性，是与测量结果相联系的非负参数。用该非负参数表示一个范围。不确定度用标准不确定度或扩展不确定度表示。

测量仪器的示值误差，用测量仪器示值减去对应输入量的参考量值计算。示值误差是对某一特定仪器和某一指定的示值而言的，同型号不同仪器的示值误差一般是不同的，同一台仪器对应于不同示值的示值误差也可能不同。而最大允许误差是对某型号仪器的人为规定的误差限，它不是误差，实际上是扩展不确定度的概念。

测量仪器的准确度，用于表示测量仪器给出接近于真值的响应能力。它是一个定性的概念，但可以用准确度等级或测量仪器的示值误差来定量表述。然而，不少仪器说明书上给出的准确度，实际上是指最大允许误差，有必要了解具体情况时，应咨询制造商。

测量仪器没有不确定度的定义，因此尽量不要用"测量仪器的不确定度"这种说法。有时，将由校准得到的仪器示值误差的不确定度简称为仪器的不确定度。有时可将"测量仪器的不确定度"理解为在测量结果中由于仪器所引入的不确定度分量。

在重复性条件下进行多次重复测量，得到的测量结果一般不同，因此测量误差也不同。测量不确定度与测量仪器、测量方法和测量条件有关，而与测量结果无关。得到测量误差以后，可以对测量结果进行修正，得到已修正的测量结果。而不确定度是不能对测量结果进行修正的。

（二）测量不确定度的来源

测量不确定度一般由若干分量组成。其中一些分量可根据一系列测量值的统计分布，按测量不确定度的 A 类评定进行评定，并可用标准差表征。而另一些分量则可根据基于经验或其他信息所获得的概率密度函数，按测量不确定度的 B 类评定进行评定，也可用标准偏差表征。通常，对于一组给定的信息，测量不确定度是相应于所赋予被测量值的。该值的改变将导致相应的不确定度的改变。

上述是按照 2008 版 VIM 给出的，而在测量不确定性的表达指南（GUM）中不确定度被定义为：表征合理地赋予被测量值的分散性，与测量结果相联系的参数。ISO/IEC Guide 98-3：2008 Guide to the Expression of Uncertainty in Measurement，缩写为 GUM。

在实际中不确定度的来源可能有多种，GUM 将不确定度的来源归为以下十类：

1. 对被测量的定义不完善。

2. 实现被测量的定义的方法不理想。

3. 抽样不具有代表性，即被测样品不能代表定义的被测量。

4. 测量环境条件不理想，或对测量环境条件了解的信息不全面。

5. 读模拟仪器时有人为偏移。

6. 仪器分辨率有限或灵敏度不足。

7. 计量标准和标准物质的值不精确。

8. 从外源获得的和数据简化算法使用的常数和其他参数不精确。

9. 测量方法和程序包含近似和假设。

10. 在明显相同的条件下，被测量在重复观测中的变化。

上述来源之间不一定相互独立，其中的第 1～9 项可以对第 10 项产生影响。而一项未被识别的系统影响因素是不能被考虑在不确定度评估因素范围内的，但该因素对误差有贡献。

（三）测量不确定度的评定

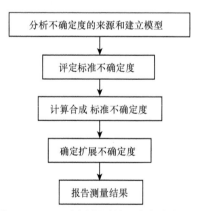

图 1-1　GUM 法评定测量不确定度流程图

测量不确定度的来源——GUM 法，是采用"不确定度传播律"得到被测量估计值的测量不确定度的方法。GUM 法评定测量不确定度的流程如图 1-1 所示。

1. 评定时的注意事项

（1）在分析测量不确定度的来源时，除了定义的不确定度外，还可以从仪器、测量环境、测量人员、测量方法等方面全面考虑，要特别注意对测量结果影响较大的来源，应尽可能不遗漏、不重复。

（2）标准不确定度分量的评定，可以采用 A 类评定方法，也可采用 B 类评定方法，采用何种方法要根据实际情况选择。

（3）测量中的失误或突发因素不属于测量不确定度的来源。

（4）在评定已修正的被测量的估计值的测量不确定度时，应考虑由于修正引入的不确定度。只有当修正值的不确定度较小，且对合成标准不确定度的贡献可忽略不计的情况下，才可不予考虑。

2. 建立测量模型　在测量中，被测量 Y（即输出量）由 N 个其他量 X_1, X_2, $\cdots$, X_N（输入量），通过函数关系 f 来确定，则测量模型如公式（1-1）所示：

$$Y = f(X_1, X_2, \cdots, X_N) \tag{1-1}$$

式中，f 为测量函数，大写字母表示量的符号。如被测量 Y 的估计值为 y，输入量 X_i 的估计值为 x_i，则测量模型可写成：

$$y = f(x_1, x_2, \cdots, x_N) \tag{1-2}$$

测量模型中的输入量可以是当前直接测得的量，也可以是由外部来源引入的量（如已校准的计量标准的量、有证标准物质的量或由手册查得的参考数据）。具体的测量模型与测量方法有关，对于同样的被测量，不同的测量方法可能对应不同的模型。

有时测量简单、直接，可以线性叠加形式表示，如：

$$Y = X_1 \pm X_2 \tag{1-3}$$

甚至更简单：

$$Y = X \tag{1-4}$$

公式(1-4)对应的情况是被测量的估计值 y 就是仪器的示值 x，因此测量模型可表示为 $y=x$。

有时，输出量 Y 的每个输入量 X_1，X_2，$\cdots$，X_N 本身是由其他量决定的被测量，甚至包括修正值或修正因子，从而可能导致测量函数十分复杂或函数关系 f 不能显示表达。

测量模型可以用物理原理或实验方法获得。物理量的测量模型一般根据物理原理确定；非物理量或在不能用物理原理确定的情况下由实验方法确定，或以数值方程给出（尽量采用长期积累的数据建立经验模型）。

分析测量不确定度时，测量模型中的每个输入量的不确定度均是输出量不确定度的来源。有时测量模型较为复杂，测量函数是非线性函数，应采用泰勒级数展开的方法建立模型，并忽略其高阶项，从而将被测函数近似为输入量的线性函数，以便进行不确定度评定。若测量函数明显为非线性，合成标准不确定度评定中必须包括泰勒级数展开中的主要高阶项。

3. 计算被测量 Y 的最佳估计值　通过输入量 X_1，X_2，$\cdots$，X_N 的估计值 x_1，x_2，$\cdots$，x_N，计算被测量 Y 的最佳估计值 y，有两种方法。

（1）方法一

$$y = \frac{1}{n}\sum_{k=1}^{n} y_k = \frac{1}{n}\sum_{k=1}^{n} f(x_{1k}, x_{2k}, \cdots, x_{Nk}) \tag{1-5}$$

式中，y 是取 Y 的 n 次独立测量值 y_k 的算术平均值。其中每个测得值 y_k 的不确定度相同，且每个 y_k 都是根据同时获得的 N 个输入量的一组完整的测得值求出的。

（2）方法二

$$y = f(\overline{x}_1, \overline{x}_2, \cdots, \overline{x}_N) \tag{1-6}$$

式中，$\overline{x}_i = \frac{1}{n}\sum_{k=1}^{n} x_{i,k}$，它是第 i 个输入量 n 次独立测量所得的测量值的算术平均值。该方法是先求输入量的最佳估计值，再通过函数关系计算被测量的最佳估计值 y。当 f 是线性函数时，上述两种方法计算结果相同。当模型为非线性函数时，应采用前一种方法。

4. 评定标准不确定度　测量不确定度一般由几个分量组成。每个分量用其概率分布的标准偏差估计值表征，这种估计值称为标准不确定度，用 u_i 表示。标准不确定度的评定分为 A 类和 B 类：根据 X_i 的一系列测得值 x_i 得到实验标准偏差的方法为 A 类评定；根据有关信息估计的先验概率分布得到标准偏差估计值的方法为 B 类评定。评定不确定度首先要分析不确定度的来源，分析哪些分量占的比重大，并将其列为重点评估对象。下面介绍 A

类和 B 类评定方法。

（1）A 类评定方法：对被测量进行独立重复观测，得到实验标准偏差 $s(x)$ ，被测量估计值的 A 类不确定度如下：

$$u_A = u(x) = \frac{s(x)}{\sqrt{n}} = s(x) \qquad (1\text{-}7)$$

式中，$\bar{x}$ 表示被测量的估计值，为被测量的算术平均值。因此标准不确定度的 A 类评定过程如图 1-2 所示。

一般可以采用贝塞尔公式法或极差法，详见《测量不确定度评定与表示》（JJF 1059.1—2012）。在重复次数足够多时，A 类评定法通常比其他评定方法更客观。A 类评定时应尽可能考虑随机效应的来源，并表现到测得值上。

（2）B 类评定方法：是要根据经验或相关信息，判断被测量的可能值区间 $[\bar{x} - a, \bar{x} + a]$。评定过程需要假设被测量值的概率分布，根据概率分布和评定要求的概率 P 确定置信因子 k（根据概率理论获得）。B 类标准不确定度 u_B 可由下式计算：

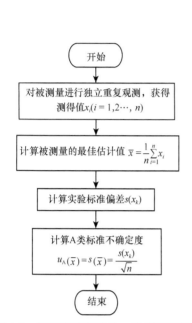

图 1-2 标准不确定度的 A 类评定流程图

$$u_B = \frac{a}{k} \qquad (1\text{-}8)$$

式中，a 表示被测量可能值区间的半宽度。当 k 为扩展不确定度的倍乘因子时称为包含因子。标准不确定度的 B 类评定过程如图 1-3 所示。

根据不同情况，概率分布的假设有所不同。例如，被测量受到许多随机影响，当影响的效应处于同量级时，无论各影响量的概率分布如何，被测量的随机变化近似正态分布。又如，被测量的可能值落在区间内的情况缺乏了解时，可将其假设为均匀分布。

一般根据以下信息确定区间半宽度 a：过去测得的数据；测量仪器特性的经验值；生产商提供的技术说明书；校准证书、检定证书或其他文件提供的数据；检定规程、校准规范或测试标准给出的数据；手册或资料提供的参考数据；有关技术资料中其他有用的信息。

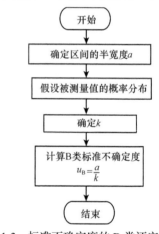

图 1-3 标准不确定度的 B 类评定流程图

确定包含因子 k 的方法有两种：

（1）已知扩展不确定度是合成不确定度的若干倍时，该倍数即为包含因子。

（2）假设为正态分布时，根据要求的概率查表 1-5，即可得到置信因子。

表 1-5 正态分布时概率 P 与置信因子 k 的对应关系

P	0.5	0.68	0.90	0.95	0.9545	0.99	0.9973
k	0.675	1	1.645	1.960	2	2.576	3

（3）假设为非正态分布时，根据概率分布类别查表1-6，即可得到置信因子。

表 1-6　概率分布与置信因子 k 的对应关系

分布类别	三角	梯形 $\beta=0.71$	矩形（均匀）	反正弦	两点
P（%）	100	100	100	100	100
k	$\sqrt{6}$	2	$\sqrt{3}$	$\sqrt{2}$	1

注：梯形分布 $k = \sqrt{6/(1+\beta^2)}$，其中 β 为梯形分布的梯形上下底之比。

5. 合成不确定度　当被测量 Y 由 N 个其他量 X_1，X_2，$\cdots$，X_N 通过线性测量函数 f 确定时，被测量的估计值 y 为

$$y = f(x_1, x_2, \cdots, x_N)$$

被测量的估计值 y 的合成标准不确定度 $u_c(y)$ 按公式（1-9）计算

$$u_c(y) = \sqrt{\sum_{t=1}^{N}\left[\frac{\partial f}{\partial x_i}\right]^2 u^2(x_i) + 2\sum_{i=1}^{N-1}\sum_{j=i+1}^{N}\frac{\partial f}{\partial x_i}\frac{\partial f}{\partial x_j}r(x_i, x_j)u(x_i)u(x_j)} \tag{1-9}$$

式中，y 为被测量 Y 的估计值，又称输出量的估计值。x_i 为输入量 X_i 的估计值，$\dfrac{\partial f}{\partial x_i}$ 也称灵敏系数，为被测量 Y 与有关的输入量 X_i 直接的函数对输入量 x_i 的偏导数，$u(x_i)$ 为输入量 x_i 的标准不确定度。$r(x_i, x_j)$ 为 x_i 与 x_j 的相关系数，且有下式：

$$u(x_i, x_j) = r(x_i, x_j)u(x_i)u(x_j) \tag{1-10}$$

$u(x_i, x_j)$ 为 x_i 与 x_j 的协方差。公式（1-9）表示了不确定度的传播规律，它是计算合成标准不确定度的通用公式。当输入量相关时，需要考虑它们的协方差；当相关系数为 0 或 ± 1 时，被测量的估计值 y 的合成标准不确定度计算公式（1-9）可以得到不同程度的化简，读者可自行推导。当测量函数为非线性函数时，由泰勒级数展开称为近似线性函数。若输入量不相关，即相关系数 $r(x_i, x_j)$ 为零。如果每个输入量均是正态分布，则 $u_c(y)$ 可表示为

$$u_c(y) = \sqrt{\sum_{i=1}^{N}\left[\frac{\partial f}{\partial x_i}\right]^2 u^2(x_i) + \sum_{i=1}^{N}\sum_{j=1}^{N}\left[\frac{1}{2}\left(\frac{\partial^2 f}{\partial x_i \partial x_j}\right)^2 + \frac{\partial f}{\partial x_i}\frac{\partial^3 f}{\partial x_i \partial x_j^2}\right]u^2(x_i)u^2(x_j)} \tag{1-11}$$

当输入量不相关，且测量模型为 $Y = A_1 X_1 + A_2 X_2 + \cdots + A_N X_N$ 时，则 $u_c(y)$ 可用下式计算

$$u_c(y) = \sqrt{\sum_{i=1}^{N} A_i^2 u^2(x_i)} \tag{1-12}$$

当输入量不相关，且测量模型为 $Y = A_1 X_1^{P_1} X_2^{P_2} \cdots X_N^{P_N}$ 时，则 $u_c(y)$ 可用下式计算

$$u_c(y)/|y| = \sqrt{\sum_{i=1}^{N}\left[P_i u_r(x_i)\right]^2} \tag{1-13}$$

当输入量相关时，可用协方差估计法或相关系数的估计法计算。

合成标准不确定度 $u_c(y)$ 的自由度称为有效自由度 v_{eff}。它表示 $u_c(y)$ 的评定的可靠程度，v_{eff} 越大，可靠度越大。一般有两类情况需要计算有效自由度 v_{eff}：

（1）当需要评定 U_P 时为求得 k_P，必须计算 $u_c(y)$ 的有效自由度 v_{eff}。

（2）用户需要了解所评的不确定度的可靠度。

如果各个分量之间相互独立且输出量接近正态分布或 t 分布时，合成标准不确定度的有效自由度可按照下式计算：

$$v_{\text{eff}} = \frac{u_c^4(y)}{\sum\limits_{i=1}^{N} \dfrac{u_i^4(y)}{v_i}} \qquad (1\text{-}14)$$

且

$$v_{\text{eff}} \leqslant \sum\limits_{i=1}^{N} v_i$$

如果测量模型为 $Y = A_1 X_1^{P_1} X_2^{P_2} \cdots X_N^{P_N}$，则有效自由度用下式计算：

$$v_{\text{eff}} = \frac{\left[u_c(y)/y \right]^4}{\sum\limits_{i=1}^{N} \dfrac{\left[P_i u(x_i)/x_i \right]^4}{v_i}} \qquad (1\text{-}15)$$

如果计算所得的有效自由度不是整数，可以将所得数舍掉小数部分取整。

6. 扩展不确定度　是被测量可能值包含区间的半宽度。扩展不确定度 U 由下式计算：

$$U = ku_c \qquad (1\text{-}16)$$

式中，u_c 为合成标准不确定度；k 为包含因子，一般取 2 或 3。则测量结果可用下式表示：

$$Y = y \pm U \qquad (1\text{-}17)$$

式中，y 为被测量 Y 的估计值，被测量 Y 的可能值以较高的包含概率落在 $[y-U,\ y+U]$ 区间内。该概率取决于所取的包含因子 k 的值。当 y 和 $u_c(y)$ 所表征的概率分布近似为正态分布时，且 $u_c(y)$ 的有效自由度较大，如果 $k=2$，则 $U=2u_c$ 所确定的区间具有的包含概率约为 95%；如果 $k=3$，则 $U=3u_c$ 所确定的区间具有的包含概率约为 99%。一般选择 $k=2$，当选择其他值时，应说明其来源。当给出扩展不确定度时，如果未注明 k 值，则默认为 2，取其他值时应注明。

当要求扩展不确定度的区间具有接近于规定的包含概率 P 时，扩展不确定度 U 表示为 U_P。如当 P 为 0.95 时，可表示成 U_{95}。U_P 由下式计算：

$$U_P = k_P u_c \qquad (1\text{-}18)$$

式中，k_P 是包含概率为 P 时的包含因子，由下式计算：

$$K_P = t_P(v_{\text{eff}}) \qquad (1\text{-}19)$$

根据合成标准不确定度 $u_c(y)$ 的有效自由度 v_{eff} 和所需的包含概率，查 t 分布与概率和自由度之间的关系表即可得到 $t_P(v_{\text{eff}})$ 值。如果 Y 不是正态分布，而是接近其他分布，则应根据具体分布取值。

扩展不确定度 $U_P = k_P u_c(y)$ 对应的测量结果可用 $Y = y + U_P$ 表示，注意此时应给出有效自由度 v_{eff}。

（四）测量不确定度的报告

测量结果报告应给出被测量的估计值及其测量不确定度及相关描述。如果不确定度可忽略不计，则可不给出不确定度。除特殊规定或约定采用合成标准不确定度外，通常在报告测量结果时都用扩展不确定度表示。对于涉及健康和安全的测量，如果没有特殊要求，则报告扩展不确定度，并取 $k=2$。

测量不确定度应包含以下内容：

（1）测量模型。

（2）不确定度来源。

（3）输入量的标准不确定度 $u(x_i)$ 的值及其评定方法和评定过程。

（4）灵敏系数 $c_i = \dfrac{\partial f}{\partial x_i}$。

（5）输入量的不确定度分量 $u_i(y) = |c_i| u(x_i)$，必要时给出各分量的自由度 v_i。

（6）所有相关输入量的协方差或相关系数。

（7）合成标准不确定度及其计算过程，必要时给出有效自由度。

（8）扩展不确定度及其确定方法。

（9）测量结果，包括被测量的估计值及其测量不确定度。

如果使用合成不确定度报告测量结果，应该说明被测量的定义、被测量的估计值、合成标准不确定度及其计量单位；必要时，要给出其有效自由度和相对标准不确定度。

四、量值溯源与传递

（一）量值溯源与传递

量值溯源是指测量结果或测量标准的值，能够通过一条具有规定不确定度的连续比较链，与测量基准联系起来。这种特性使所有的同种量值，都可以按这条比较链通过校准向测量的源头追溯，也就是溯源到同一个测量基准，从而使准确性和一致性得到技术保证。量值出于一个源头，避免了技术上和管理上的混乱。量值传递是指通过对测量仪器的校准或检定，将国家测量标准所实现的单位量值通过各等级的测量标准传递到工作测量仪器的活动，以保证测量所得的量值准确一致。

通过保证所有的实验室均使用同样的测量尺度或同样的"参考点"，就能够可信地比较来自不同实验室的结果或同一实验室不同时期的结果。多数情况下是通过建立能够到达国家或国际基准的校准链来实现的，理想的情况下为了长期的一致，通过建立能够到达国际单位制（SI）的校准链来实现。

可到达已知参考值的不间断链的比较提供了对共同"参考点"的溯源性，确保不同的操作者使用同一测量单位。在日常测量中，对用来获得或控制某个测量结果的所有的中间测量，均建立溯源性，可极大地帮助达到一个实验室（或一个时期）和另一个实验室（或另一个时期）的测量结果的一致性。因此在所有测量领域中溯源性是极其重要的。

量值溯源通过自下而上不间断的校准构成了溯源体系，而量值传递通过自上而下逐级的检定构成了检定系统。二者均离不开准确度等级较高的计量标准对等级较低的计量标准或工作器具进行检定或校准。量值溯源和量值传递是保障国家计量单位制的统一和量值准确可靠的基础和核心过程，它们涉及技术、管理和法律问题。

量值溯源和量值传递的关系可以用《中华人民共和国国家计量检定系统表》（以下简称国家计量检定系统表）来表示。国家计量检定系统表是为了保证单位量值由国家计量基准经过各级计量标准准确可靠地传递到工作计量器具而规定的量值传递程序的法定技术文件。国家计量检定系统表包括了从国家计量基准到工作计量器具的量值传递关系、使用的方法和仪器设备、各级标准器复现或保存量值的不确定度及国家计量基准和计量标准进行量值传递的测量能力。国家计量检定系统表概括了我国量值传递技术全貌，凝聚了我国的计量管理经验，反映了我国科学计量和法制计量水平。

计量法规定"计量检定必须按照国家计量检定系统表进行"。同时，为满足计量器具或测量仪器的溯源性要求而实施校准时，也应该根据计量器具或测量仪器的准确度要求，在国家计量检定系统表中选择合适的溯源途径，绘制出该计量器具的比较链与国家计量基准相联系的溯源等级图，以作为其溯源性的证据。因此，国家计量检定系统表在计量检定领域占据着重要的法律地位。

在具体工作中，计量器具可能有新的产品或不同名称，在检定系统表中未列出的工作计量器具，可根据其被测量、测量范围和工作原理，参考相应已列出的工作器具确定合适的量值传递途径。

（二）校准

校准是在规定条件下的一组操作，其第一步是确定由测量标准提供的量值与相应示值之间的关系，第二步则是用此信息确定由示值获得测量结果的关系，这里测量标准提供的量值与相应示值都具有测量不确定度。通常只把上述中的第一步认为是校准。

校准的对象可以是测量仪器。校准的主要目的如下：

（1）确定示值误差是否在允许范围内。

（2）得到标称值的偏差，并据此调整仪器或对示值进行修正。

（3）给标尺标记赋值或确定其他特性。

（4）实现量值溯源性。

仪器具体校准方法的依据是《中华人民共和国国家计量校准规范》。特殊情况下，可采用公开发布的国际、地区或国家的标准或技术规范，也可采用经过确认的校准方法。校准结果可以用文字说明、校准函数、校准图、校准曲线或校准表格的形式表示。某些情况下，可以包含示值的具有测量不确定度的修正值或修正因子。请注意，校准不应与常被误称为自校准的测量系统调整相混淆，也不应与校准的验证相混淆。

（三）检定

检定是为确定测量仪器或计量器具符合法定要求而进行的活动。检定是对测量仪器或计量器具的检定。检定是指查明和确认测量仪器符合法定要求的活动，它包括检查、加标记和（或）出具检定证书。

检定方法的依据是按照法定程序审批公布的计量检定规程。《中华人民共和国计量法》规定了检定方法的依据，计量检定必须按照国家计量检定系统表进行。国家计量检定系统表由国务院计量行政部门制定。计量检定必须执行计量检定规程。国家计量检定规程由国务院计量行政部门制定。没有国家计量检定规程的，由国务院有关主管部门和省、自治区、直辖市人民政府计量行政部门分别制定部门计量检定规程和地方计量检定规程。

计量检定结果要有是否合格的判定。对于合格的，要出具检定证书、加盖印章；不合格的，要出具检定结果通知书或注销原检定合格证、印。

检测是不同于检定和校准的活动。检测是"对给定产品，按照规定程序确定某一种或多种特性、进行处理或提供服务所组成的技术操作"。法定计量检定机构从事的计量检测，主要是指计量器具新产品和进口计量器具的型式评价、定量包装商品净含量及商品包装和零售商品称重检验，以及用能产品的能源效率标识计量检测。

（四）校准和检定的区别

校准不具强制性，是企业的自愿行为；检定具有法制性，属于计量管理行为。校准的主要目的是确定测量仪器的示值误差，检定主要是对计量特性及其技术要求符合性的评定。校准的依据是校准规范、校准方法等，检定的依据则是检定规程。校准通常不判断测量仪器合格与否，必要时也可确定其某一性能是否符合预期的要求；检定则必须做出合格与否的结论。校准结果通常发放校准证书；检定结果则是合格的发检定证书，不合格的发不合格通知书。图1-4给出了国家计量检定系统表的框图。

计量检定是自上而下地将国家计量基准所复现的量值逐级传递给各级计量标准直至普通计量器具（计量基准、计量标准、普通计量器具）。而量值溯源则是自下而上地将量值溯源到国家计量基准。技术上二者是互逆的过程，但在管理上一个是强制管理的，另一个是自愿的。

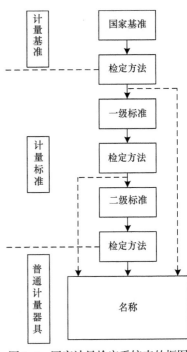

图1-4　国家计量检定系统表的框图

第二节　检测和校准实验室质量管理体系

医疗设备质量检测实验室可参照 ISO 17025 检测和校准实验室认可范畴。ISO/IEC 17025—2017 准则规定了检测和校准实验室能力的通用要求。这里引用 CNAS-CL01-2018《检测和校准实验室能力认可准则》（等同采用 *ISO/IEC 17025—2017 general requirements for the competence of testing and calibration laboratories* 检测和校准实验室通用要求，以下简称准则），介绍检测和校准实验室的要求及其管理体系的相关知识。

一、检测和校准实验室的要求

（一）结构要求

实验室应确定管理层，管理层要能对实验室全权负责。实验室管理层应针对管理体系有效性、满足客户和其他要求的重要性等方面进行沟通；实验室管理层应确保当策划和实施管理体系变更时，保持管理体系的完整性。

实验室应规定符合准则的实验室活动范围，并制定成文件。实验室应确定实验室的组织和管理结构，其在母体组织中的地位及管理、技术运作和支持服务间的关系；规定对实验室活动结果有影响的管理、操作和验证人员的职责、权利和相互关系；将程序形成文件。

实验室应有人员具有履行职责所需的权利和资源，这些职责包括：实施、保持和改进管理体系；识别与管理体系或实验室活动程序的偏离，采取措施预防或最大程度减少这类偏离；向实验室管理层报告管理体系运行状况和改进需求；保证实验室活动的有效性。

实验室开展在固定设施、固定设施以外的地点、临时或移动设施、客户的设施中实施的实验室活动时，应满足准则、实验室客户及法定管理机构和组织的要求。

（二）资源要求

资源包括实验室管理和实施活动所需的人员、设施和环境条件、设备、计量溯源性、外部提供的产品和服务。下面分别介绍对各项资源的要求。

1. 人员 所有可能影响实验室活动的内、外部人员，应行为公正、有能力并按照实验室管理体系的要求工作。实验室应将影响实验室活动结果的各职能的能力要求制定成文件，包括教育、资格、培训、技术知识、技能和经验的要求。实验室应确保人员具备其负责的实验室活动的能力及评估偏离影响程度的能力。实验室管理层应告知实验室人员其职责和权限。

在人员管理方面，实验室应有以下活动的程序，并保存相关记录：确定能力要求、人员选择、人员培训、人员监督、人员授权和人员能力监控。实验室应授权人员从事特定的实验室活动，包括但不限于：开发、修改、验证和确认方法；分析结果（包括符合性声明或意见和解释）；报告、审查和批准结果。

2. 设施和环境条件 应适合实验室活动，不应对结果有效性产生不利影响，要考虑微生物污染、灰尘、电磁干扰、辐射、湿度、供电、温度、声音和振动等因素。

实验室应将从事实验室活动所必需的设施和环境条件要求形成文件。当相关规范、方法或程序对环境条件有要求或环境条件影响结果的有效性时，实验室应检测、控制和记录环境条件。实验室应具有实施、监控并定期评审控制设施的措施，这些措施应包括但不限于：进入和使用影响实验室活动区域的控制；预防对实验室活动的污染、干扰或不利影响；有效隔离不相容的实验室活动区域。当实验室在永久控制之外的地点或设施中实施活动时，应确保满足准则中有关设施和环境条件的要求。

3. 设备

（1）实验室应获得正确开展实验室活动所需的并影响结果的设备，包括但不限于测量仪器、软件、测量标准、标准物质、参考数据、试剂、消耗品或辅助装置。

（2）实验室使用永久控制以外的设备时，应确保满足准则对于设备的要求。

（3）实验室应有处理、运输、储存、使用和按计划维护设备的程序，以确保其功能正常并防止被污染或性能退化。

（4）当设备投入使用或重新使用前，实验室应验证其是否符合规定要求。

（5）用于测量的设备应能达到所需准确度或测量不确定度。

（6）当测量准确度或测量不确定度影响报告结果的有效性时和为建立报告结果的计量溯源性要求对设备进行校准时，测量设备应进行校准。

（7）为保持对校准状态的可信度，实验室应制订校准方案，并应进行复核和必要的调整。

（8）所有需要校准或具有规定有效期的设备应使用标签、编码或以其他方式标识，使设备使用人方便地识别校准状态或有效期。

（9）当设备过载或处置不当、给出可疑结果、已显示有缺陷或超出规定要求时，应停止使用。这些设备应予以隔离以防误用，或加贴标签/标记以清晰表明该设备已停用，直至经过验证证明能正常工作。实验室应检查设备缺陷或偏离规定要求的影响因素，并应启动不符合工作管理程序。

（10）当需要利用期间核查以保持对设备性能的信心时，应按程序进行核查。

（11）如果校准和标准物质数据中包含参考值或修正因子，实验室应确保该参考值和修正因子得到适当的更新和应用。

（12）实验室应有切实可行的措施，防止设备被意外调整而导致结果无效。

（13）实验室应保存对实验室活动有影响的设备记录。记录应包括以下内容：设备，包括软件和固件版本；制造商名称、型号、序列号或其他唯一性标识；设备符合规定要求的验证证据；当前的位置；校准日期、校准结果、设备调整、验收准则、下次校准的预定日期或校准周期；标准物质的文件、结果、验收准则、相关日期和有效期；与设备性能相关的维护计划和已进行的维护；设备的损坏、故障、改装或维修的详细信息。

4. 计量溯源性

（1）为建立并保持测量结果的计量溯源性，实验室应通过形成文件的不间断的校准链将测量结果与适当的参考对象相关联，但应注意每次校准均会引入测量不确定度。

（2）实验室应通过以下方式确保测量结果溯源到国际单位制：具备能力的实验室提供的校准；或具备能力的标准物质生产者提供并声明计量溯源至 SI 的有证标准物质的标准值；或 SI 单位的直接复现，并通过直接或间接与国家或国际标准比对来保证。

（3）技术上不可能计量溯源到 SI 单位时，实验室应证明可计量溯源至适当的参考对象，如具备能力的标准物质生产者提供的有证标准物质的标准值；描述清晰的参考测量程序、规定方法或协议标准的结果，其测量结果满足预期用途，并通过适当比对予以保证。

5. 外部提供的产品和服务

（1）实验室使用影响实验室活动的外部产品和服务时，应确保其适宜性。这些产品和服务包括：用于实验室自身的、部分或全部直接提供给客户的、用于支持实验室运作的。其产品可包括测量标准和设备、辅助设备、消耗材料和标准物质；其服务可包括校准服务、抽样服务、检测服务、设施和设备维护服务等。

（2）实验室应策划以下活动的程序，并保存相关记录

A. 确定、审查和批准实验室对外部提供的产品和服务的要求。

B. 确定评价、选择、监控表现和再次评价外部供应商的准则。

C. 在使用外部提供的产品和服务前，或直接提供给客户之前，应确保符合实验室规定的要求，或适用时满足准则的相关要求。

D. 根据对外部供应商的评价、监控表现和再次评价的结果采取措施。

（3）实验室应与外部供应商沟通，明确以下要求：需提供的产品和服务；验收准则；能力（包括人员需具备的资格）；实验室或客户拟在外部供应商的场所进行的活动。

（三）过程要求

1. 要求、标书和合同评审

（1）实验室应有要求、标书和合同评审程序。

（2）当客户要求的方法不合适或是过期的，实验室应通知客户。

（3）当客户要求针对检测或校准做出与规范或标准符合性的声明时（如通过/未通过，在允许限内/超出允许限），应明确规定规范或标准及判定规则。选择的判定规则应通知客户并得到同意，除非规范或标准本身已包含判定规则。

（4）要求或标书与合同之间的任何差异，应在实施实验室活动前解决。每项合同应被

实验室和客户双方接受。客户要求的偏离不应影响实验室的诚信或结果的有效性。

（5）与合同的任何偏离应通知客户。

（6）如果工作开始后修改合同，应重新进行合同评审，并与所有受影响的人员沟通修改的内容。

（7）在澄清客户要求和允许客户监控其相关工作表现方面，实验室应与客户或其代表合作。

（8）实验室应保存评审记录，包括任何重大变化的评审记录。针对客户要求或实验室活动结果与客户的讨论，也应作为记录予以保存。

2. 方法的选择、验证和确认

（1）方法的选择和验证

A. 实验室应使用适当的方法和程序开展所有实验室活动，包括测量不确定度的评定及使用统计技术进行数据分析。

B. 所有方法、程序和支持文件，如与实验室活动相关的指导书、标准、手册和参考数据，应保持现行有效并易于相关人员取阅。

C. 实验室应确保使用最新有效版本的方法，除非不合适或做不到。必要时，应补充使用方法的细则以确保应用的一致性。

D. 当客户未指定方法时，实验室应选择适当的方法并通知客户。推荐使用以国际标准、区域标准或国家标准发布的方法，或由知名技术组织或有关科技文献或期刊中公布的方法，或设备制造商规定的方法。实验室制定或修改的方法也可使用。

E. 实验室在引入方法前，应验证能够正确地运用该方法，以确保实现所需的方法性能。应保存验证记录。如果发布机构修订了方法，应在所需的程度上重新进行验证。

F. 当需要开发方法时，应予以策划，指定具备能力的人员，并为其配备足够的资源。在方法开发的过程中，应进行定期评审，以确定持续满足客户需求。开发计划的任何变更都应得到批准和授权。

G. 对实验室活动方法的偏离，应事先将该偏离形成文件，做技术判断，获得授权并被客户接受。

（2）方法的确认

A. 实验室应对非标准方法、实验室制定的方法、超出预定范围使用的标准方法或其他修改的标准方法进行确认。确认应尽可能全面，以满足预期用途或应用领域的需要。

B. 当修改已确认过的方法时，应确定修改后影响。当发现影响原有的确认时，应重新进行方法确认。

C. 当按预期用途评估被确认方法的性能特性时，应确保与客户需求相关并符合规定要求。

D.实验室应保存以下方法确认记录：使用的确认程序；规定的要求；确定的方法性能特性；获得的结果；方法有效性声明，并详述与预期用途的适宜性。

3. 抽样

（1）当实验室为后续检测或校准对物质、材料或产品实施抽样时，应有抽样计划和方法。抽样方法应明确需要控制的因素，以确保后续检测或校准结果的有效性。在抽样地点应能得到抽样计划和方法。抽样计划应基于适当的统计方法。

（2）抽样方法应描述：样品或地点的选择；抽样计划；从物质、材料或产品中取得样品的制备和处理，以作为后续检测或校准的物品。

（3）实验室应将抽样数据作为检测或校准工作记录的一部分予以保存。这些记录应包括以下信息：抽样方法；抽样日期和时间；识别和描述样品的数据（如编号、数量和名称）；抽样人的信息；设备的信息；环境或运输条件；适当时，标识抽样位置的图示或其他等效方式；与抽样方法和抽样计划的偏离或增减。

4. 检测或校准物品的处置

（1）实验室应策划运输、接收、处置、保护、存储、保留、清理或返还检测或校准物品的程序，包括为保护检测或校准物品的完整性及实验室与客户利益需要的所有规定。在处置、运输、保存或等候、制备、检测或校准过程中，应注意避免物品变质、污染、丢失或损坏。应遵守随物品提供的操作说明。

（2）实验室应有清晰标识检测或校准物品的系统。物品在实验室负责的期间应保留该标识。标识系统应确保物品在实物上、记录或其他文件中不被混淆。适当时，标识系统应包含一个物品或一组物品的细分和物品的传递。

（3）接收检测或校准物品时，应记录与规定条件的偏离。当对物品是否适于检测或校准有疑问，或当物品不符合所提供的描述时，实验室应在开始工作之前询问客户，以得到进一步的说明，并记录询问的结果。当客户知道偏离了规定条件仍要求进行检测或校准时，实验室应在报告中做出免责声明，并指出偏离可能影响的结果。

（4）如物品需要在规定环境条件下储存或调置时，应保持、监控和记录这些环境条件。

5. 技术记录

（1）实验室应确保每一项实验室活动的技术记录包含结果、报告和足够的信息，以便在可能时识别影响测量结果及其测量不确定度的因素，并确保能在尽可能接近原条件的情况下重复该实验室活动。技术记录应包括每项实验室活动及审查数据结果的日期和责任人。原始的观察结果、数据和计算应在观察或获得时予以记录，并应按特定任务予以识别。

（2）实验室应确保技术记录的修改可以追溯到前一个版本或原始观察结果。应保存原始的及修改后的数据和文档，包括修改的日期、标识修改的内容和负责修改的人员。

6. 测量不确定度的评定

（1）实验室应识别测量不确定度的贡献。评定测量不确定度时，应采用适当的分析方法考虑所有显著贡献，包括来自抽样的贡献。

（2）开展校准的实验室，包括校准自有设备，应评定所有校准的测量不确定度。

（3）开展检测的实验室应评定测量不确定度。当由于检测方法的原因难以严格评定测量不确定度时，实验室应基于对理论原理的理解或使用该方法的实践经验进行评估。

7. 确保结果有效性

（1）实验室应有监控结果有效性的程序。记录结果数据的方式应便于发现其发展趋势，如可行，应采用统计技术审查结果。实验室应对监控进行策划和审查，适当时，监控应包括但不限于以下方式：使用标准物质或质量控制物质；使用其他已校准能够提供可溯源结果的仪器；测量和检测设备的功能核查；适用时，使用核查或工作标准，并制作控制图；测量设备的期间核查；使用相同或不同方法重复检测或校准；留存样品的重复检测或重复校准；物品不同特性结果之间的相关性；审查报告的结果；实验室内比对；盲样测试。

（2）在可行时，实验室应通过与其他实验室的结果比对监控自身能力水平。监控应予以策划和审查，包括但不限于以下一种或两种措施：参加能力验证；参加除能力验证外的实验室间比对。

（3）实验室应分析监控活动的数据用于控制实验室活动，适用时实施改进。如果发现监控活动数据分析结果超出预定的准则时，应采取适当措施，防止结果不正确。

8. 报告结果　结果在发出前应经过审查和批准。实验室应准确、清晰、明确和客观地出具结果，并且应包括客户同意的、解释结果所必需的及所用方法要求的全部信息。实验室通常以报告的形式提供结果（如检测报告、校准证书或抽样报告）。所有发出的报告应作为技术记录予以保存。如客户同意，可用简化方式报告结果。

（1）检测、校准或抽样报告的通用要求：除非实验室有充分的理由，否则每份报告应至少包括下列信息，以最大限度地减少误解或误用的可能性：①标题（如"检测报告""校准证书"或"抽样报告"）；②实验室的名称和地址；③实施实验室活动的地点，包括客户设施、实验室固定设施以外的地点、相关的临时或移动设施；④将报告中所有部分标记为完整报告一部分的唯一性标识，以及表明报告结束的清晰标识；⑤客户的名称和联络信息；⑥所用方法；⑦物品的描述、明确的标识及必要时物品的状态；⑧检测或校准物品的接收日期及对结果的有效性和应用至关重要的抽样日期；⑨实施实验室活动的日期；⑩报告的发布日期；⑪如与结果的有效性或应用相关时，实验室或其他机构所用的抽样计划和抽样方法；⑫结果仅与被检测、被校准或被抽样物品有关的声明；⑬适当时，结果带有测量单位；⑭对方法的补充、偏离或删减；⑮报告批准人；⑯当结果来自于外部供应商时，应清晰标识。

实验室对报告中的所有信息负责，客户提供的信息除外。客户提供的数据应予明确标识。此外，当客户提供的信息可能影响结果的有效性时，报告中应有免责声明。实验室不负责抽样（如样品由客户提供）时，应在报告中声明结果仅适用于收到的样品。

（2）检测报告的特定要求：除满足报告的通用要求外，当解释检测结果需要时，检测报告还应包含以下信息：特定的检测条件信息，如环境条件；与要求或规范的符合性声明；当测量不确定度与检测结果的有效性或应用相关时、客户有要求时、测量不确定度影响与规范限的符合性时，带有与被测量相同单位的测量不确定度或被测量相对形式的测量不确定度（如百分比）；意见和解释；特定方法、法定管理机构或客户要求的其他信息。如果实验室负责抽样活动，当解释检测结果需要时，检测报告还应满足报告抽样的特殊要求。

（3）校准证书的特定要求：除满足报告的通用要求外，校准证书应包含以下信息：与被测量相同单位的测量不确定度或被测量相对形式的测量不确定度（如百分比）；校准过程中对测量结果有影响的条件（如环境条件）；测量如何计量溯源的声明；调整或修理前后的结果；与要求或规范的符合性声明；意见和解释。如果实验室负责抽样活动，当解释校准结果需要时，校准证书还应满足报告抽样的特殊要求。校准证书或校准标签不应包含校准周期的建议，除非已与客户达成协议。

（4）报告抽样——特定要求：如果实验室负责抽样活动，除满足报告的通用要求外，当解释结果需要时，报告还应包含以下信息：抽样日期；抽取的物品或物质的唯一性标识（适当时，包括制造商的名称、标示的型号或类型及序列号）；抽样位置，包括图示、草图或照片；抽样计划和抽样方法；抽样过程中影响结果解释的环境条件的详细信息；评定后续检测或校准测量不确定度所需的信息。

（5）报告符合性声明：当做出与规范或标准符合性声明时，实验室应考虑与所用判定规则相关的风险水平（如错误接受、错误拒绝及统计假设），将所使用的判定规则制定成文件并应用。

实验室在报告符合性声明时应清晰标识：符合性声明适用的结果；满足或不满足的规范、标准或其中的部分；应用的判定规则（除非规范或标准中已包含）。

（6）报告意见和解释：表述意见和解释时，实验室应确保只有授权人员才能发布相关意见和解释。实验室应将意见和解释的依据制定成文件。

报告中的意见和解释应基于被检测或校准物品的结果，并清晰地予以标注。

以对话方式直接与客户沟通意见和解释时，应保存对话记录。

（7）修改报告：更改、修订或重新发布已发出的报告时，应在报告中清晰标识修改的信息，适当时，标注修改的原因。

修改已发出的报告时，应仅以追加文件或数据传送的形式，并包含以下声明："对序列号为……（或其他标识）报告的修改"，或其他等效文字。这类修改应满足准则的所有要求。

当有必要发布全新的报告时，应予以唯一性标识，并注明所替代的原报告。

9. 投诉　实验室应有形成文件的过程来接收和评价投诉，并对投诉做出决定。

利益相关方有要求时，应可获得对投诉处理过程的说明。在接到投诉后，实验室应确认投诉是否与其负责的实验室活动相关，如相关，则应处理。实验室应对投诉处理过程中的所有决定负责。

投诉处理过程应至少包括以下要素和方法：对投诉的接收、确认、调查及决定采取处理措施过程的说明；跟踪并记录投诉，包括为解决投诉所采取的措施；确保采取适当的措施。

接到投诉的实验室应负责收集并验证所有必要的信息，以便明确投诉是否有效。只要可能，实验室应告知投诉人已收到投诉，并向其提供处理进程的报告和结果。通知投诉人的处理结果应由与所涉及的实验室活动无关的人员做出，或审查和批准。只要有条件，实验室应正式通知投诉人投诉处理完毕。

10. 不符合工作　当实验室活动或结果不符合自身的程序或与客户协商一致的要求时（如设备或环境条件超出规定限值，监控结果不能满足规定的准则），实验室应有相关的解决措施和记录。当评价表明不符合工作可能再次发生或对实验室的运行与其管理体系的符合性产生怀疑时，实验室应采取纠正措施。

11. 数据控制和信息管理　实验室应获得开展实验室活动所需的数据和信息。

用于收集、处理、记录、报告、存储或检索数据的实验室信息管理系统，在投入使用前应对其进行功能确认，包括实验室信息管理系统中界面的适当运行。对管理系统进行的任何变更，包括修改实验室软件配置或现成的商业化软件，在实施前应被批准、形成文件并确认。

实验室应确保员工易于获取与实验室信息管理系统相关的说明书、手册和参考数据。应对计算和数据传送进行适当和系统的检查。

（四）管理体系要求

1. 建立管理体系的方式　实验室应建立、编制、实施和保持管理体系，该管理体系应能够支持和证明实验室持续满足准则要求，并且保证实验室结果的质量。实验室应满足

ISO/IEC 17025：2017 准则第 4～7 条款的要求，并应按方式 A 或方式 B 实施管理体系。本节管理体系的要求按照方式 A 介绍。

（1）方式 A：实验室管理体系至少应包括下列内容。

A. 管理体系文件。

B. 管理体系文件的控制。

C. 记录控制。

D. 应对风险和机遇的措施。

E. 改进。

（2）方式 B：实验室按照 GB/T 19001 的要求建立并保持管理体系，能够支持和证明持续符合准则的要求。

2. 管理体系文件　实验室管理层应建立、编制和保持符合准则的方针和目标，并确保该方针和目标在实验室组织的各级人员得到理解执行。方针和目标应能体现实验室的能力、公正性和一致运作。

实验室管理层应提供建立和实施管理体系及持续改进其有效性承诺的证据。管理体系应包含、引用或链接与满足准则要求相关的所有文件、过程、系统和记录等。

参与实验室活动的所有人员应能获得适用其职责的管理体系文件和相关信息。

3. 管理体系文件的控制　实验室应控制与满足准则要求有关的内部和外部文件。这里的"文件"可以是政策声明、程序、规范、制造商的说明书、校准表格、图标、教科书、张贴品、通知、备忘录、图纸、计划等。这些文件可能承载在各种载体上，如硬拷贝或数字形式。

实验室应确保：

（1）文件发布前由授权人员审查其充分性并批准。

（2）定期审查文件，必要时更新。

（3）识别文件更改和当前修订状态。

（4）在使用地点应可获得适用文件的相关版本，必要时，应可控制其发放。

（5）文件有唯一性标识。

（6）防止误用作废文件，无论出于任何目的而保留的作废文件，应有适当标识。

4. 记录控制

（1）实验室应建立和保存清晰的记录以证明满足准则的要求。

（2）实验室应对记录的标识、存储、保护、备份、归档、检索、保存期和处置实施所需的控制。实验室记录保存期限应符合合同义务。记录的调阅应符合保密承诺，记录应易于获得。

5. 应对风险和机遇的措施

（1）实验室应考虑与实验室活动相关的风险和机遇。

（2）实验室应策划应对这些风险和机遇的措施；应策划如何在管理体系中整合并实施这些措施；应策划如何评价这些措施的有效性。

（3）应对风险和机遇的措施应与其对实验室结果有效性的潜在影响相适应。应对风险的方式包括识别和规避威胁，为寻求机遇承担风险，消除风险源，改变风险的可能性或后果，分担风险，或通过信息充分的决策而保留风险。

6. 改进

（1）实验室应识别和选择改进机遇，并采取必要措施。可通过评审操作程序、实施方针、总体目标、审核结果、纠正措施、管理评审、人员建议、风险评估、数据分析和能力验证结果识别改进机遇。

（2）实验室应向客户征求正面和负面的反馈。应分析和利用这些反馈，以改进管理体系、实验室活动和客户服务。

7. 纠正措施

（1）当发生不符合时，实验室应采取的措施

A. 对不符合做出应对，采取措施以控制和纠正不符合，并处置后果。

B. 通过下列活动评价是否需要采取措施，以消除产生不符合的原因，避免其再次发生或者在其他场合发生：评审和分析并确定不符合的原因、明确是否存在或可能发生类似的不符合。

C. 实施所需的措施。

D. 评审所采取的纠正措施的有效性。

E. 必要时，更新策划期间所确定的风险和机遇。

F. 必要时，变更管理体系。

（2）纠正措施应与不符合产生的影响相适应。

（3）实验室应保存记录，作为下列事项的证据：不符合的性质、产生原因和后续所采取的措施，纠正措施的结果。

8. 内部审核

（1）实验室应按照策划的时间间隔进行内部审核，以提供有关管理体系的下列信息：是否符合实验室自身的管理体系、实验室活动、准则的要求；是否得到有效的实施和保持。

（2）实验室审核方式

A. 考虑实验室活动的重要性、影响实验室的变化和以前审核的结果，策划、制订、实施和保持审核方案，审核方案包括频次、方法、职责、策划要求和报告。

B. 规定每次审核的准则和范围。

C. 确保将审核结果报告给相关管理层。

D. 及时采取适当的纠正及措施。

E. 保存记录，以作为实施审核方案和审核结果的证据。

9. 管理评审

（1）实验室管理层应按照策划的时间间隔对实验室的管理体系进行评审，以确保其持续的适宜性、充分性和有效性，包括执行的相关方针和目标。

（2）实验室应记录管理评审的输入，并包括以下相关信息：与实验室相关的内外部因素的变化；目标实现；政策和程序的适宜性；以往管理评审所采取措施的情况；近期内部审核的结果；纠正措施；由外部机构进行的评审；工作量和工作类型的变化或实验室活动范围的变化；客户和员工的反馈；投诉；实施改进的有效性；资源的充分性；风险识别的结果；保证结果有效性的输出；其他相关因素，如监控活动和培训。

（3）管理评审的输出至少应记录与下列事项相关的决定和措施

A. 管理体系及其过程的有效性。

B. 与履行准则要求有关的实验室活动的改进。

C. 提供所需的资源。

D. 所需的变更。

二、质量管理体系的建立与运行

质量体系的建立和有效运行涉及制订方针目标、识别过程要素和确定控制对象、组织结构和资源配置、质量管理体系的文件化、运行和改进等多个方面。

1. 制订方针目标　质量方针是建立质量体系的出发点。质量方针明确了质量管理的宗旨。最高管理者应制定、实施和保持质量方针。质量方针应在实验室内得到沟通、理解和应用。

质量目标是在质量方针的框架内制定的各个职能和层次上期望实现的主要任务。在策划如何实现质量目标时，组织应确定：做什么；需要什么资源；由谁负责；何时完成；如何评价结果。质量方针和质量目标，应该满足前述质量体系要求中相关的要求。

2. 识别过程要素和确定控制对象　质量管理是通过过程管理来实现的。确定方针和目标后，实验室应根据自己的检测/校准流程环，识别报告/证书质量形成的全过程，并将其作为质量管理体系设计及运行的基本依据。过程是"利用输入实现预期结果的相互关联或相互作用的一组活动"。实验室通常对过程进行策划，并使其在受控条件下运行，以增加价值。实验室的质量管理体系应覆盖准则中的全部要素。

3. 组织结构和资源配置　在建立质量管理体系时，要合理设计实验室结构，落实岗位责任制，明确技术、管理、支持服务工作与质量管理体系的关系。将各个阶段的质量功能落实到领导、部门和人员，从而保证各项工作都有负责人。

实验室应根据自身特点确定所需配备的资源，并由管理层确保所需的资源到位。质量管理体系的资源包括人员、设施、环境、测量资源等。

4. 质量管理体系的文件化　目的是保证检测/校准服务的质量，使客户满意，实现实验室的质量目标。

实验室质量管理体系文件必须结合实验室的类型、范围、规模，检测/校准的难易程度和员工等多方面因素建立。文件是对质量管理体系的描述，必须与体系的需求一致。在策划质量管理体系时，应按准则的要求，结合实验室的需求，策划质量管理体系文件的结构、形式和表达方式。小实验室可以在手册中描述过程和要素，不一定再编写其他文件；大实验室检测/校准复杂、领域宽、管理层次多，所以体系文件必须层次分明，且应有指导操作的文件。

实验室初次策划质量管理体系文件或改版时，都应以原有的各类文件为基础，以实施质量管理体系和符合准则的要求为依据，进行调整、补充和删减后，按照准则"管理体系文件的控制"进行控制。

一般实验室应先给出质量管理体系文件的层次。文件类型：纲领性文件、支持性文件、实施和证实性文件。按照层次从高到低，依次有：质量手册；程序文件（行政文件）；作业指导书；记录（表格、报告）。

第一层次的质量手册是纲领性文件。实验室根据自身的特点策划质量手册，更好地领导和控制实验室。第二层次的程序文件，是实施质量管理和技术活动的文件。第三层次的作业指导书，是技术性文件。作业指导书是能够指导一线人员开展检测/校准的更详细的文件。第四层次的记录则是质量体系有效运行的证据。第一层次是纲领性文件、第四层次是证实性文件，中间两层是支持性文件。

（1）质量手册：是规定实验室质量体系的文件，应是实验室质量体系策划的结果描述。质量手册内容应包括：

A. 质量管理体系的范围，包括任何删减的细节与合理性。

B. 为质量管理体系所编制的、形成文件的程序或对其引用。

C. 质量管理体系过程的相互作用的表述。

质量体系的范围包括两个方面：一是体系覆盖项目范围，二是这些项目或检测/校准实现过程的范围。如果因实验室的特点而对"准则"相关条款不适用或有删减，手册中应作出说明，并证明其合理性。

实验室在建立、完善质量体系时，首先应明确客户及其需求。要把客户的要求转化为对报告/证书的质量特性，有针对性地制订质量方针和目标。然后，分析报告/证书质量形成过程的各个环节应如何运转、使其受控的方法和相关的辅助性过程。实验室应结合自身的特点画出本实验室的模式图，给出本实验室采取独特措施的具体规定。手册内容要求清楚、准确、全面、适用、易于理解。

（2）程序文件：程序是指为进行某项活动或过程所规定的途径。检测/校准的全过程或某一具体的作业都可称为一项活动。质量管理体系的管理性的程序和技术性的程序，都要求形成文件。程序不仅仅是实施一项活动的步骤和顺序，还包括对活动产生影响的各种因素，如人员、时间、地点和方法等。程序文件是质量手册的支持性文件。因此，编写的程序文件要符合手册的规定与要求。而且，程序文件应能控制作业，并把手册纲领性的规定落实到作业文件中去。

程序文件结构和内容：包括目的、范围、职责、工作流程、引用文件和表格。其中，工作流程应列出活动（或过程）顺序和细节。即应指明活动（或过程）中资源、人员、信息和环节等方面应具备的条件，与其他活动（或过程）接口处的协调措施；指明每个环节的转换过程中各项因素：人员、时间、地点、工作内容、工作的作用、实施方法、控制方法、要达到的要求、所需形成的记录、报告及相应签发手续。注明需要注意的特殊情况。必要时辅以流程图。

检测和校准实验室的程序文件一般可包括下述内容：保密和保护所有权的程序、保证公正性诚实性和独立性的程序、管理体系文件控制和维护程序、要求/标书与合同评审程序、服务与供应品采购程序控制程序、申诉（抱怨）处理程序、不符合工作的控制程序、纠正措施程序、预防措施程序、记录控制程序、内部审核程序、管理评审程序、设施和环境条件的控制和维护程序、人员培训管理、内务管理程序、校准和检测工作的管理程序、测量方法及其确认程序、开展新方法新工作的评审程序、测量不确定度的评定与表示程序、校准或检测方法的确认程序、自动化检测的质量控制程序、仪器设备的控制与管理程序、期间核查控制程序、量值溯源（参考标准和标准物质的管理）程序、抽样管理程序、校准或检测样品的管理程序、保证测量结果质量的控制程序、现场校准或检测的质量控制程序、证书和报告的管理程序、风险与机遇识别和控制程序、能力验证服务实施程序。

实验室编制相应的程序文件时需要在准则的基础上结合自身特点增减上述内容，如测量审核实施程序、服务客户工作程序等。

（3）作业指导书：是用以指导某个具体过程，对事物形成的技术性细节描述的可操作性文件。作业指导书是针对某个部门内部或某个岗位的作业活动的文件，侧重描述如何进行操作，它是对程序文件的补充或具体化。作业指导书是技术性的文件，并不要求必须编写。如果国际的、区域的或国家的标准，或其他公认的规范已包含了如何进行检测/校准的管理和足够信息，并且这些标准是以可以被实验室操作人员作为公开文件使用的方式书写时，不需要再进行补充或改写内部程序。

检测/校准实验室的作业指导书主要包含以下四类：

A. 方法类：用以指导检测/校准的过程。

B. 设备类：设备的使用、操作规范。

C. 样品类：样品的准备、处置和制备规则。

D. 数据类：数据的有效位数、异常数值的剔除及结果测量不确定度的评定规范等。

各种作业指导书保证不同操作人员都能在一定的条件下实施规范性操作，从而保证结果在一定的不确定度范围内。

（4）记录：多用于作为检测/校准是否符合要求和体系有效运行的证据。凡是有程序要求的都要有记录，记录包括质量记录和技术记录两类。

质量记录：如人员培训记录、纠正和预防措施记录、内部审核与管理评审记录、服务与供应品的采购记录等。

技术记录：如环境控制记录，合同或协议使用参考标准的控制记录，设备使用维护记录，样品的抽取、接收、制备、传递、留样记录，原始观测记录，检测/校准的报告/证书、结果验证活动记录，客户反馈意见等。

技术记录应包括每项实验室活动及审查数据结果的日期和责任人。实验室应确保每一项实验室活动的技术记录包含结果、报告和足够的信息，以便在需要时能识别影响测量结果及其测量不确定度的因素，或重复该活动。应在观察或获得原始的观察结果、数据和计算时予以记录。

记录是作为检测/校准是否符合要求和体系有效运行的证据。实验室应予以重视，并按准则要求做记录。

5. 运行和改进 质量体系运行的依据主要是质量管理体系文件。

（1）运行的步骤

1）宣贯：实验室管理层应该组织质量管理体系文件的宣贯，使得体系文件传达至有关人员，并被其获取、理解和执行。对四个层次的质量管理体系文件应分层次地宣贯。

质量手册的宣贯：应针对全体人员，使每个人清楚地了解手册的质量方针和目标、构成的基本要素，以便于贯彻执行。程序文件的宣贯：应根据质量管理体系要素的职能分配，针对有关部门和人员分别进行。作业指导书的宣贯：针对与具体工作有关的人员进行。质量记录、报告等的宣贯，可结合上述文件的宣贯进行，不必单独进行。

2）试运行：实验室的质量管理体系应根据认可准则的要求、自身的实际情况并充分吸收过去的实践经验建立。一个新建立的质量管理体系能否满足实际需求并达到预期效果，必须经过实践的考验。因此，实验室应对质量管理体系进行试运行。

3）内部审核和管理评审：质量管理体系试运行后应进行内部审核和管理评审，对质量体系的符合性、适应性和有效性做客观评价，以便改进质量管理体系。不同于质量管理体系正常运行之后周期性的内审与管理评审，试运行后的内审与管理评审是一次必要的、全面的内审与评审。

4）正式运行：经过审核和评审后，实验室的质量管理体系可正式运行。

（2）持续改进：实验室应识别和选择改进机遇，并采取必要措施，以满足客户要求和增加客户满意度。这应包括：改进服务，以满足要求并应对未来的需求和期望；纠正、预防或减少不利影响；改进质量管理体系的绩效和有效性。具体可通过评审操作程序、实施方针、总体目标、审核结果、纠正措施、管理评审、人员建议、风险评估、数据分析和能力验证结果识别改进机遇。

实验室应持续改进质量管理体系的适宜性、充分性和有效性；考虑分析和评价的结果及管理评审输出，以确定是否存在需求和机遇，这些需求或机遇应作为持续改进的一部分加以应对。实验室应向客户征求反馈信息，并分析和利用这些反馈，以改进管理体系、实验室活动和客户服务。

（3）有效运行：质量管理体系要具备适宜性、充分性和有效性。质量管理体系的有效性可由以下几方面来判别：领导重视与否、是否全员参与、是否遵守体系文件并完整记录、是否所有影响质量的因素都受控、是否有反馈机制、是否具有周期性的内部审核与管理评审、是否持续改进。

第三节 医学计量与医疗机构医疗设备质量控制

现代医学技术不但依赖于医务人员的医学知识和实践经验，而且很大程度上取决于先进的医疗设备。医疗设备作为开展医疗服务的硬件基础和医疗新技术的支撑平台，已从过去作为疾病诊疗的辅助工具，逐渐变为主要手段，在疾病的诊疗过程中发挥着举足轻重的作用，临床医生对其依赖性越来越强。随着医院医疗设备总量的快速增长和地位的日益重要，其使用安全和质量问题日益突出。《医疗事故处理条例》中医疗事故采取"举证责任倒置"原则，医疗机构对于开展医疗设备质量控制提出了更明确、更强烈的要求。

计量作为控制质量的基础，是医疗设备质量控制的基础与核心。将计量的管理方式和技术手段应用于医疗设备全生命周期的质量控制，能够让质量控制的各个环节有科学数据可依，保证医疗设备运行良好，从而使医疗设备之于患者，是安全的、有效的。

一、医学计量

医学计量是计量技术在医学领域里的应用与延伸，属于应用计量范畴。医学计量是现代医学发展的重要技术基础，其最终目的是实现医学领域计量单位的统一和量值的准确可靠，从而实现对患者的准确诊断和有效治疗。

（一）医学计量的内涵

关于医学计量的定义或概念，目前并未形成明确、固定的答案。国内相关文献试图给出医学计量的概念，如"医学计量是计量学与生物医学工程相互渗透，以传统的计量科学为基础，结合医学领域广泛使用的物理、化学参数及其相关医学装备的检测而建立起来的一种专用于医学领域的质量保障体系，包括所建立的多层次的管理机构、技术机构和医学测量基准、标准和检定装置及管理法规、制度、规程、规范和实验室认可等。"又如，"医学计量是为了保证人体生命特征参数、用药剂量等计量单位的统一和量值准确可靠的测量科学，是保证医疗设备安全、有效、准确可靠的手段。医学计量是把计量学知识、技术能力、物质手段和法律保证等结合起来形成的为生物医学研究及临床诊断提供保障的有机整体，是计量学在生物医学领域的延伸和发展，属于应用计量学的范畴。"再如，"医学计量是通过计量测试手段，对在医学诊断、治疗、卫生防疫、生化分析、制剂和科研中使用的医疗设备进行检定/校准，使这些医疗设备可以溯源到国家基准，保证量值的准确性和一致性的活动。"国外相关文献不乏关于医学计量领域的研究论文，但也未查及医学计量的确切定义。

国际计量委员会委员、中国计量科学研究院副院长段宇宁指出："医学计量现在仍然处于学科概念建立和在医学领域的宣传和普及阶段。"这一论述比较客观实际地定位了医学计量目前的发展阶段。

"医学计量"是随着医学技术发展对计量需求的不断增加而逐渐被业内认可的一种说法，是对医学领域所有计量活动的统称。尽管目前国内外对于"医学计量"尚无明确的定义，但是随着医学技术和计量技术的发展，医学计量的概念将逐渐清晰。

作为新的学科，医学计量的概念还需要研究者进一步探索和定位，但这绝不影响新时代下医学计量的飞速发展。不可否认医学计量已经在保证医学诊疗数据的准确性、减少医患纠纷、维护社会和谐、保障人民生命安全等方面发挥了重要的作用。国际计量局（BIPM）前局长安德普·沃勒德在谈到《21世纪计量的新发展》时说："通过计量研究领域的进一步拓宽，与人类生命及健康相关的新领域已经开始成为并且必将成为未来计量探索的新方向。"

（二）我国医学计量的发展历程

20世纪60年代，我国政府接受国际计量局的建议，根据国情在上海计量研究所和卫生部工业卫生研究所建立了医用X、γ射线剂量计计量标准，可能是官方医学计量"与国际接轨"的开端。

1985年9月6日，第六届全国人民代表大会常务委员会第十二次会议通过《中华人民共和国计量法》，并以中华人民共和国主席令（第28号）正式公布，自1986年7月1日起施行，从而保障了国家计量单位的统一和量值的准确可靠。计量法第二章第九条规定：县级以上人民政府计量行政部门对社会公用计量标准器具，部门和企业、事业单位使用的最高计量标准器具，以及用于贸易结算、安全防护、医疗卫生、环境监测方面的列入强制检定目录的工作计量器具，实行强制检定。未按照规定申请检定或者检定不合格的，不得使用。实行强制检定的工作计量器具的目录和管理办法，由国务院制定。对前款规定以外的其他计量标准器具和工作计量器具，使用单位应当自行定期检定或者送其他计量检定机构检定。

1987年，国务院发布了《中华人民共和国强制检定的工作计量器具检定管理办法》，将用于贸易结算、安全防护、医疗卫生、环境监测方面的55项111种工作计量器具列入强制检定目录，1999年以后又做了几次调整，目前为60项117种。其中与医疗卫生直接相关的有42种，包括了体温计、血压计、眼压计、心电图仪、脑电图仪、医用辐射源、医用激光源、医用超声源及听力计等，医学计量是法制计量的重要组成部分。

1990年，由于军队对医学计量的特殊需要，中国人民解放军总后勤部和中华人民共和国国防科学技术工业委员会联合颁发了《军队医学计量监督管理办法》。军队医学计量作为国防计量的重要组成，得到了快速发展，在全军卫生部门和卫生机构建立了完善的三级医学计量监督管理体系和医学计量技术保障体系，为确保军队医学装备安全、有效服务于部队军官健康奠定了坚实的技术基础。

1996 年，卫生部为加强医疗卫生机构仪器设备的科学管理，发布了《医疗卫生机构仪器设备管理办法》，内容包括机构与职责、人员与任务、计划管理、购置验收、使用保管、计量维修、调剂报废、检查评估等。首次明确了"凡列入《中华人民共和国强制检定工作计量器具目录》的医用器具和设备，必须根据《中华人民共和国计量法》及有关的卫生计量法规规定建档、建账、建卡，进行周期检定，获计量合格证书后方可使用"。这是卫生部第一次将计量正式纳入仪器设备管理办法。

2007 年，经国家质量监督检验总局批准，全国临床医学计量技术委员会成立，委员由计量、卫生和实验室认可方面的专家担任，着手推动医学计量工作。2010 年，"全国医学计量技术委员会"正式成立，标志医学计量工作的全面开展。

2013 年，国务院印发了《计量发展规划（2013—2020 年）》。在"加强计量科技基础研究"专栏 2 中将"医疗安全等领域计量溯源技术研究"列入计量科技基础研究重点项目；在"制修订计量技术规范"中明确提出要加大医疗卫生等领域的计量技术规范制修订力度；在"强化民生计量监管"中指出要加强对医疗卫生等与人民群众身体健康和切身利益相关的重点领域进行计量监管。

目前，全国大部分省级法定计量检定机构都成立了专门的医学计量研究所或医学计量实验室，超过四分之一的市级法定计量检定机构也成立了医学计量实验室，全国的医学计量检定网络已基本形成，医学计量工作日趋规范和完善。

（三）新形势下医学计量的发展趋势

1. 医学计量溯源方式的发展 医学领域的测量通常基于人体生理模型（physiological models）或者假设（assumptions），因此"人"通常才是"基准"，但是由于个体差异，"人"不可能成为基准，解决医疗设备的计量溯源可以基于以下方法（表 1-7）。

表 1-7 医学计量的溯源方式

传统计量溯源方式	医学计量的溯源方式		
	方法Ⅰ	方法Ⅱ	方法Ⅲ
计量基准	计量基准	生理参数数据库	经临床验证的设备
计量标准	计量标准	测试设备/信号发生器（技术上可溯源至计量基准）	传递标准（技术上可溯源至计量基准）
工作标准	工作标准		
被测设备	医疗设备	医疗设备	医疗设备

方法Ⅰ：溯源至传统的计量基准，如体温计（thermometer）。

方法Ⅱ：溯源至临床通用的统计数据库，如尖峰呼气流量计（peak expiratory flow meter）。

方法Ⅲ：溯源至经临床验证的医疗设备（"金标准"），如非接触眼压计（air puff eye tonometer）。

另外，计量研究人员通常关注的是设备技术指标参数的准确性，而临床医生更关注的是医疗设备功能的有效性，因此医学计量溯源技术研究过程中，需要临床医生、临床医学工程技术人员及计量人员等共同参与，以临床效果安全有效为目标，既关注设备指标参数的准确溯源，同时关注设备功能的量化评价，确保溯源的科学性、合理性，真正有效服务于对患者的诊疗活动。

2. 嵌入式计量在医学计量中的发展应用   随着医学技术的发展，各种医疗设备朝着智能化、数字化、集成化方向发展。同时，由于医疗机构使用的特殊需要，CT、MRI、PET等医疗设备一般在开机后都要长时间运转，呼吸机、监护设备更是要连日或数月甚至更长时间运转。设备在运行过程中一旦发生故障或停机，就可能造成医疗事故甚至导致人员死亡。因此，需要发展相应的在线医学计量技术。

新一代传感器技术、物联网技术、大数据技术等信息技术的应用发展，为嵌入式计量研究提供了有效手段。嵌入式计量是将计量能力嵌入到产品和系统中：①关键的测量系统将"一直开启"和"一直实时校准"；②计量将在设计阶段就被嵌入到机器和工具中，作为其部分功能使用；③在测量当时就可实现直接溯源，使得用户可以将"计量"植入到生产过程、产品和服务中。

有效地将嵌入式计量应用到医学计量，在生产企业研发新技术、生产新产品阶段就将计量能力植入产品和系统中，预留计量接口，就可以有效地促进计量成果的转化应用，服务于企业生产过程、医疗机构使用过程中质量控制水平的提升。

3. 医学计量向健康产业计量发展   21 世纪是生命科学的世纪，生命科学作为事关人的健康和发展的学科，已成为许多国家科技创新的关键领域。"健康助力小康，民生牵着民心。"人民健康作为推动经济社会发展的基础条件，是民族昌盛和国家富强的重要标志，也是新时期广大人民群众的共同追求。但我国目前面临着人口老龄化进程加快，肿瘤、糖尿病、高血压、高血脂、骨质疏松、慢性肾病、肥胖等慢性病发病率连年走高的严峻态势，医疗负担十分之重。

"健康中国"被上升到了国家战略高度，国家在医药创新、医疗信息化、治疗精准化等方面出台了系列鼓励政策，传统医疗产业格局正向大健康产业快速发展，医疗模式由过去的"诊断—治疗"向"预防—诊断—治疗—康复—保健"转变。

同时，生命科学技术不断取得新突破，基因工程、分子诊断、干细胞治疗、3D 打印等重大技术广泛应用，大数据、云计算、互联网、人工智能等新一代信息、生物、工程技术与医疗健康领域的深度融合日趋紧密，远程医疗、移动医疗、精准医疗、智慧医疗等技术蓬勃发展，推动健康管理、健康养老、健康旅游、休闲养生、"互联网+健康"等健康产业新业态、新模式蓬勃兴起，健康产业整体进入了高速成长期，成为了 21 世纪引导全球经济发展和社会进步的重要产业，预计 2020 年中国健康产业市场规模将达到 80 000 亿元。

健康产业的高质量发展需要有完善的标准规范和质量评价体系作为支撑，因此为计量科技发展带来了新的机遇与挑战，医学计量需要向健康产业计量发展，为创新药物、高新器械、精准医疗、智慧医疗、医疗大数据等健康产业新产品、新技术提供计量基础支撑，助推健康产业提质增效。

二、医疗设备质量管理和质量控制

质量控制的概念最早产生于工业制造领域，是为了确保某一产品或服务的质量满足规定要求而必须进行的有计划的系统化活动，目的在于控制产品和服务的质量。医疗机构医疗设备质量控制是运用管理和医学工程的技术手段，以确保患者的安全为目的，实施确保医疗设备应用质量的一项系统工程。医疗设备质量控制的理论基础是医疗设备风险管理理论。

　　医疗设备作为一种特殊产品，其整个生命周期从一步步形成到最终作用发挥完毕，包括了设计、制造、运输、储存、销售、使用等一系列过程。各个环节都要科学管理，否则都有可能引发风险。系统了解医疗设备全生命周期的监管体系和风险管理理论对于医院实施医疗设备质量控制至关重要。

（一）医疗器械风险管理概述

　　1. 医疗器械风险管理的起源　20 世纪 60 年代，风险定量化理念首先被飞机制造业与航空事业提出和应用，并逐渐发展至国防、宇航工业；20 世纪 70 年代开始，核电工业也开始运用安全评价与风险分析，之后逐渐广泛应用到石油、化工、铁路等大型的工业部门，并获得丰厚回报，进而引起了先进国家与国际组织的医疗器械领域对风险管理的重视。20世纪末风险管理理论和方法被应用于医疗器械领域。

　　目前新版 ISO 14971—2007《医疗器械风险管理对医疗器械的应用》代替了 ISO 14971-2000 标准。新版标准总结了 2000 版发布以来世界各国有关部门和企业实施该标准的经验，吸取了许多的修改意见。除了风险管理过程的框架基本相同外，新版标准结合风险管理实际，补充了多个附录文件，以提供经验和知识，增加可操作性。目前风险管理在提高医疗器械产品安全性方面的作用，已经在国际上得到认可，相应的步骤与理念也在不断地完善和更新，具体的方法与程序已经被世界上多数发达国家（如欧、美、日）所采用。

　　我国在 21 世纪初等同采用了关于医疗器械风险管理的国际标准，目前最新版本是YY/T 0316—2016《医疗器械风险管理对医疗器械的应用》，已于 2017 年 1 月 1 日起实施。虽然我国在标准的发布与实施方面能够做到紧跟国际趋势，但是医疗器械风险管理在我国仍属新兴理论，关于此理论的研究和实践经验较少，在具体应用方面还需要进一步研究。

　　2. 医疗器械风险管理的目的　其目标不是消除所有风险，而是在保持可行性和功能性的同时，把风险降到一个可接受的水平。医疗器械风险管理不可缺少的部分是制定风险的可接受性准则。医疗器械风险管理的目的是尽可能降低风险，并将风险控制在安全的（即可接受的）范围。"与风险可接受性准则进行比较"和"风险/受益分析"是判定风险是否可接受的常用方法。总之，对医疗器械进行风险管理的最终目的是降低医疗器械给患者、操作者、环境、财产等可能带来的伤害。

　　3. 医疗器械的风险管理过程　主要如下。

　　（1）风险分析：先通过医疗器械预期用途和与安全性有关的特征判定产品可能的危害（即危害识别），再进行危害判定，然后估计每一危害处境下的风险。

　　（2）风险评价。

　　（3）风险控制：包括风险控制方案分析、实施风险控制措施、风险控制的验证、剩余风险评价、风险/收益分析、由风险控制措施引起的风险（如果有）或者由风险控制措施导致原有风险评价的变化、实施全部的风险控制措施。

　　（4）综合剩余风险的可接受性评价。

　　（5）上市前的风险管理评审并输出风险管理报告。

　　（6）策划并实施医疗器械产品生产和生产后信息的收集和评价。

　　风险分析是风险管理的首要因素，是风险管理的基础性工作，其任务是判定每个风险危害并确定其危害的风险水平；风险评价在风险分析的基础上进行，其任务是判断风险是否达到可接受水平、解决风险能不能接受的问题；风险控制是风险管理中最重要的活动，其任务是采取措施降低已判断的风险，实现可接受的水平；生产后信息是风险管理实践的重要组成部分，其任务是收集医疗器械投入使用后的各种信息并评价这些信息，从而发现风险并反馈到新的管理活动中。

4. 医疗器械风险管理技术 YY/T 0316—2016 中推荐的风险管理技术包括：初步危险（源）分析，故障树分析，故障模式与效应分析，失效模式、效应和危害度分析、危险（源）和可运行性研究，危险（源）分析和关键控制点。其中，故障模式与效应分析实用性强、操作方便，最常用于预测分析医疗设备使用过程中存在的问题和风险。

（二）医疗设备监督管理体系及制度

欧美发达国家在医疗器械的安全监管方面，相继推出一系列法规、制度和标准，对医疗器械的市场准入和准入后在使用中的监控提出了一系列强制性要求。1976 年，美国推出了《医疗器械修正案》，由美国食品药品监督管理局（Food and Drug Administration，FDA）负责医疗器械安全管理工作；1990 年，《医疗器械安全法令》正式颁布。瑞典也于 1982 年通过了《医疗服务法案》。这些制度使医疗设备监督管理全面涉及产品制造商、使用单位和行政管理部门，从根本上规范了医疗设备生产、销售、使用、保障等部门的行为，医院有制度、人员有资质、质控有标准，有效提高了医疗设备的安全和临床应用质量。

我国对医疗设备的监督管理工作起步较晚，但在法规、制度和标准体系建设上一直力求与国际接轨。随着 2000 年 1 月 4 日《医疗器械监督管理条例》的颁布实施，我国对医疗设备监督管理日趋法制化、规范化。目前，我国已形成了以新版《医疗器械监督管理条例》为核心，部门规章为主体，规范性文件为重要补充的三级监管法规体系。

1. 医疗器械监管行政法规 《医疗器械监督管理条例》（以下简称《条例》）是我国医疗器械监督管理法规体系的核心。《条例》的宗旨是保证医疗器械的安全、有效，保障人体健康和生命安全，全文分为总则、医疗器械产品注册与备案、医疗器械生产、医疗器械经营与使用、不良事件的处理与医疗器械的召回、监督检查、法律责任和附则八章，内容覆盖了医疗器械的研制、生产、经营、使用活动及其监督管理等各环节。

2. 医疗器械监管部门规章 是指国务院相关部委在自己的职权范围内针对医疗器械制定的法规，其中以国家食品药品监督管理总局的监管职能最多，其颁布的部门法规也最多。这些法规按照条例的精神，对医疗器械的研制、分类、临床试验、注册、生产、经营、使用、不良事件监测和再评价等做出了针对性的规定，是对条例内容的细化，构成了我国医疗器械监督管理法规体系的主体（表 1-8）。

表 1-8 医疗器械产品全生命周期配套规章对应表

医疗器械产品全生命周期	规章名称	实施时间
上市前环节	医疗器械标准管理办法	2017 年 7 月
研制	医疗器械通用名称命名规则	2016 年 4 月
命名	医疗器械分类规则	2016 年 1 月
分类	医疗器械临床试验质量管理规范	2016 年 6 月
临床试验	医疗器械注册管理办法	2014 年 10 月
注册	体外诊断试剂注册管理办法	2014 年 10 月

医疗器械产品全生命周期	规章名称	实施时间
生产	医疗器械说明书和标签管理规定	2014 年 10 月
上市后环节	医疗器械生产监督管理办法	2014 年 10 月
经营	医疗器械经营监督管理办法	2014 年 10 月
广告发布	医疗器械广告审查发布标准	2009 年 5 月
广告审查	医疗器械广告审查办法	2009 年 5 月
使用	医疗器械使用质量监督管理办法	2016 年 2 月
监测	医疗器械不良事件监测和再评价管理办法	2019 年 1 月
召回	医疗器械召回管理办法	2017 年 5 月
飞行检查	药品医疗器械飞行检查办法	2015 年 9 月

其中与医院使用环节质量监督管理重点相关的有:《医疗器械临床试验质量管理规范》《医疗器械使用质量监督管理办法》《医疗器械不良事件监测和再评价管理办法》《医疗器械召回管理办法》《药品医疗器械飞行检查办法》等。

3. 医疗器械监管规范性文件　是指除部门规章之外,医疗器械监管部门在法定职权内依法制定并公开发行的针对医疗器械的公告、通告和通知,如《关于发布免于进行临床试验的第二类医疗器械目录的通告》《关于印发医疗器械经营环节重点监管目录及现场检查重点内容的通知》《关于生产一次性使用无菌注、输器具产品有关事项的通告》《关于印发〈一次性使用无菌注射器等 25 种医疗器械生产环节风险清单和检查要点〉的通知》《关于印发〈一次性使用塑料血袋等 21 种医疗器械生产环节风险清单和检查要点〉的通知》等,这类法规数量多、内容丰富、形式多样,是医疗器械监管行政法规和部门规章的重要补充。

（三）医院医疗设备质量控制体系建立与实施

1. 医院医疗设备质量控制体系建立的必要性　建立健全的医疗设备质量控制管理体系,可以促进医院医疗水平和质量管理得到持续改进和提高,并且使医护人员树立起良好的风险意识,有效地缓解因医疗设备引发的医患纠纷和矛盾,创造和谐的医患环境。根据 FDA 统计,不合格设备约有 10% 会导致死亡,1/3 会导致伤害或严重伤害,其他会导致轻微或潜在伤害。可以预见,随着患者维权意识及能力的提高,关于医疗设备的纠纷会越来越多。由于医疗设备特殊的复杂性、先进性,在将其作为医院医学诊断、治疗水平的重要手段的同时,对其建立严格的质量标准和质量控制体系对其进行规范、科学的质量管理和质量控制至关重要。

2. 医院医疗设备质量控制体系的建立　医疗设备质量控制虽然在国际上不是一项创新,但在国内仍然是一项开创性工作,在认识和管理上及开展的方式和方法上仍需探索。医院医疗设备质量控制是运用管理学知识和医学工程的技术手段,以确保患者的安全为目的,实施确保医疗设备应用质量的一项系统工程,开展好医疗设备质量控制工作,首先必须得到医院领导重视,其次在健全机构、建章立制和资源投入等方面都要有所作为。

（1）医院领导重视:质量管理体系标准中,质量管理七大原则中的一条就是“领导作用”。只有院领导认识到了、重视了,才能将医疗设备质量控制切实纳入医疗质量管理范畴,并从医院运营和医疗质量管理的全局出发,认清医疗设备质量控制的重大意义,在制定建设、人力、物力、财力投入等方面予以支持,以完善医疗质量管理、降低安全成本、提升全面效益、实现由医疗设备资产管理向全面质量管理的转变。

（2）建立组织机构：医疗设备质量控制工作是医院质量保障体系的重要内容，涉及各个科室、多种设备，点多、面广、系统性强，因此需要建立健全的医疗设备质量控制机构，树立风险意识，完善职能，明确职责，对医疗设备的安全使用管理进行组织、分工、协调、指挥。

（3）健全规章制度：依据国家、部门和医院相关条例、规定和技术标准，制定各项规章制度，用以规范医疗设备质量控制工作的开展和实施。

（4）重视资源投入：资源方面主要是资金的投入，以及医疗设备安全有效运行配套的环境设施的建设。①按照设备使用、检测环境要求配备空调、除湿机、负压工作台、通风柜等环境设施；②配备专业的质量控制检测设备和检测模体，尤其是大型设备和高风险设备质量检测仪器；③医疗设备安全运行所需的电源和气源等基础设施条件较差的医院，还需要在基础设施方面增加投入。

（5）做好人员培训：做好人员培训，考核合格方准上岗。国家有规定的项目需持证上岗，没有规定的由医院自行建立操作考核制度，人员一律经过培训考核上岗，定期复查。

一方面，医院重视对质量控制专职人员的培养、培训，打造一支热爱本职工作、精通业务、人员结构合理的医疗设备质控人才队伍；另一方面，通过多种渠道加强对医疗设备使用人员的操作培训。医院医疗设备种类繁多，有些操作难度较大，技巧性较强，尤其是一些急救设备，由于人员的误操作或操作不规范等情况，必将导致意外损害事故的发生，因此加强使用者的操作培训是降低医疗设备使用风险、提高应用质量的有力措施。

（6）实行全程质控：实行全程质控，扩大质控范围。医院在医疗设备质量控制管理工作中，通过科学选型论证，做好安装验收、加强使用管理、维修与预防性维护相结合、落实周期检定、严格执行报废程序等措施，使质量控制贯穿于医疗设备使用的全过程，有力保障医疗设备安全。

（7）建设信息化管理系统：建设信息系统，实现高效管理。依托医院现有的信息化管理系统，进一步开发医疗设备质量控制管理模块，为每台设备建立质控档案，建立医疗设备采购、安装、使用、维修、计量与质量控制检测直至报废全过程管理系统，完善医疗设备电子档案，实现医疗设备使用全过程的质量控制。信息管理系统的应用既便于医疗设备管理人员随时掌握医疗设备质量控制工作开展情况，又能及时提醒医疗设备管理人员提前开展医疗设备计量检定和质量控制检测，保证设备不超期使用，提高设备管理工作的效率和准确性；同时可以利用设备质量控制相关数据，为医疗设备引进和管理提供决策参考和数据支持。

3. 医院医疗设备质量控制的实施

（1）医疗设备投入使用前的质量控制：最终目标是确保利用有限的资金引进急需的设备，购置符合临床应用需求的高质量、高性价比产品，主要涉及需求论证、选型采购、安装验收、操作培训等环节。

1）需求论证阶段的质量控制：质量控制计划开始于设备购置之前。科室提出医疗设备使用需求，单价在一定额度以上的大型设备和高危设备，一般都应认真立项并广泛调研：从医院现有同类设备配备及使用情况，设备购置的必要性和设备的先进性，资金来源、场地准备情况和人员配置情况等方面进行可行性因素分析；从同区域同类医疗项目开展情况进行经济效益和社会效益分析，明确对拟选设备的参数需求及理由等。临床医学工程技术人员应积极参与医疗设备购置前的评估与考察，利用相关专业知识，从临床医学工程技术的角度出发，对设备的性能指标、参数和其他信息进行详细的论证，确保引进质量合格、性能优良的医疗设备。

2）设备选型采购阶段的质量控制：在设备的采购过程中，要严格做好医疗设备引进的质量控制工作。一是严格资质审查，严格审核医疗器械生产许可证、医疗器械经营许可证、医疗设备注册证及注册登记表、厂商授权书、售后服务承诺书等资质证明文件。医院可在平时注意搜集供应商信息，建立医疗设备厂商数据库和医疗设备技术档案库，登记存放医疗设备产品原理、使用情况、质量情况、代理商实力及诚信情况，并不断地对该数据库进行更新和维护，引进医疗设备时从中选择优秀者作为供应商。二是要选择能够满足科室需求的产品。可邀请专家集体讨论，必要时邀请生产厂商，组织产品介绍，讲解公司背景、产品参数和特点等，作为厂商遴选依据。

医疗设备的购置程序和方法必须严格按照医院规定的购置管理办法执行。

3）安装验收阶段的质量控制：设备到货安装之前，医学工程技术人员应事先落实好设备使用环境条件要求，积极协调院内各方面关系，尤其是要与院内营建等部门及时沟通，为设备的安全运行提供良好的工作环境和场地。设备到货后，医学工程技术人员应全程参与设备的安装调试过程，了解和掌握医疗设备主要部件构成、安装方法和注意事项，为以后维护保养打下基础。

设备安装调试完成之后，严格按照验收管理办法和合同要求对设备进行检查、验收。设备验收由使用科室、医疗设备管理部门及厂商工程师共同参加，进口设备还应邀请有关部门进行商检。具体执行时，可针对不同设备制定相应验收标准和规范。验收时对照合同中的技术指标要求和配置清单，根据标准步骤，详细记录验收情况并出具验收报告，所有验收人员签字确认备案。对于列入医疗设备质量控制的高危医疗设备和计量强检设备，应在正式投入使用前，组织专业人员进行医疗设备质量控制检测和计量检定，对检测不合格的产品应通知供应商，及时做好退换货处理。

设备安装验收过程中，还应做好设备电气安全性、电磁兼容性和放射防护的风险防范。各种医疗设备应当符合国际通用电气安全标准和国家规定的特定医疗设备的专用电气安全标准。安全标准主要考虑防电击的漏电流、设备接地安全要求。实际工作中，除了按照要求购买合格产品外，一定要考虑使用中的条件，如按照医院风险管理要求安装双回路电源供电或三相五线式供电；对于大型医疗设备应当安装独立的保护接地；对于具有特殊要求的手术室供电系统采用隔离变压器和独立接地供电；另外部分重要科室或设备应当配备UPS后备电源；考虑到信息化和网络的普及，建设中要注意防雷设施的落实，设备安装中注意强电和弱电线路尽量远离。对于各种放射诊断或治疗设备，如 X 线机、DSA、CT、SPECT、PET、γ 刀、LA、模拟定位机、后装机、钴-60 等，必须严格按照国家制定的有关放射设备防护规定进行风险分析和评估，做好防范措施。

4）操作培训阶段的质量控制：对于新购置的设备，为了避免误操作引起的设备故障甚至医疗事故，同时让维修人员对设备的日常维护、一般故障处理等都能有所了解和掌握，在设备安装到位后，应及时联系和督促厂家对设备操作人员与维修人员进行技术培训，重点掌握医疗设备的性能参数特点、使用方法、常见故障现象及排除方法等。培训之后，组织使用人员进行操作考核，考试合格后方可正式操作设备。大型医疗设备，如超声、CT、MRI、LA、DSA 等，操作人员应积极参加中华医学会、中国医师协会等学术组织举行的使用培训，取得全国大型医用设备使用人员上岗证。

医疗设备使用前，医学工程技术人员应当对可能存在的风险进行评估，并根据设备操作说明书的内容，协助临床使用科室一起制定操作规程，方便医务人员正确操作设备，确保医疗设备使用质量。医疗设备操作规程的内容应当包括规范化的操作步骤、注意事项、安全风险及操作禁忌等。操作规程制定完成后应当按要求张贴或悬挂于使用场地或医疗设备的显眼之处，并存档。大中型贵重医疗设备应当实行岗位责任制，专人使用，专人保管。

（2）医疗设备使用中的质量控制：主要是为了确保通过正确的流程，操作质量稳定、可靠的设备，保证诊疗安全和患者健康，并通过适宜的维护保养与定期检测解决潜在隐患、提升设备质量水平、延长设备使用寿命。

1）科学合理地实施预防性维护

A. 预防性维护的基本概念：预防性维护（preventive maintenance，PM）是指为了维持医疗设备处于最佳工作状态，周期性地对设备采取的一系列维护工作，具体包括系统操作性能检查、测试和调整，电气安全测试，设备外部清洁和内部除尘，机械部件的润滑及易损部件的更换等。

B. 预防性维护的具体内容

a. 制定设备预防性维护周期：预防性维护周期制定合理与否对于能否实现预防性维护工作目的起着重要的作用，维护时间间隔太短不仅会导致维护工作过剩，浪费人力、物力，而且会对临床科室正常工作造成一定影响。维护时间间隔太长会导致维护工作不足，不能有效降低设备的故障率，同时设备的可靠性和安全性也将无法得到保证，威胁患者和使用人员的安全。

科学制定预防性维护周期不仅要参考各类设备的自身特点，同时还要考虑每台设备的实际使用情况。佛蒙特（Vermont）大学开发了一套基于风险的检查评分系统，用来决定检查和维护的频率。它衡量风险的标准被分为五类：临床功能、有形风险、问题避免概率、事故历史、制造商/监管部门的要求。针对每个类别都对设备进行评分，每个类别的评分进行加和，最后得到的总分即该设备类型的得分，维护的策略根据设备总分决定，见表1-9。

表1-9　医疗设备风险评分准则与权重

风险评分准则	权重
临床功能	
不接触患者	1
设备可能直接接触患者但不起关键作用	2
设备用于患者疾病诊疗或直接监护	3
设备用于直接为患者提供治疗	4
设备用于直接生命支持	5
有形风险	
设备故障不会造成风险	1
设备故障会导致低风险	2
设备故障会导致诊疗失误、诊断错误或对患者的状态监护失效	3
设备故障会导致患者或使用者的严重损伤甚至死亡	4
问题避免概率	

续表

风险评分准则	权重
维护或检查不会影响设备的可靠性	1
常见设备故障类型是不可预计的或者不是容易预计的	2
常见设备故障类型不易预计，但设备历史记录表明是技术指标测试中经常检测到的问题	3
常见设备故障类型可以预计并且可通过预防性维护避免	4
具体的规则或制造商的要求决定了预防性维护或测试	5
事故历史	
没有显著的事故历史	1
存在显著的事故历史	2
制造商/监管部门的要求	
没有要求	1
有独立于数值评级制度的测试要求	2
总分	

注：风险评分总分在 13 分以上的设备被定义为每半年进行一次测试。总分在 9～12 分的设备被定义为每年进行一次测试。总分在 8 分以下的设备不需要进行年度测试（或者可以进行两年一度的测试；或者就不需要定期测试，其频率取决于临床应用的情况）。麻醉机和雾化器推荐每年进行三次测试；一些血液运送设备，如保温箱，根据美国血库协会或美国病理学家协会的规定，可能需要每年接受四次测试。

b. 预防性维护内容：预防性维护的一般内容大致相同，主要包括：

外观检查：检查设备各按钮、开关、旋钮有无松动及错位，插头插座有无氧化、锈蚀或接触不良，电源线有无老化，散热风扇排风是否正常，各种连接线的连接和管道连接是否正确。

清洁保养：对设备表面和内部的电气部分、机械部分进行清洁，包括清洗过滤网及有关管道，对设备有关插头、插座进行清洁，防止接触不良，对必要的机械部分进行加油润滑。

易损件的更换：对已达使用寿命、性能下降且不符合要求及设备说明书中规定要求定期更换的配件进行及时更换。对于设备内置电池电量不足的情况要督促有关人员进行充电。

功能检查：设备通电检查各指示灯、指示器是否正常，进入各功能设置模式，通过调节、设置相关开关和按钮，检查设备各项功能是否正常。同时，通过模拟测试，检查设备各项报警功能是否能正常触发。

性能测试及校准检测：测试设备各输出量值误差是否超出相关标准要求，并对于超出标准范围的量值参数参照说明书步骤进行必要的调整和校准，以保证设备各项技术指标达到标准，确保仪器在医疗诊断与治疗中的使用质量。

安全检查，包括电气安全检查和机械检查。电气安全检查主要检查各种引线、插头、连接器等有无破损，接地线是否牢固，接地阻抗、绝缘阻抗和漏电流是否在标准范围内。机械安全检查主要检查机械组件是否牢固，运转是否正常，各连接部件有无松动、脱落或破裂现象。

C. 预防性维护实施：医疗设备管理部门根据各类医疗设备自身的特点，同时，考虑每台设备的实际使用情况，组织制订详细的预防性维护工作实施计划。各相关人员根据这些计划对医院医疗设备进行日常和定期的维护和保养。PM 计划的内容一般包括：维护设备名称、编号、使用科室、预防性维护周期、具体时间安排、执行人员。在预防性维护计划实施过程中，还应根据设备的使用、运行与维护保养情况及时调整维护时间间隔和内容，使之更加切合实际。

设备维护保养完成后，应做好相关记录。在每次完成预防性维护后，由临床医学工程技术人员填写预防性维护报告，报告内容包括：预防性维护的设备名称、设备编号、执行时间、再保养时间、使用环境监测、保养内容、设备安全性能及功能测试参数和结果、设备状态评估、使用部门评价及验收人员签字等。预防性维护报告填写完整后应及时归档，并按医疗设备档案管理办法进行管理。通过查看预防性维护报告可及时掌握和分析设备的运行状况。

D. 预防性维护的评估与改进：预防性维护工作实施一段时间后（通常为一个预防性维护周期），应根据设备上一阶段的运行和故障情况，对现有预防性维护系统进行分析和评估，进行调整和改进（图 1-5），从而使下一阶段的预防性维护更加合理。

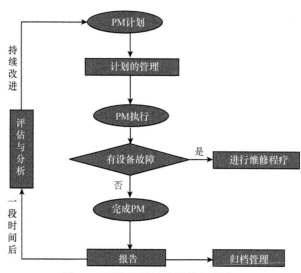

图 1-5　预防性维护的评估与改进

2）应急维修质量控制：医疗设备管理部门应实施 24 小时值班与维修工程师备班制度，接到报修申请第一时间响应，第一时间到位。大型设备必须由经过该设备维修培训的工程师专人负责维修保养。维修人员应实行弹性工作制，平时考勤可适当放松，但若设备出现故障，设备维修工程师要第一时间到达现场，及时加班加点抢修。医院可建立应急配件库，根据设备特点，对于易损、易坏零配件，应提前储备，根据设备数量与故障发生率测算储存基数，以备紧急维修所用。

设备故障维修后的强检及检测是确保设备质量安全的重要手段，应引起相关人员高度重视。对于列入强制计量检定的设备，维修结束后应及时开展医疗设备计量检定，合格后方可投入使用。

3）不良事件的监测：医疗设备使用过程中发生危害事件的，应及时登记、报告、评估，如果确定事件是在设备质量不合格的状态下工作的，则定性为医疗事故，而不是不良事件；如果确是不良事件，由医疗机构上报上级主管部门，并委托专业检测机构进行再评价，确定事件原因及处理方法。

通过对医疗设备不良事件监测，能够发现一类或一批设备设计缺陷等共性隐患，有利于监督管理部门和其他医疗机构采取必要措施，提前干预，避免和降低不良事件在不同时间不同地点重复发生。同时，通过分析不良事件的监测上报的数据，有针对性地开展医疗设备质量控制检测，也有助于制订切实可行的有针对性的医疗设备质量控制计划。

（3）医疗设备报废环节的质量控制：按照医疗设备有关规定，医疗设备达到了设计使用年限，或经维修仍不能达到质量标准的，或虽能修复但维修费用超过一定限额的，按规定应予以报废。但是实际情况比较复杂，设备使用寿命与设备使用频率、使用环境、维护保养等明显相关。实际使用中不乏已达报废使用年限的仪器设备，由于使用者在操作中严守操作规程，仪器使用频率不高，或定期进行维护保养，虽然达到设计最高使用年限，但仍运行很正常、性能稳定；也有部分科室因各种原因，对没有到达报废年限的设备提出报废申请。

为充分发挥医疗设备使用效能，节约医院资金，应该开展对申请报废的医疗设备的医学计量与质量控制检测，把质控检测的结果作为确定设备是否应该报废的最终依据。检测合格的设备继续使用。检测不合格的设备申请进行维修鉴定。适当维修并经检测合格后的设备继续使用。下列几类医疗设备可以予以报废：严重老化，经维修后技术性能确实无法达到临床应用要求的医疗设备；虽可以修复，但维修费用与设备使用后残值的比超过 40%的，已不适于修理的设备；技术性能相当落后的医疗设备；安全隐患严重的医疗设备。

报废设备处理应按规定履行申报审批手续，并坚持力行节约的原则，零配件能够继续使用的，尽量拆解使用。报废处理所得资金应逐笔登记，上缴财务列入修购积金。

三、医学计量与医疗设备质量控制的关系

（一）计量是控制质量的基础

2005 年，联合国贸易和发展会议（United Nations Conference on Trade and Development，UNCTAD）和世界贸易组织（the World Trade Oranization，WTO）共同提出国家质量基础设施（National Quality Infrastructure，NQI）的理念。2006 年，联合国工业发展组织（United Nations Industrial Development Organization，UNIDO）和国际标准化组织（International Organization for Standardization，ISO）在总结质量领域一百多年实践经验基础上，正式提出计量、标准、合格评定（包括检验检测、认证认可）共同构成 NQI，指出计量、标准、合格评定已成为未来世界经济可持续发展的三大支柱，是政府和企业提高生产力、维护生命健康、保护消费者权利、保护环境、维护安全和提高质量的重要技术手段。

国家质量基础设施是一个国家建立和执行标准、计量、认证认可、检验检测等所需的质量体系框架的统称，包括法规体系、管理体系、技术体系等。世界银行发布《国家质量基础——保障竞争能力、贸易和社会福利的有效工具》，认为 NQI 建设属于国家公共干预范畴。发达国家将"国家质量基础设施"建设定位为国家战略的核心内容。

"质量"是一组固有特性满足要求的程度，是品质卓越程度的统称。抽象理解，"质量"是特定主体，指的是人对某一客体特性期待的满足程度。"质"是一个事物区别于其他事

物的规定性；"质"通过属性表现；"质"是认识的基础、实践的起点。"量"是事物的规模、程度，如运动速度的快慢、颜色深浅等可量化的规定性；"量"是认识的深化和精确化。因此"质量"可以抽象理解为：通过一组量化的属性、特征、性能等参数，表征客体的内在本质和外部表象，实现主体满足程度可量化、可比较、可评价，进而实现其可控制、可改进、可持续。

质量提升的核心要义是从量变到质变，实现质的飞跃。量值是质量提升的前提，量值的精准就是质量提升的路径。欧洲人早就有一个哲学理念，凡是不能量化的事物，通常都是难以被控制与改善的事物。著名的质量管理学家戴明说，除了上帝任何人都必须用数据说话。在大数据时代，更是有一个说法叫量值定义世界。因此从量变到质变，这是解决质量问题的一个路径。国家质量基础设施，是解决质量问题的终极答案。对质量发挥的作用中，计量控制质量的水平，标准引领质量的提升，认证认可传递质量的信任，而检验检测提供复合型判断的依据。计量、标准、合格评定三者形成完整的技术链条，相互作用、相互促进，共同支撑质量的发展：计量是标准和合格评定的基准；标准是合格评定的依据，是计量的重要价值体现；合格评定是推动计量溯源水平提升和标准实施的重要手段（图1-6）。简单地说，计量解决准确测量的问题，质量中的量值要求由标准统一规范，标准执行得如何就需要通过检验检测和认证认可来判定。

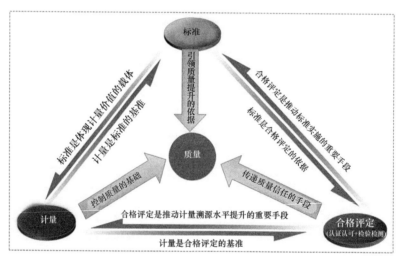

图 1-6 NQI 的内在关系

（二）医学计量与医疗设备质量控制的关系

当代医学最大的进步就是由定性到定量的转化，在量化的过程中无论疾病的预防、诊断还是治疗，都大量地依赖于各种先进的医疗设备。现代计量学认为，"测量的准确与统一"并非独立存在，而是与实际测量联系在一起。没有医学科研及临床诊疗中"量控"的需要，便没有医学计量；没有医学计量也不能保证医学量值准确、可靠。两者既对立统一，又相互依存。

医学计量的内涵目前尚无明确界定，但医学计量不是狭义理解的"对医疗设备的计量检定或计量校准活动"。医学计量是计量技术在医学领域的应用，因此决定了计量学的知识体系、学科规则等要在医学领域延续并创新，要研究和发展其在医学领域的测量理论及应用，实现医学领域计量单位的统一和量值的准确可靠，服务于人类卫生事业。"对医疗设备的计量检定或计量校准活动"仅是医学计量的重要内容之一。

医疗设备质量控制是医院医疗质量管理的重要组成部分，根本目的是保持设备始终以安全、有效的状态运行，涉及对从事医疗设备质量相关的人员、机制、标准、法规、应用环境、用电安全、计量管理和对医疗设备的操作等多项内容进行控制，并对质量活动的成果进行分阶段验证，以便及时发现问题，查明原因，采取相应纠正措施，防止不合格装备应用于临床。同时为了使每项质量活动能够真正做好，质量控制必须对于控制内容、目的、因由、时间、地点及控制方法等做出规定，并对实际质量活动进行监控。医疗设备质量控制是一个系统活动，狭义理解的"应用专业的质控设备或质控模体，检测在用医疗设备的各项性能指标、技术参数是否满足医院制定的质控标准要求"应定义为"质量控制检测"。

医学计量是医疗设备质量控制的技术基础和重要保障，把医学计量的理论、方法、手段，甚至特有的管理理论应用于医疗设备的质量控制活动中，可以促进医疗设备质量控制的有效实施。同时，医学计量活动中对"医疗设备的计量检定或计量校准"也是医疗设备质量控制的重要组成内容。

（三）计量检定与质量控制检测区别

1. 计量检定 查明和确认计量器具是否符合法定要求的程序，包括检查、加标记和（或）出具检定证书。

特点：
（1）对象：计量器具。
（2）目的：计量单位统一、量值准确可靠。
（3）依据：计量检定规程。
（4）结论：合格与否。
（5）性质：属于法制计量术语。

组成：
（1）首次检定：帮助医院做好技术验收工作，避免其与厂家产生技术纠纷。
（2）后续检定：周期检定、修理后检定、有效期内检定。
（3）仲裁检定：界定是否是因设备不准带来的责任伤害。

2. 质量控制检测 应用专业的质控设备或质控模体，检测在用医疗设备的各项性能指标、技术参数是否满足医院制定的质控标准要求。

特点：
（1）对象：列入质控范围的医疗设备。
（2）目的：确保医疗设备的安全性、有效性。
（3）依据：医院制定的质控标准。
（4）结论：记录检测结果，评估设备状态。
（5）性质：根据卫生部门或本医院的工作需要进行。

组成：
（1）验收环节质量控制检测：帮助医院做好技术验收工作，避免其与厂家产生技术纠纷。

（2）使用环节质量控制检测：预防性维护周期检测、维修后检测。

（3）报废环节质量控制检测：医院根据质量控制检测的结果判定设备是否应该报废，避免资金浪费。

3. 计量检定与质量控制检测的区别　见表 1-10。

表 1-10　计量检定与质量控制检测区别

区别项	计量检定	质量控制检测
实施主体不同	由依法成立的或授权的计量检定机构来执行	一般由医院的医疗设备管理部门来实施
目的不同	为管理本区域计量器具，使其能够单位统一，量值可溯源到我国国家计量基准	为了确保患者安全，对本医疗医院设备进行的技术行为
法律地位不同	依照计量法赋予的权利开展工作	根据卫生部门或本医院的工作需要而进行
周期频次不同	一般为周期性检定，周期频次比较固定，一般一年一次	周期比较灵活，根据实际情况制订计划
实施过程不同	比较严格，对检定方法、环境、设备计量性能指标、操作步骤等环节有严格要求	可以根据实际情况自主设计质控项目及要求
实施人员不同	由取得计量检定资格的检定人员执行	一般由医疗设备管理部门的工程师执行
实施结果不同	应给出设备的计量性能结果是否合格的结论，出具检定证书或检定结果通知书	记录检测结果，对设备的安全风险进行评估，判定设备状态

计量检定与质量控制检测有所区别，又有所联系：

（1）都是以保障医疗设备安全有效运行为目的的检测行为。

（2）计量检定可以为评估设备风险提供主要法律依据和技术依据。

（3）医疗设备质量控制非常灵活，主要用于医疗设备日常监测管理，可以有效地处理医疗设备出现的临时异常状况。

（4）计量检定和医疗设备的质量控制相辅相成，是保障医疗设备安全运行的两件法宝。

习　　题

1. 请简述计量的概念、作用及其基本特点。
2. 请简述测量和计量的关系。
3. 请简述计量单位制、国际单位制、法定计量单位的含义。
4. 请简述我国法定计量单位的构成。
5. 请简述测量误差、准确度和不确定度的含义。
6. 请简述 GUM 法评定测量不确定度的流程。
7. 什么是标准测量不确定度？
8. 测量不确定有哪两类评定方法？
9. 什么是合成标准测量不确定度？什么是扩展不确定度？
10. 什么是计量溯源性？什么是计量溯源链？
11. 请简述检定和标准的含义。
12. 请简述检定和标准的区别。
13. 质量管理体系文件一般由哪几部分构成？
14. 建立质量管理体系主要涉及哪些方面？
15. 请简述质量管理体系的运行步骤。

16. 开展医学计量有何重要意义?

17. 请简述医学计量溯源方式的发展。

18. 医疗器械风险管理过程主要包括哪些步骤?

19. 医疗器械风险管理技术有哪几种?

20. 预防性维护的基本概念是什么?

第二章 呼吸机质量控制技术

第一节 呼吸机的原理与应用

一、呼吸与呼吸机

（一）呼吸

氧气是人类生存不可缺少的物质。人类通过呼吸道和呼吸器官，依靠呼吸肌的收缩与放松，对空气进行一呼一吸，经人体细胞的氧化代谢，循环不停地吸入氧气，排出二氧化碳气体，这就是人类的呼吸功能。一个健康的成人在平静时，每分钟呼吸 16～20 次，每次吸入的空气量约为 500ml，每分钟的耗氧量在 200～300ml。人体剧烈运动时，每分钟耗氧量可达 5500ml。人体必须不停地呼吸，不断地补充氧气，才能维持正常的生命活动。

1. 呼吸过程 包括三个基本环节：一是外呼吸，包括肺通气和肺换气，肺通气是指气体通过呼吸道进出肺的过程。肺换气是指肺泡内的气体交换的过程。二是气体在血液中的运输。三是内呼吸，也称组织换气，即体循环毛细血管内血液中的气体与组织细胞内的气体透过毛细血管壁和细胞膜进行交换的过程。

2. 肺通气 主要是完成从鼻腔到肺泡及从肺泡到鼻腔的气体传送。实现肺通气的器官包括呼吸道、肺泡和胸廓等。呼吸道是沟通肺泡与外界的通道，肺泡是肺泡气与血液气进行交换的主要场所。

气体进出肺是因为大气和肺泡之间存在着压力差，气体在压力差的作用下由高压区进入低压区。在自然呼吸条件下，此压力差产生于肺的收缩和舒张所引起的肺容积的变化。

当吸气肌收缩和（或）呼气肌舒张时，胸廓扩大，肺随之扩张，肺容积增大，肺内压暂时下降并低于大气压，空气就顺此压差而进入肺，造成吸气。反之，当吸气肌舒张和（或）呼气肌收缩时，胸廓缩小，肺也随之缩小，肺容积减小，肺内压暂时升高并高于大气压，肺内气体便顺此压差流出肺，造成呼气，呼气末肺内压等于大气压，则气流停止（图 2-1）。由此可见，肺泡与外界环境的压力差是肺通气的直接动力，呼吸肌的舒张收缩运动是肺通气的原动力。

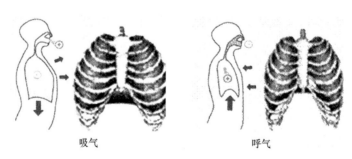

吸气　　　　　　　　　　呼气

图 2-1　肺通气吸气和呼气胸腔变化示意图

肺通气过程中，气体进入肺取决于两方面因素的相互作用：一是推动气体流动的动力；二是阻止其流动的阻力。动力必须克服阻力才能实现肺通气。通气阻力增高是临床上肺通气困难的最常见原因。肺通气的阻力可大体分为两类：弹性阻力和非弹性阻力。

（1）弹性阻力和顺应性：用同等大小的外力作用时，弹性阻力大者，变形程度小；弹性阻力小者，变形程度大。一般用顺应性来度量弹性阻力，顺应性是指在外力作用下弹性组织的可扩张性。对于空腔器官来说，顺应性还表示外力变化引起的弹性组织的容积变化。顺应性小的弹性组织，在相同压力作用下，弹性组织不易扩张，变形程度小，容积变化小，弹性阻力大。顺应性大的弹性组织，在相同压力作用下，弹性组织容易扩张，变形程度大，容积变化大，弹性阻力小。

由此可见，顺应性（C）与弹性阻力（R）呈反比关系，即 C 越大则 R 越小，C 越小则 R 越大。弹性阻力主要来自肺弹性阻力和胸廓弹性阻力。

1）肺弹性阻力和肺顺应性（compliance，C）：肺是具有弹性的器官。在肺扩张变形时，会产生弹性回缩力，力的方向与肺扩张的方向相反，成为吸气的阻力。所以，肺的弹性回缩力是肺的弹性阻力。

肺的弹性阻力可用肺顺应性表示，也就是说，用肺顺应性表示肺的可扩张性，即胸腔压力变化引起肺容积的变化。肺的顺应性大，表示其容易扩张，即在较小的外力作用下可引起肺容积较大的变化。顺应性计算公式为

$$C=\Delta V/\Delta p=1/R \tag{2-1}$$

式中，C 为顺应性，单位 L/cmH_2O；ΔV 为肺容量变化量，单位 L；Δp 为肺压力变化量，单位 cmH_2O；R 为弹性阻力，单位 cmH_2O。

由公式（2-1）可见，肺顺应性与压力呈负相关，与容量呈正相关。

肺顺应性包括静态肺顺应性（C_{st}）和动态肺顺应性（C_{dyn}）。静态肺顺应性是指在呼吸周期中，气流暂时阻断时测得的肺顺应性，反映的是肺组织的弹性阻力；动态肺顺应性是指在呼吸周期中，气流未阻断时测得的肺顺应性，即测量时有气流存在。因此，动态肺顺应性受肺组织弹性和气道阻力的双重影响。动态肺顺应性反映的是肺组织的弹性阻力和气道阻力（非弹性阻力）的特征。

2）胸廓弹性阻力和顺应性：胸廓也具有弹性，呼吸运动时也产生弹性阻力。深吸气时，胸廓被牵引向外而扩大，其弹性回缩力向内，与肺回缩力方向相同，成为吸气的弹性阻力，呼气的动力。用力呼气时，胸廓被牵引着向内缩小，胸廓的弹性回缩力向外，这是吸气的动力，呼气的弹性阻力。所以胸廓的弹性回缩力既可能是吸气的弹性阻力，也可能是吸气的动力，具体情况要视胸廓的位置而定。这与肺不同，肺的弹性回缩力总是吸气的弹性阻力。胸廓顺应性计算公式为

$$C_{CW}=\Delta V_{CW}/\Delta p_{CW} \tag{2-2}$$

式中，C_{CW} 为胸廓顺应性，单位 L/cmH_2O；ΔV_{CW} 为胸腔容积变化，单位 L；Δp_{CW} 为跨胸壁压变化，单位 cmH_2O。

胸廓顺应性可因肥胖、胸廓畸形、胸膜增厚和腹内占位病变等而降低。因为胸廓和肺紧贴在一起，两者同步扩张和回缩，故正常人平静呼吸时，肺和胸廓的弹性阻力大小相当，在出现气胸、胸腔积液、肺不张的情况下，胸廓和肺的变化程度不同步，顺应性可以不同。

（2）非弹性阻力：是气体流动时产生的，并随流速加快而增加，故为动态阻力。非弹

性阻力中, 气道阻力主要来自于气体流经呼吸道时, 气体分子间和气体分子与气道之间的摩擦, 它是非弹性阻力的主要组成部分。惯性阻力是气流在发动、变速、换向时, 因为气流和组织的惯性所产生的阻止运动的因素, 平静呼吸时, 呼吸频率低、气流流速慢, 惯性阻力可忽略不计。黏滞阻力主要是呼吸时, 组织相对位移发生摩擦而产生的阻力。

1) 气道阻力 (R_{aw}): 是气体在气道中受到的阻塞程度, 可用维持单位时间内气道中气体流量所需的压力差来表示。通常气道开口处压力与大气压相等, 故只要测得肺泡内压 (p_{alv}), 再测定气流速度 (V), 就可以计算出气道阻力, 气道阻力与管道半径的 4 次方成反比。气道阻力计算公式为

$$R_{aw}= p_{alv}/V \tag{2-3}$$

式中, R_{aw}, 气道阻力, 单位 $cmH_2O/(L \cdot s^{-1})$; p_{alv}, 肺泡内压, 单位 cmH_2O; V, 气流速度, 单位 L/s。

正常人当吸气流速为 500mL/s 时, 气道阻力为 $0.6 \sim 2.4 cmH_2O/(L \cdot s^{-1})$, 气管插管后, 气道阻力一般为 $6 cmH_2O/(L \cdot s^{-1})$ 或稍高。清醒未插管的肺气肿和哮喘患者气道阻力一般在 $13 \sim 18 cmH_2O/(L \cdot s^{-1})$ 范围内。

气道阻力的影响因素包括气流流速和气体流动类型及气道直径和表面特征等 (图 2-2 和图 2-3)。气体流速越快, 阻力越大; 气体流速越慢, 阻力越小。气体流动类型有层流和湍流, 小气道以层流为主, 即气体分子呈直线沿气道流动, 占总阻力的 20%。大气道以湍流为主, 即较高流速、不平坦表面和分支产生漩涡, 形成湍流。湍流的阻力高于层流, 约占总阻力的 80%。气道直径缩小, 阻力增大。气管内有黏液、渗出物或肿瘤、异物等时, 阻力大, 可用排痰、清除异物、减轻黏膜肿胀等方法减少湍流, 降低阻力。

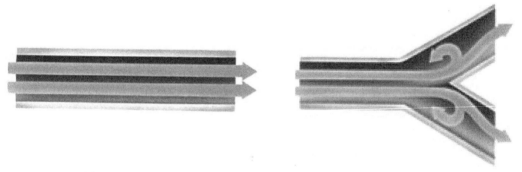

图 2-2　层流示意图　　　　　　　图 2-3　湍流示意图

2) 惯性阻力和黏滞阻力中, 惯性阻力是气流在发动、变速、换向时, 因气流和组织的惯性所产生的阻止肺通气的力。平静呼吸时, 频率低、气流速度慢, 惯性阻力小, 可忽略不计。黏滞阻力来自呼吸时组织相对位移所发生的摩擦, 一般数值也比较小。

(3) 呼吸功: 在通气过程中, 呼吸肌为克服弹性阻力和非弹性阻力而实现肺通气所做的功为呼吸功。通常以单位时间内压力变化乘以容积变化来计算, 单位是 kg·m。

(4) 肺通气量: 肺通气过程中, 单位时间内出入肺的气体量称为肺通气量。一般指肺的动态气量, 它反映肺的通气功能。肺通气量可分为每分通气量、最大通气量、无效腔气量和肺泡通气量等。每分通气量指每分钟进或出肺的气体总量, 即潮气量与呼吸频率的乘积。最大通气量指每分钟进或出肺的最大气体量。无效腔包括未能发生气体交换的肺泡容

量和上呼吸道至呼吸性细支气管两部分。

（二）呼吸机

呼吸机的发展过程大体分为早期通气阶段、负压通气阶段、正压机械通气阶段三个阶段。通过了解呼吸机的整个发展历程，可以为更好地理解呼吸机的类型和原理奠定基础。

1. 早期通气阶段　早期通气的历史可溯源至史前时代，公元 1800 年前，《金匮要略》《华佗医方》中都有类似体外按压人工呼吸的记载。公元 1300 年前《圣经》上也有关于"口对口"救人的记载。但呼吸机的雏形于 15 世纪文艺复兴时代之后才诞生。

在罗马帝国时代，著名医生盖伦（Galen）曾介绍，假如通过已死动物咽部，采用芦苇向其气管吹气，该动物的肺可以膨胀。1543 年，Vesalius 在行活体解剖时，采用了类似方法，首次将猪的气管切开并置入气管导管，证实通过气管导管施以正压，能使开胸后萎陷的动物肺重新复张。1664 年，Hooke 把一根导气管放入犬的气管，并通过一对风箱对其进行正压通气，发现可以使犬存活超过 1 小时。

1774 年，Tossach 首次对人实施了口对口正压通气，成功实现了人工呼吸。随后，Fothergill 建议在口对口人工呼吸不能吹入足够量气体时，采用风箱来代替人吹气。之后不久，在英国皇家慈善协会的支持下，这种手动风箱技术被推荐用于溺水患者的复苏，并在欧洲被广泛接受。但在 1827～1828 年，Leroy 通过一系列研究证明风箱技术会产生致命性气胸（但以后证实上述研究所使用的压力在实际应用中不可能达到），法国科学院据此开始限制这种技术的应用，英国皇家慈善协会也放弃了这一技术。

由此可见，早期通气阶段的通气方式属于正压通气，但限于当时的认识水平和技术条件，进入 20 世纪之前，正压通气的发展相对缓慢。

2. 负压通气阶段　自 19 世纪中叶至 20 世纪初，人们为了避免早期有创人工通气可能给人体带来的负面影响而在体外负压技术领域进行了广泛的研究。1832 年，苏格兰人 Dalziel 首先设计制作出了一种负压呼吸机。这是一种无创性通气技术，患者被置于一密闭的风箱装置中，头颈部露出箱外，通过在箱外操纵内置于箱中的风箱产生负压，患者的胸廓被动扩张，肺泡内压力低于大气压，空气进入患者的肺内，完成一次吸气。风箱压力与大气压相等，患者胸廓缩小，肺泡内气体排出体外，完成呼气。负压周期性地作用于体表，完成周期性通气。这是负压通气的基本原理。

1864 年，美国人 Jones 申请了第一个负压呼吸机的专利，其设计与 Dalziel 类似。但由于这种箱式负压通气机需人工提供动力，因而其发展和应用大为受限。

20 世纪初，随着电力的广泛应用，体外负压通气技术的研究和发展得到空前发展，各种设计更为精致的负压呼吸机相继出现，使患者的护理更加容易。但真正进入临床并被广泛使用的负压呼吸机出现于 1929 年，Drinker 和 Shaw 研制成功了第一台箱式体外负压通气机，这种呼吸机被世人称为"铁肺"，他们使用此呼吸机成功治疗了一位呼吸衰竭的患者，从而成为机械通气史上的里程碑。在 20 世纪 30～40 年代欧美脊髓灰质炎大流行时，"铁肺"、双人"铁肺"、胸甲式和带式负压通气机等大量应用于临床，客观上推动了负压通气技术的发展。尽管负压通气有其优点，如无须建立人工气道，没有气管插管及正压通气引起呼吸道感染和气压伤的危险，且不需要使用镇静剂抑制患者吞咽和咳嗽功能，患者与医护人员可以交流，对呼吸肌疲劳有休息恢复的作用等，但其固有的缺陷也暴露无遗：一是疗效极低；二是气道管理困难，气道分泌物难以排出；三是不能应用于外科手术麻醉中。因此，Bennett 改进了"铁肺"，为其增加了气管切开正压通气装置，弥补了体外负压通气的不足，也为正压通气的再次崛起提供了契机。

3. 正压机械通气阶段 现代呼吸机实际上都是正压机械通气，其基本原理是呼吸机送气时，肺内压力被动升高，肺泡被动地扩张。这与自主呼吸的不同之处在于，自主呼吸是因为肺泡扩张完成吸气，而正压通气时因为送气使肺泡扩张。呼气时，由于肺泡内压力高，呼气阀一打开，气体便被动呼出，直到肺内压力等于大气压（或者 PEEP 水平）。

正压呼吸机最早始于 1915 年哥本哈根的 Mol-gaard 和 Lund，以及 1916 年，斯德哥尔摩的外科医师 Giertz。他们的事迹仅见于科学通讯报道。

1934 年 Frenkner 研制出第一台气动限压呼吸机——Spiropulsator，它的气源来自钢筒，气体经两只减压阀，产生 $50cmH_2O$ 的压力。呼气时通过平衡器取得足够的气流，吸气时间由开关来控制，气流经吸入管入肺，当内压力升至预计要求时，阀门关闭，呼吸停止。1940 年，Frenkner 和 Crafoord 合作，在 Spiropulsator 的基础上进行改进，使之能与环丙烷同时使用，成功研制了历史上第一台麻醉呼吸机。

1942 年美国工程师 Bennett 发明了一种采用按需阀的供氧装置，供高空飞行使用。之后加以改进，于 1948 年成功研制了间歇正压呼吸机 TV-2P，以治疗急、慢性呼吸衰竭。1951 年瑞典的 Engstrom Medical 公司生产出的第一台定容呼吸机 Engstrom100 取代了当时的"铁肺"，救治了大量的由流行性脊髓灰质炎引起的呼吸衰竭患者。

1952 年夏天，在哥本哈根医院，因脊髓灰质炎所致呼吸肌麻痹而接受治疗的首批 31 例患者在 3 天内死亡 27 例，麻醉科医生 Ibsen 建议放弃负压通气，而对患者行气管切开，采用麻醉用的压缩气囊间隙正压通气，事实证明这种做法非常成功。同时，他强调呼吸支持和气道管理，从此，人们认识到机械通气的重要性。许多工程师、医师投入呼吸机的研究，各种类型的呼吸机逐渐诞生。1955 年，Jefferson 呼吸机是美国市场上首先使用且使用范围最广的呼吸机之一。此外，还有 Morch、Stephenson、Bennett 和鸟牌呼吸机 4 种类型，成为现代第一代呼吸机的代表。进入 60 年代，呼吸机的应用更为广泛，1964 年瑞典的 Emerson 研制的容量转换型术后呼吸机，是一台电动控制呼吸机，呼吸时间能随意调节，配备压缩空气泵，各种功能均由电子调节，从根本上改变了呼吸机单纯机械运动的工作原理，使呼吸机研究跨入了精密电子控制时代，也标志着呼吸机发展进入现代第二代呼吸机时期。

1970 年，利用射流原理的射流控制的气动呼吸机研制成功，这是以气流控制的呼吸机，全部传感器、逻辑元件、放大器和调节功能都是采用射流原理，具有与电路相同的效应。80 年代以来计算机技术的迅猛发展，实现了许多之前不具备的功能，如监测、报警、记录等。进入 90 年代，呼吸机不断向智能化发展，设计者又将呼吸生理学知识和流体控制等新的设计思想与电子计算机技术结合，研制出第三代新型呼吸机。

同时，在越战中，大量"越南肺"或"湿肺"即急性呼吸窘迫综合征通过诊断得以发现。人们再一次感觉到了呼吸机的作用。但用当时的传统模式（间歇正压通气）治疗效果并不好，Ashbaugh 运用呼吸末正压及 Gregory 应用持续气道正压通气治疗急性呼吸窘迫综合征，取得较好效果。人们开始关注各种通气模式对呼吸机治疗效果的影响。在大量临床经验积累和研究的基础上，涌现出多种通气模式，1973 年 Bowns 首创了 IMV 通气模式，使撤机更为顺利。同年，Hill 首次应用体外膜肺氧合技术。1981 年，Servo 900C 和 Engstrom 呼吸机被开发出压力支持通气（PSV）模式，PSV 和同步间歇指令通气成为部分通气支持的常用模式。1989 年美国伟康公司研制出双水平气道正压通气方式。1991 年，芬兰的 Datex 公司成功研制新型流量传感器，在呼吸监测方面，引入呼吸环。

近年来，智能技术的应用使呼吸机的性能日臻完善，使用范围也日益扩大和普及，与此同时，负压通气重新得到重视，在神经肌肉疾病的长期夜间和家庭通气方面具有重要作用。

（三）呼吸机的分类

目前，呼吸机的种类和型号繁多，使用方法也各异，通过理解各类呼吸机的分类依据，有助于进一步掌握呼吸机的工作原理。

1. 按照压力方式及作用进行分类

（1）体外式负压呼吸机：如早期的"铁肺"、胸盔式呼吸机等。

（2）直接作用于气道的正压呼吸机：现代呼吸机均为此种类型。

2. 按呼吸机的复杂程度进行分类

（1）简易型呼吸机：设计及功能相对比较简单的呼吸机。

（2）多功能型呼吸机：设计及功能较全面的呼吸机。

（3）智能型呼吸机：具备智能化功能的呼吸机。

3. 按应用对象进行分类

（1）成人呼吸机：仅用于成人的呼吸机。

（2）小儿呼吸机：适用于体重为 10～30kg 儿童的呼吸机。

（3）婴儿呼吸机：适用于从早产儿到体重小于 15kg 的婴儿。

（4）通用呼吸机：既可用于成人，又可用于儿童的呼吸机。

4. 按照人机接口方式进行分类

（1）无创呼吸机：呼吸机通过面罩与患者连接，不需使用气管插管来增加肺泡通气，因此不会对患者身体造成创伤，经鼻面罩正压通气是目前最常用的无创通气技术，通过鼻面罩进行正压通气，对患者进行呼吸辅助。

（2）有创呼吸机：呼吸机通过气管插管与患者连接，一般通过气管插管或气管切开建立有创人工气道进行机械通气。

5. 按照用途进行分类

（1）呼吸治疗型呼吸机：对呼吸功能不全患者进行长时间有创或者无创通气支持和呼吸治疗的呼吸机。

（2）急救转运呼吸机：用于现场急救或者转运的呼吸机。

（3）麻醉呼吸机：专用于麻醉呼吸管理的呼吸机。

6. 按照动力来源进行分类

（1）气动气控呼吸机：通气和控制系统均以氧气为动力来源，多为便携式急救呼吸机。

（2）电动电控呼吸机：通气和控制系统均以电源为动力来源，多为功能简单的呼吸机。

（3）气动电控呼吸机：通气以氧气为动力，控制系统以电源为动力，大多数呼吸机为此种。

7. 按照吸气向呼气的切换方式进行分类

（1）压力切换型呼吸机：此类呼吸机虽然设定了吸气压力和时间，但潮气量和吸气流速随气道阻力和肺顺应性的变化而变化。

（2）容量切换型呼吸机：此类呼吸机的特点是能够保持稳定的通气量。

（3）时间切换型呼吸机：此类呼吸机的特点是在吸气时间固定后，当患者的肺顺应性、气道阻力发生变化时，吸气压力、容积及流速都需要发生相应的变化（多用于负压呼吸机）。

（4）流速切换型呼吸机：呼吸机以恒定流量的气体向患者供气，利用各种无稳多谐振荡器确定呼吸的周期或频率及呼吸比。当气流速低于预置值时，吸气相切换为呼气相。

（5）联合切换型呼吸机：指多种切换模式联合使用的呼吸机。

8. 按通气频率的高低进行分类

（1）常规频率型呼吸机：为通气频率小于1Hz的呼吸机，目前常用的呼吸机多为此类型。

（2）高频型呼吸机：为通气频率大于1Hz的呼吸机，分为高频正压呼吸机、高频喷射呼吸机、高频振荡呼吸机等。此类呼吸机的优点是低气道压、低胸膜内压、对循环干扰小、无须密闭气道，缺点是不利于二氧化碳的排除。

9. 按使用或应用类型进行分类

（1）控制性机械通气呼吸机：完全由呼吸机来产生、控制和调节患者呼吸的呼吸机，患者的呼吸或吸气负压不能触发呼吸机供气。

（2）辅助性机械通气呼吸机：患者呼吸存在的情况下，由呼吸机辅助或增强患者的自主呼吸。

10. 按驱动气体回路进行分类

（1）直接驱动型呼吸机：为驱动装置产生的驱动气流直接进入患者肺部的呼吸机。直接驱动型呼吸机又称为单回路呼吸机。直接驱动主要适用于可调式减压阀和喷射器这两种驱动装置。

（2）间接驱动型呼吸机：为驱动装置产生的驱动气流不直接进入患者肺部，而是作用于另一个风箱、皮囊或气缸，使风箱、皮囊或气缸中的气体进入患者肺部的呼吸机。间接驱动型呼吸机又称为双回路呼吸机。间接驱动型呼吸机耗气量大，一般耗气量大于每分通气量，最高可达每分通气量的2倍。

二、呼吸机的工作原理和功能特点

（一）呼吸机的基本原理

呼吸机的工作过程就是呼吸机控制、支持患者通气的过程。在一个呼吸周期下，呼吸机的基本工作原理如图2-4所示，人工气道通过Y形管接呼气回路和吸气回路。在吸气阶段，高压干燥的空气和氧气按比例形成混合气体，混合气体经细菌过滤器过滤，并降至稳定压力后，被送到吸气单项阀。此时，吸气单向阀打开、呼气单项阀关闭，即吸气通道打开。

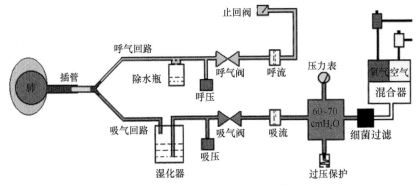

图 2-4 呼吸机的基本原理示意图

混合气体通过吸气通道，经湿化器加温、加湿（雾化）后，按设定的通气模式和参数将气体送达患者肺部。

当达到预先设定的吸气相向呼气相转换的条件时，转换为呼气相，进入呼气阶段，此时呼气单向阀打开，吸气单向阀关闭，即呼气通道打开、吸气通道阻断，患者肺部气体经过传感器、呼气阀、PEEP 阀等排出，达到预设条件时，触发下一个呼吸周期的吸气相。

呼吸机往复循环工作，建立起模拟的肺通气功能。同时，呼吸机通过各类电子控制系统对工作过程中涉及的各种物理量（包括压力、容量、时间和流速）进行监控，从而实现对机械通气周期各阶段的控制。下面按照机械通气周期顺序，将触发方式、限制变量、转换方式、基线流量和条件变量等各阶段利用物理量进行控制的方式进行简单介绍，以更好地理解呼吸机控制原理。

1. 触发方式 在吸气阶段初期，触发呼吸机的送气模式，称为触发方式。按照触发呼吸机开始送气的物理量不同，分为时间触发、流量触发、压力触发、容量触发、联合触发。

在呼气切换到吸气时，如果切换或触发的条件是时间，则为时间触发，时间触发主要依赖计时器确定触发的时间。切换或触发的条件是流量则为流量触发。切换或触发的条件是压力则为压力触发，压力触发主要采用传感器，通过传感器采集患者的微弱吸气，触发呼吸机进入吸气相。

2. 限制变量 在吸气阶段，控制呼吸机的送气方式，需要维持一定的物理量值，称为限制变量，包括压力限制、流速限制。

3. 转换方式 在吸气阶段末期，触发呼吸机从吸气相切换成呼气相，称为转换方式，按照呼吸机辨别吸气结束呼气开始依据的物理量不同分为时间转换、容量转换、流速转换、压力转换、混合转换。

呼吸机按照预定时间终止吸气相、转入呼气相的方式称为时间转换。此种转换方式下，呼吸机的吸气时间固定，但对于不同特性的呼吸机，患者气道阻力和肺顺应性改变时，气道压力、潮气量和气体流速将发生不同程度的变化。

呼吸机输出预定的潮气量后停止送气、转入呼气相的方式称为容量转换。这种呼吸机一般用流量计、电位计和标尺等方法监测潮气量以完成从吸气相向呼气相的转换。

呼吸机输出气体流速在吸气相中为变数，吸气开始时很快达到峰流速，此后气体流速随气道压力的增加而降低，当气体流速降到预定值时，终止吸气相转为呼气相，这种转换方式称为流速转换。

气道内压力到达预定值时，终止吸气相、转入呼气相，这种转换方式称为压力转换。这种转换方式下，压力以外的因素如吸气时间、潮气量、气体流速等均是可变的。

采用两种以上物理量控制吸气相转换成呼气相的方式为混合转换。

早年的呼吸机功能单一，只具有一种转换方式，目前的多功能呼吸机具有多种转换方式，构成多种通气模式。

4. 基线流量　在呼气阶段，对基线进行控制，控制呼吸机呼气相的压力，称为基线流量。

5. 条件变量　呼吸机更改通气方式的条件，称为条件变量。临床最常见的条件变量为气道压力过高报警，即如果通气过程中气道压力超过高压报警限值，呼吸机会提示报警，并且终止送气，呼气阀打开开始呼气。

（二）呼吸机的功能特点

呼吸机的工作原理体现了呼吸机的实质是一种机械通气装置。因此，呼吸机可以应用于各种原因所致的呼吸衰竭和急救复苏中，为患者提供呼吸支持，改善呼吸功能，增加肺通气量，减少并发症，挽救及延长患者生命。具体的临床应用功能包括以下三大类：一是神经、呼吸系统等疾病，患者无法产生有效的自主呼吸，造成气体交换功能障碍时，可以通过使用呼吸机来维持肺通气，改善肺内气体交换，提高血液中氧浓度和排除二氧化碳。二是外科手术术后，为预防术后呼吸功能紊乱，需进行预防性短暂呼吸支持。通过使用呼吸机来维持正常的呼吸功能，减少呼吸肌运动消耗，促进术后恢复。三是通过呼吸机提供一定压力的供气，缓解气道堵塞的问题。

为了实现以上功能，现代呼吸机一般具备以下两方面的功能：

1. 主要功能

（1）具备调节潮气量、每分通气量、压力（含气道峰压、平均气道压、PEEP等）、流速（含吸气流速）、触发灵敏度、时间（含呼吸频率和吸呼比等）等参数，调节吸氧浓度及对吸入气体进行加湿、雾化、加温等功能，从而达到更为理想的通气能力和治疗效果。呼吸机可调节的通气参数有：

吸入氧浓度（F_iO_2）：患者吸入混合气体的氧浓度百分比。

潮气量（V_T）：经过加热加湿处理后单次流入患者体内的混合气体量。主要作用为改善患者通气和氧合状态。潮气量设置和调节需考虑的因素包括患者身高、不同疾病的呼吸力学改变，如气道阻力和肺顺应性等。

每分通气量（MV）：每分钟吸入或呼出患者肺的气体的体积。每分通气量由潮气量与呼吸频率的乘积决定。

呼吸频率（f）：每分钟呼吸机对患者进行控制通气的次数。

吸气时间（T_i）：单次通气吸气压力从基础气道压达到峰压所用的时间。吸气时间包括送气时间、吸气末屏息时间。

吸呼比（I：E）：吸气时间比上屏气时间与呼气时间之和的值。吸呼比可以通过设置潮气量、呼吸频率和吸气流速、吸气时间或直接设定吸呼比得到。

呼气末正压（PEEP）：呼气末气道内存在的压力。PEEP的生理学效应是：提高平均气道压，促进氧和；使萎陷肺泡重新开放，肺表面活性物质释放增加，减轻肺水肿；扩张小气道，抵消内源性PEEP；功能残气量增加，气体分布在各肺区间趋于一致，V/Q改善。

触发灵敏度（trigger）：能够触发强制通气的物理参数，包括吸气流速、吸气压力。触发灵敏度的设置原则是在避免误触发的情况下尽可能小。

吸气峰压（PIP）：在一个呼吸周期内气道内压力达到的最大值，其设置的高低在于使肺泡扩张的程度及使肺泡扩张持续的时间。使用呼吸机时应以最低的 PIP 维持适当的通气，保持血气在正常范围。

（2）具备各种机械通气模式，包括间歇正压通气模式（IPPV）、持续控制通气模式（CMV）、辅助通气模式（AV）、辅助/控制通气模式（A/CV）、压力控制（PC）、容量控制（VC）、间歇指令通气模式（IMV）、同步间歇指令通气模式（SIMV）、压力支持通气模式（PSV）、容量支持通气（VSV）、指令每分通气模式（MMV）、呼气末正压通气模式（PEEP）、持续气道正压通气模式（CPAP）、双水平气道正压通气模式（Bi-PAP）、叹息通气模式（SIGH）、反比通气模式（IRV）等，以适应不同的治疗要求、提高撤机效率。

2. 辅助功能

（1）监测功能：现代呼吸机具备完备的监测功能，除进行呼吸频率、潮气量、气道压力等呼吸机基本通气功能监测外，还可以进行血氧饱和度、气道阻力、肺顺应性及肺活量等方面的监测，使医务人员能比较及时地掌握呼吸机的工作状况和患者的病情变化。

（2）报警功能及应急处置功能：多功能呼吸机采用光学与声学相结合的方法进行报警，报警的内容一般包括电源、气源状况，呼吸频率，潮气量，氧浓度，气道压力（含高压和低压），温度，呼/吸值等。

当电源中断或呼吸机出现严重错误时，安全活瓣会自动打开，以保证突发状况下患者仍可呼吸空气。

（3）记录功能：高档多功能呼吸机还具有记录功能，可直接与打印机连接，能回顾并打印过去 12 小时内机械通气的重要参数、波形、趋势图及图表等，并可与监护系统相连以储存显示信息并记录临床资料。

三、呼吸机的系统构成和主要模块

呼吸机系统主要由如下几个部分构成，分别是气源部分、空氧混合部分、主机部分、湿化器和雾化器部分、呼吸回路部分。

（一）气源部分

气源是呼吸机的动力，包括空气和氧气两部分。中心供气站可以分别提供氧气和空气。空气气源还可以由压缩泵或涡轮电机提供，氧气可以由氧气钢瓶提供。

空气压缩泵的优点是基础气流稳定，反应迅速，可满足精密调节，空压机出现故障后氧气会自动补偿。缺点是不支持电池供电，价格较贵。涡轮增压的优点是价格低廉，噪声相对较小，支持电池供电。缺点是送气不稳定，不适合于 ICU 较长时间机械通气的患者，可作为无创方式首选。缺点是涡轮故障后呼吸机不能工作，没有气体补偿，温度过高时会实行热保护，自动停止送气。

（二）空氧混合部分

空氧混合部分是呼吸机的一个重要部件，其输出气体的氧浓度可调范围应在 21%～100%。空氧混合部分一般有简单和复杂两种。

1. 空氧混合装置 以贮气囊作为供气装置的呼吸机，常配置空氧混合装置，其结构比较简单，混合精度不高，氧浓度可调，由单向阀和贮气囊组成。其工作原理是一定流量的氧气经入口先进入贮气囊内，当贮气囊被定向抽气时，空气也从入口经管道抽入贮气囊内，从而实现空氧的混合。可通过调节氧输入量来达到预定的氧浓度。

2. 空氧混合器 空氧混合器的结构精密、复杂，能够耐受输入压力的波动和输出气流量的大范围变化，以保证原定氧浓度不变。

（三）主机部分

呼吸机主机是呼吸机的主要部分，由供气和驱动装置、控制部分、呼气部分和监测报警部分组成，它把空氧混合后的气体，按照设定的参数，如通气量、呼吸频率、吸呼比以选定的通气方式给患者供气。通过监测装置、报警部分和显示部分进行设备使用控制和操作。

1. 供气和驱动装置

（1）供气装置：呼吸机供气装置的主要作用是提供吸气压力，并提供不同吸入氧浓度的新鲜气体，供患者吸入。大多数呼吸机供气装置采用橡胶折叠气囊或气缸，并通过外部装置进行驱动。

（2）驱动装置：作用是提供通气驱动力，使呼吸机产生吸气压力。目前，可调式减压阀是应用较多的一种驱动装置。其原理是通过减压通气阀装置，将贮气钢筒、中心气站或压缩泵提供的高压气体转化成供呼吸机通气用的压力较低的驱动气体。使用该驱动装置的呼吸机常称为气动呼吸机。

风箱、线性驱动装置、非线性驱动活塞均需使用电动机作为动力。采用这些驱动装置的呼吸机常称为电动呼吸机。电动呼吸机的优点是不需要压缩气源作为动力，故一般都结构小巧。

2. 控制部分 功能是实现呼吸机在吸气相和呼气相两者之间切换，它通过触发、限定和切换等方式来实现控制功能。控制部分的部件包括控制电路、机械运动部件及气路。根据控制所采用的原理不同，可将控制部件分为三种：气控、电控和微处理机控制。

3. 呼气部分 主要作用是配合呼吸机做呼吸动作。呼气部分的阀门在吸气时关闭，使呼吸机提供的气体能全部供给患者；在吸气末，阀门仍可以继续关闭，使之屏气；阀门只在呼气时才打开，使之呼气。呼气只能从此呼气回路呼出，而不能从此回路吸入。当气道压力低于 PEEP 时，阀门也必须关闭，以维持 PEEP。因此，呼气部分的阀门需要具备以上三种功能的阀共同组成，如可由呼气阀、呼气单向阀和 PEEP 阀共同组成，有时也可由一个或两个阀完成上述三种功能。

4. 监测报警部分 呼吸机监测系统的作用有两个方面，一是监测患者的呼吸状况，二是监测呼吸机的功能状况，两者对增加呼吸机应用的安全性均具有相当重要的作用。呼吸机的监测内容包括压力、流量、吸气氧浓度、呼气 CO_2 浓度、经皮氧分压、CO_2 分压、血氧饱和度、呼吸频率和温度等。呼吸机常配有的监测装置有压力监测、流量监测和氧浓度监测。

同时，呼吸机还应当具备多项声光报警装置。基本参数包括空气、氧气输入压力过低报警，窒息报警，气道压力高、低限报警，管路阻塞、漏气报警等，各种警报系统的阈值应根据不同患者的具体病情来设定。

监测报警部分最重要的部件是传感器。一般有压力传感器、流量传感器、氧浓度传感器（即氧电池）和温湿度传感器等。这些传感器可以将气体压力、气体流量的电信号转换成呼吸机触发、呼吸相切换、监测和调节流速、压力和容量的信号。

（四）湿化器和雾化器部分

湿化器或雾化器种类包括冷水湿化器、加热湿化器、雾化湿化器和热湿交换器（人工鼻）等。根据吸入气体被湿化的方式不同分为主动湿化器和被动湿化器。

1. 湿化器 主要用于对吸入气体加温和湿化，以使气道内不易产生痰栓和痰痂，并可降低分泌物的黏稠度，促进排痰。较长时间使用呼吸机时，良好的湿化可预防和减少呼吸道的继发感染，同时还能减少热量和呼吸道水分的消耗。

湿化器大多数是通过湿化罐中的水，使其加温后蒸发，并进入吸入的气体中，最终达到使吸入气加温和湿化的目的。为达到较好的加温和湿化的效果，一般使吸入气体通过加温罐中的水面；或增加其湿化面积（如用吸水纸）；也有用"鼓泡型"的方法，即使吸入的气体从加温罐的水中通过，但这种方法现已很少使用，因为水的振动容易引起误动作或误触发等。

2. 雾化器 是利用压缩气源作为动力进行喷雾，雾化的生理盐水可增加湿化的效果，也可用作某些药物的雾化吸入。雾化器产生的雾滴一般小于 5μm，而湿化器产生的水蒸气以分子结构存在于气体中；前者的水分子以分子团结构运动，容易沉淀到呼吸道壁，不易进入肺的下肺单位，后者的水分子不易携带药物；雾化器容易让患者吸入过量的水分，湿化器不会让患者吸入过量水分，通常还需在呼吸道内滴入适宜的生理盐水以补充其不足。

3. 主动湿化器和被动湿化器 主动湿化器是将吸入气体经过一个加热的水箱进行湿化，有些主动湿化器采用加热环路以减少环路内凝结水滴。

被动湿化器（人工鼻）是置于呼吸机环路与患者之间的装置。可回收呼出气的热量及湿度，再转至吸入系统。被动湿化对多数患者效果良好，但比主动湿化效果差，它可增加吸入及呼出阻力，增加机械无效腔。若在吸气环路近患者端（或应用被动湿化器时气管导管近端）有可见水滴凝结，表明吸入气体湿化程度充分。

（五）呼吸回路部分

1. 气管插管和气囊套 气管由橡胶等材料制成，要求其硬度适中，便于插入而又不损伤上呼吸道黏膜。插管还需装配由乳胶或薄膜塑料制成的气囊套。使用前将囊内气体排尽，插入气管后其自然膨胀，可以堵住管间隙，防止漏气。如密闭效果不够理想，可适量注入空气。

2. 面罩 吸气面罩要求大小适中，边缘柔软能紧贴面部，不漏气，不损伤面部，无效腔小，抗静电，不易被腐蚀，质地柔软有弹性，易于化学消毒或高温消毒。

3. 螺纹管 用作呼吸机的通气导管，多用橡胶制成。为防止管腔扭曲引起管腔狭窄或阻塞，通气导管采用螺纹折叠结构，橡胶制品虽有不易阻塞的优点，但内壁不平，增加气流阻力，且随气压变化而伸缩，增加呼吸机的无效腔效应。采用软塑料导管，管壁内有螺旋弹性钢丝，则能较好地克服这些缺点。

4. 两通呼吸阀 阀体有两个通道，一端通道进气，另一端与患者相连。呼气口为阀体，上面排列环形的小孔，覆盖一片薄膜乳胶，使之成为单向阀。阀体内还有一鱼嘴阀，由硅胶制成，其底座为圆形内陷薄片，可向前推移，并能借助其自身弹性后移复位。吸气加压时，鱼嘴阀底座被推向前，堵塞呼气孔，空气经鱼嘴阀进入呼吸道，当停止加压并转为负压时，鱼嘴阀底座后移复位，呼气孔开放，肺内气体排出体外。

四、呼吸机的临床应用

呼吸机在临床应用中不断改进，不断发展，目前已有多种品牌、机型，适应于不同患者病情的需求。为了更好地在临床治疗中应用呼吸机，需要我们对呼吸机的各项功能有所了解，现将呼吸机的一些临床应用简述如下：

（一）常见的呼吸模式

呼吸机作为一个生命支持类设备，用于危重患者的急救。由于患者的病情和生命体征各不相同，在使用呼吸机时不能设置统一通气参数，为此，呼吸机的厂家设计了不同的呼吸模式，以满足不同病情的治疗需求。现简单介绍一下常见的呼吸机呼吸模式。

呼吸机的呼吸模式：控制模式（controlled ventilation）；支持模式（supported ventilation）；自主呼吸模式（spontaneous breathing）；混合模式（combined control and supported or spontaneous and supported ventilation）。

1. 控制模式

（1）容量控制通气模式（volume control）：容量和流速波形保持不变，压力会随着呼吸系统动力学特征（如气道阻力、肺顺应性）的改变而改变控制参数。控制参数是指为了完成一次吸气所需要调节的主要参数，最常设置的控制参数是容量。

容量控制通气的优点：①能够有效地控制患者所得到的潮气量、每分通气量；②潮气量、每分通气量恒定。

容量控制通气的缺点：①气道压力受阻力和顺应性的变化影响；②容易造成过度膨胀或局部肺泡的不张，不利于肺保护。

（2）压力控制通气模式（pressure control）：是一种控制型呼吸模式。呼吸期间根据预设压力强制性地通气，从而导致流量曲线呈下降趋势。启用通气功能压力限制后，最大通气压力控制便会处于活动状态。在压力控制模式中，压力保持恒定，在整个吸气相，吸气压力越高，患者吸入的气流越多。压力控制通气缺点：患者所获得的潮气量受阻力和顺应性的影响，潮气量不恒定。

（3）压力调节容量控制通气模式（pressure regulated volume control，PRVC）：属于压力控制通气，在吸气阶段尽可能保持较低的压力水平，但同时要保证送气量等于预设的潮气量的通气控制，吸气时间结束转为呼气。压力水平的调节会因为潮气量设置大小及患者肺的阻力顺应性变化而变化。

2. 支持模式 在 PEEP 级别的自主呼吸过程中，压力支持（pressure support，PS）可为患者提供压力支持。如果患者的每次 PEEP 级别吸气活动符合触发条件，则会触发压力支持呼吸。压力支持通气属于自主通气支持模式，是由患者触发、压力目标、流量切换的一种机械通气模式，即患者触发通气、呼吸频率、潮气量及吸呼比，当气道压力达到预设的压力支持水平时，吸气流速降低至某一阈值水平以下时，由吸气切换到呼气。

3. 自主呼吸模式

（1）持续气道正压通气：在整个通气期将气道压维持在一个用户预设的正压水平，患者的呼吸是完全自主，包括呼吸频率、呼吸时机及呼吸量都是由患者自己决定。持续气道正压通气适用于通气功能正常的低氧患者，CPAP 具有 PEEP 的各种优点和作用，如增加肺泡内压和功能残气量、防止气道和肺泡的萎陷、降低呼吸功等。

（2）自主呼吸-比例压力支持模式（SPN-PPS）：是具有成比例流量和容量压力支持的自主呼吸模式。该模式下的支持程度可以根据阻力和弹性组件分别设置。

4. 混合模式

（1）同步间歇指令通气模式（SIMV）：是自主呼吸和控制呼吸的结合（即 VCV+PSV 或 PCV+PSV），呼吸周期分为触发窗期+自主呼吸期，在触发窗内若患者有自主呼吸可触发呼吸机给予一次 VCV/PCV 通气，若无自主呼吸，则在触发窗结束后立刻给予一次 VCV/PCV 强制通气。在触发窗内患者可触发和自主呼吸同步的指令正压通气，在两次指令通气之间触发窗外允许患者自主呼吸。其中，自主呼吸的触发窗是指一定时间长度的触发缓冲区，该期间高低压力水平切换与患者的吸气用力同步。

SIMV 通气模式特点：①采用控制和压力支持与自主呼吸功能组合的模式，可以实现与患者的呼吸尝试同步的预设置强制性呼吸；②在时间窗口中如果在所设置呼吸周期的 90%时间内患者没有触发呼吸的尝试，则会传送强制性呼吸（呼吸周期时间是指一次强制性呼吸的总时间）；③强制性呼吸通过基本设置（通气模式、呼吸周期时间、呼吸类型和容量/压力）来定义；④可保证患者有效通气，减少人机对抗，减少镇静剂的应用，有利于呼吸肌的锻炼，防止呼吸肌萎缩，常用于撤机过程。

（2）容量-同步间歇指令通气模式（V-SIMV）：是一种保证最低预设通气频率的通气方式，它根据设定间歇指令通气频率提供最基本的通气数目，提供的机械通气模式是容量模式（V-A/C 模式）。SIMV 在触发窗内发生触发，输送一次容量控制通气。如果某触发窗结束时该触发窗一直未发生过触发，也输送一次容量控制通气。触发窗外进行自主呼吸或压力支持呼吸。

（二）呼吸机的报警及处理

呼吸机在使用的过程中，都会有一定程度的报警，报警是指当正在使用呼吸机的患者发生异常的生命体征变化，或呼吸机本身发生故障导致患者不能顺利使用呼吸机时，呼吸机通过声光等方式对医护人员所做出的提示。

1. 报警类型 按报警的性质，呼吸机的报警可以分为生理报警、技术报警和提示信息。

（1）生理报警通常是由于患者的某个生理参数超过了设置的报警高低限范围或者患者发生生理异常情况而引起的。生理报警的报警信息显示在屏幕上方的报警信息区。

（2）技术报警也称为系统错误信息，是指因操作使用不当或系统故障而造成某种系统功能无法正常运行或监测结果出现失真时触发的报警。技术报警的报警信息显示在屏幕上方的报警信息区。

（3）提示信息严格来说，不属于报警，它是指除生理报警和技术报警之外，呼吸机还会显示一些与系统状态相关的信息，这些信息一般不涉及患者的生命体征。提示信息显示在屏幕上方的提示信息区。

2. 报警优先级 按报警的严重程度，呼吸机的报警可分为高优先级报警、中优先级报警和低优先级报警。当多个不同优先级的报警同时发生时，设备将按照当前所有报警中由高至低的优先级，来进行灯光和声音报警。呼吸机报警消息在标题栏的信息区中按级别顺序显示。不同的背景颜色表示报警的优先级。所有报警的优先级在呼吸机出厂时已经设定，用户无法更改。

3. 报警信号　当发生报警时，呼吸机使用以下听觉或视觉的报警信号提示用户：灯光报警、声音报警、报警信息、参数闪烁。

为防止伤害患者，当报警激活时，检查患者通气是否充分，辨识并移除报警原因。只有对于当时情况报警限设置不合适时，才可重新调整报警限。

第二节　呼吸机的风险辨析

医院应建立健全医疗风险管控体系，将质量控制管理和医疗风险管理的理念贯彻到医疗设备的全生命周期中，以确保医疗设备的安全性和可靠性。这样不仅可以保障患者的医疗安全，同时还可以减少医务人员对医疗设备使用风险的担忧，在提高医疗服务质量的同时提高医务人员工作效率。

呼吸机风险是指呼吸机在临床使用过程中，发生医疗伤害的概率和严重程度的组合。临床应用呼吸机是为了拯救患者的生命，但使用呼吸机带来的新风险又可能对患者造成伤害，为规避这种风险，就必须建立并制订一个有效的呼吸机医疗风险管控方案。

一、呼吸机的风险危害

目前各级医疗机构广泛存在各种类型呼吸机，其中存在着不同的风险因素。在此列举国内外的一些呼吸机使用的不良事件案例，以帮助读者进一步认识呼吸机的风险危害。

（一）呼吸机不良事件与危害案例

1. 呼吸机使用人员相关不良事件与危害

（1）吸气管与排气管误接案例：由于患者翻身，呼吸机的吸气管脱开，护士误将吸气管与排气管相连后忙于其他工作，待呼吸机报警时，患者已处于危险状态。

（2）气管导管与呼吸机脱开案例：护士巡视时发现插入喉中的气管导管与呼吸机的连接部分脱开，患者呼吸心跳停止，经抢救 5 分钟后患者呼吸恢复，但由于其脑部损伤，4 天后死亡，造成此案例原因是没有发现呼吸机报警。

（3）操作错误案例：护士为患者鼻饲流质饮食时，误将流质食物经呼吸机冲洗用入口注入。护士发现后立即通知值班医生给予处理，但是一部分食物已进入气管中，患者数日后因肺炎死亡。

（4）非正常操作案例：患者手术后行气管切开连接呼吸机，护士移动患者身体时，发现与呼吸机相连的气管插管脱出 2.5cm 左右，通知值班医生，值班医生未能成功重新插入，由主治医生再次为患者行喉切开，插入气管插管，但患者重新喉切开插管后一直意识不清，于 1 个月后死亡。

（5）插管技术失败案例：患者因肺炎入院使用呼吸机辅助呼吸，在更换呼吸机的气管插管时损伤了患者的气管，呼吸机管道的气体经损伤处进入患者面部及颈部并储存在皮下而导致患者死亡。

（6）报警处理不当案例：患者因哮喘发作入院，进行呼吸机辅助呼吸，由于气管内吸引不充分，而且提示患者异常状态的报警音也未引起护士注意，使分泌物阻塞气管导致患者呼吸功能不全，引起缺氧性脑病，留有行走及语言障碍的后遗症。

（7）患者护理因素案例：未给予患者约束致其自行拔管，因其能间断停机，没有造成伤害。

（8）治疗、护理不到位案例：患者因气管插管固定不牢，吸痰时插管部分脱出予重新插管，没有造成伤害。

（9）呼气、吸气管道接反案例：患者呼吸机的呼气吸气管道接反，及时发现纠正，没有造成伤害。

（10）未按说明书操作案例：患者呼吸机管道内水分过多倒流入气道引起窒息，及时发现纠正，没有造成伤害。

（11）呼吸机型号选择不当案例：新生儿重症监护病房一新生儿缺氧、自主呼吸困难，进行呼吸机辅助呼吸，持续使用发现新生儿缺氧持续恶化，后发现机器型号不适合，更换机型后恢复正常。

（12）操作人员违反操作要求案例：患者由于急性支气管炎入院，行呼吸机辅助呼吸，护士在巡视时发现患者心跳停止，经抢救 10 分钟后心跳恢复，经调查是由于其他患者抱怨声音吵，护士停掉呼吸机及连接心跳呼吸和血氧饱和度的监测仪的报警，导致医生、护士都未能听到报警音所致。

（13）酒精误当蒸馏水案例：护士错将放在床头桌上的消毒用酒精当作蒸馏水注入加湿器内，患者持续吸入两天后，因急性酒精中毒死亡。

2. 呼吸机设备故障相关不良事件与危害

（1）安全阀故障案例：呼吸机安全阀过压不开启，导致通气管道内部压力超过规定范围，出现人机对抗，给患者造成伤害。

（2）设备故障案例：一白血病合并肺炎的患者，由于病情恶化而使用呼吸机。护士巡视时发现呼吸机因故障停止工作，约 1 小时后患者死亡。

（3）空气/氧气混合器失效案例：患者因车祸颅脑损伤，深度昏迷。外脑手术后进入重症监护病房观察治疗。开始第一周，生命指征正常。其中血氧饱和度（SpO_2）在 98%～99%。一周后发现患者血氧饱和度持续下降，最严重时甚至达到 70%～80%，医务人员立即提高呼吸机中的空氧混合气体含氧浓度，但始终不见成效，医务人员疑是患者病情恶化所致，但患者本身无异常反应。于是，医护人员加强患者状况观察，后因邻床患者病情好转，使用的呼吸机暂时脱机，医护人员立即将邻床患者使用的呼吸机给该患者试用，结果患者血氧饱和度很快上升到正常范围。造成此案例的原因是设备中用于进行空气、氧气混合配比的零件失效。

（4）流量传感器电路故障案例：使用模拟肺测试其呼吸机呼吸模式下的吸入潮气量和呼出潮气量均在正常范围。此呼吸机用于临床救治患者时，患者出现呼吸短促、呼吸微弱，同时呼吸机报警显示"低分钟通气量"。检查输入的气源流量、压力均正常，经进一步检查发现系流量传感器周边电路漂移故障所致。

3. 呼吸机耗材的相关不良事件与危害

（1）为吸引患者气管内分泌物导致呼吸管与气管导管脱开案例：护士为患者吸引气管内分泌物后，重新连接呼吸机采用辅助呼吸模式治疗患者。护士再次巡诊时，患者家属反映呼吸机工作不正常。护士查看后发现呼吸机仪表盘的气压指示针不摆动，同时呼吸机响起报警声，显示送气量不足。护士确认患者呼吸停止，并因血氧饱和度不足而呈发绀状态。医生赶到病房，发现管道脱开，螺纹管与送气管连接部位有 3cm 裂隙，空气泄漏。更换螺纹管并重新连接后，呼吸机工作正常。经测试，由于裂隙处漏出的空气量很少，不会引起报警。院方调查结果显示因送气管脱节导致患者呼吸功能不全的可能性较大。

（2）吸入器与气管插管管道不配套案例：使用呼吸机辅助呼吸模式治疗 10 个月大的婴儿，治疗过程中，患儿病情突然发生变化，不能自主呼吸，约 4 小时后死亡；使用呼吸机辅助呼吸模式治疗 3 个月大的男婴，气管切开手术后，治疗过程中，患儿病情突然发生变化，呼吸困难，11 日后死亡。调查结果显示两起婴儿死亡事件均是由于小儿用呼吸机吸入器与气管插管管道不配套，造成接合部连接过于紧密，阻塞呼气出口，使患儿处于不能呼气的状态。

4. 呼吸机设计缺陷相关不良事件与危害

（1）呼吸机相关性肺炎案例：呼吸机相关性肺炎是重症医学科中机械通气最常见的感染性疾病，是指出现于机械通气 48 小时后至拔管后 48 小时内的肺炎。

（2）软件缺陷可能导致通气不足、通气中断、误报警等，从而对患者造成伤害。

（3）患者呼吸回路或系统设计存在漏气隐患，导致呼吸机无法间歇性或连续性保持设定的呼气末正压值，可能引发严重的后果甚至导致患者死亡。

5. 呼吸机使用环境相关不良事件与危害

（1）电源中断案例：护士切断电源给呼吸机的加湿器加水后，未及时接通电源使呼吸机未能重新恢复工作，且护士未及时确认呼吸是否处于正常工作状态，导致患者死亡。

（2）操作失误案例：医护人员由于不熟悉呼吸机工作状态，在为使用呼吸机的患者擦拭身体时，切断了呼吸机电源，忘记再次接通电源，导致患者窒息死亡。

（3）电源插排进水案例：清洁工打扫卫生时电插板进水致空气压缩机断电突然不工作，主机靠内置电池工作，纯氧供应，呼吸机突然停止工作。

（二）呼吸机风险信息分析

呼吸机的风险评分达到 17 分，属于风险类别最高的医疗设备之一（表 2-1）。高风险意味着会对患者造成潜在的、间接的或直接的伤害，甚至造成患者死亡。

表 2-1　呼吸机风险检查评分表

呼吸机	权重	分数
临床功能		
不接触患者	1	
设备可能直接接触患者但不起关键作用	2	
设备用于患者疾病诊疗或直接监护	3	
设备用于直接为患者提供治疗	4	
设备用于直接生命支持	5	5
有形风险		
设备故障不会造成风险	1	
设备故障会导致低风险	2	

续表

呼吸机	权重	分数
设备故障会导致诊疗失误、诊断错误或对患者的状态监护失效	3	
设备故障会导致患者或使用者的严重损伤乃至死亡	4	4
问题避免概率		
维护或检查不会影响设备的可靠性	1	
常见设备故障类型是不可预计的或者不是容易预计的	2	
常见设备故障类型不易预计，但设备历史记录表明是技术指标测试中经常检测到的问题	3	
常见设备故障类型可以预计并且可通过预防性维护避免	4	4
具体的规则或制造商的要求决定了预防性维护或测试	5	
事故历史		
没有显著的事故历史	1	
存在显著的事故历史	2	2
制造商/监管部门的要求		
没有要求	1	
有独立于数值评级制度的测试要求	2	2
总分		17

有医院对呼吸机不良事件监测情况进行统计，在 39 台呼吸机的不良事件临床表现中气泵故障、管道漏气、氧流量不稳定、通气量不足为主要问题，占 80%；潮气量过大、通气过度为次要问题，占 10% 以上；喉损伤、气管黏膜损伤、氧中毒为一般问题，占 10% 以下。

某市报道，省级医疗器械不良事件监测系统共收到各级医疗机构上报呼吸机不良事件 139 例，分析发现导致呼吸机不良事件的原因主要为设备故障、配件损坏、耗材损耗、操作不当、日常维护不及时等，其中严重不良事件 43 例，4 例危及生命。

有地区报道在 113 家综合医院 3 个月内发生的 5928 件医疗意外事件中，与医疗设备有关的报告 186 例，与呼吸机有关的事例达到 79 例，其中设备检修失误 24 例，忘记设定或忘记插入电源 9 例。其他事故是由于护士对设备的检查不完备及听到报警后慌乱，错误处置所造成的。

医疗器械不良事件中，还有未公开的数据，估计 60%～70% 是由于使用错误造成的，这种错误被称为"使用错误"或"操作失误"，因此，必须充分考虑到使用中可能发生的安全隐患。

二、呼吸机风险产生原因

为了充分地认识呼吸机在临床使用中给患者与使用者带来风险伤害的各种因素，必须对呼吸机临床应用风险进行分析，找出呼吸机临床应用中高风险环节的关键因素，确定风险因素清单，采取有效的措施，达到降低风险的目标。

（一）使用者因素

1. 医护人员不具相应资质，对呼吸机操作不熟练、不正确，不了解呼吸机通气模式。
2. 操作人员风险意识不够，忽视相关风险提示，使用呼吸机前没有认真阅读操作手册。
3. 呼吸机使用模式选择、参数设定不正确。例如，呼吸机触发器灵敏度设置不正确，可能导致呼吸机不经患者而自动触发呼吸的现象。

4. 呼吸机使用型号选择不正确。

5. 操作人员错误使用导致事故的发生。如在清洁呼吸机或更换呼吸机部件时（如更换氧传感器）未断开呼吸机与患者的连接；使用者对呼吸机上可重复使用的附件清洁不当，未采用符合标准和风险管理规范的呼吸软管。

6. 操作人员对呼吸波形的判别和对报警处理不正确。

7. 医疗机构领导者对设备风险管控意识不强。

8. 呼吸模式和参数设置不当造成人机对抗。

9. 使用者对呼吸机移动、固定、存放不规范。

10. 未能定期校准、按时质控，缺少日常维护保养，尤其是呼吸机长时间使用，而使用者未尽到维护保养的义务。

11. 呼吸机的附件及附属设备连接不正确或不牢靠。

（二）设计因素

1. 设计缺陷因素，如用户使用界面设计不人性化，导致呼吸机使用者不能正确操作、设置参数、初始化等。

2. 缺陷设计生产方面因素。

（三）硬件因素

1. 设备老化，器械性能退化，超过使用年限。

2. 未定期校准、未按时质控。

3. 缺少日常维护保养，设备"带安全隐患"使用。

4. 设备故障维修以后的安全隐患。

（四）相关耗材因素

1. 设备和材料的消毒规范性。

2. 一次性耗材的质量合格与否。

3. 材料型号规格的相符性。

4. 蒸馏水的正确性。

5. 设备、耗材的采购不配套。

6. 氧电池失效。

（五）机械因素

1. 呼吸机按键、接口、卡槽、固定卡扣等松动、损坏，导致呼吸机无法设定参数，无法启动、停止、重置设备，无法固定附件等。

2. 长时间使用机械转动、传动部件受潮生锈或因灰尘、杂物掉进设备内导致机械转动受阻或卡死。

3. 机械活动、连接部件磨损、变形、松动、脱落、断裂等；呼吸机意外摔倒或碰撞造成电线或内部线路损坏，机械连接部件松动、脱落，液体进入呼吸机内部等导致呼吸机无法工作；剪切力或应力破坏设备及呼吸管路。

4. 呼吸机的管路、密封胶体、阀门、膜瓣等老化、松动、破损导致呼吸机无法正常工作。

（六）电气因素

1. 内部线路的老化、破损、污染导致短路、高阻抗、低阻抗等；杂物或腐蚀性液体进入设备致导电等因素会导致电路失效。

2. 呼吸机与其他设备（如监护仪）共用时，摆放混乱，线路混杂在一起。

3. 呼吸机的电源电缆未插入具有接地保护的主供电插座中。

4. 呼吸机使用者及患者的衣物的相对湿度和导电特性未保持在一定范围内，衣物静电聚集的可能性高。

5. 在靠近呼吸机系统的使用区域内，使用无线电放射装置（如手机）和高频装置。

6. 负载过多造成供电功率超过上限；内部处理器供电过高；电池电压过低或电量耗尽；交流直流转换失败等因素导致供电电压错误。

（七）软件因素

1. 数据不能备份或存储、检索失败；系统存储空间不足、运行时间错误；内部通信错误，无法获得自检结果。

2. 系统对大量数据文件管理时资源冲突造成死机或卡顿；由于不正确的关机、开机或错误的操作，系统运行软件数据丢失，致使设备无法启动或运行中系统中断工作。

3. 模块故障或者模块与呼吸机系统之间通信失败，如监测模块与参数设置模块无法通信。

4. 人为的错误修改、电池没电或突然的断电导致系统设置的正确信息被破坏或恢复为出厂值，使系统的硬件操作、启动运行出现故障；报警属性设置错误或报警阈值设置错误导致无法报警或误报。

（八）环境因素

1. 不正常供电引起设备损坏或不能正常使用。
2. 不正常供气导致设备报警，不能正常使用。
3. 设备接地不良、设备间产生相互干扰。
4. 环境噪声使医护人员不能听到或忽略报警。
5. 环境温度、湿度、空气颗粒物超标导致呼吸机故障增加。
6. 医疗机构对医疗设备风险管理培训工作不系统、不规范或未开展。
7. 电磁辐射　当辐射源的频率高于220MHz时，会导致呼吸机数据显示异常、系统报错、屏幕随机切换、波形畸变或消失、气道压过低报警、死机等。

三、呼吸机的风险管控

建立完整的呼吸机风险管控体系对于呼吸机的安全管理具有重要意义，运用风险管控的理论来指导临床使用和预防维护，可以提高设备的完好率。针对呼吸机风险管控的特点，医疗机构呼吸机风险管控体系一般包括以下内容：成立呼吸机风险管控中心，编写风险管控体系的程序文件，为呼吸机的安全控制和风险管理提供理论依据；医护人员、临床医学工程师、中心消毒人员、中心供氧人员、后勤保障人员、采购管理人员等的优势互补，以应对突发事件的产生；制订呼吸机应用风险评估表、呼吸机消毒方法，并完整记录；制订全面的呼吸机使用中紧急情况处理程序，包括突然断电、呼吸机内部故障、集中供气压力不足、气管切开套管或气管插管脱出等紧急情况。

依据工作制度和流程对呼吸机使用相关人员的工作进行监督管理，做好设备使用前的质量控制，将故障消灭在萌芽状态，使设备始终处于最佳状态。

医疗机构中呼吸机具体的风险管控措施如下：

（一）人员风险管控措施

1. 医护人员培训

（1）严格执行临床呼吸机使用人员的培训制度，培训后进行考核，呼吸机的操作人员必须经考核合格后方可上岗操作使用，必要时可安排医护人员到生产厂家培训中心进行培训实习。

（2）针对呼吸机的通气模式、治疗范围、参数设置、警报定义、报警排除、故障描述及应对措施、管道连接、每日维修和保养等关键问题进行培训。

（3）医护人员对使用的呼吸机认真开展每日保养、每周保养工作，做好记录。

（4）定期在科内举行风险管理经验分享会，分享有关风险控制的成功案例。

（5）请医学界资深呼吸治疗专家对呼吸机使用人员进行操作培训，并为呼吸机临床合理使用提供技术支持与咨询服务。

2. 工程技术人员培训

（1）严格执行临床医学工程师维修技术的培训制度。培训后进行考核，呼吸机的临床医学工程师必须考核合格。必要时需到厂家进行专项维修技术培训，获得厂家的维修认证证书。

（2）针对呼吸机的维修手册、维修图纸进行培训，达到可排除通用故障的能力。

（3）临床医学工程师须熟悉呼吸机的框架结构，熟悉各个部件功能原理，熟悉呼吸机的质量技术指标的校正，能完成预防性维护保养工作。

（4）掌握呼吸机的通气模式、治疗范围、参数设置、管道连接、操作规范、警报定义、报警排除、故障描述等常见问题的操作、处理，支持临床的日常工作。

（5）工程技术与管理人员定期参加呼吸机相关技术的继续教育。

（二）设备风险管控措施

1. 购入前的管控措施

（1）生产环节存在的风险：产品存在设计缺陷、材料缺陷、制造过程缺陷、质检缺陷、包装缺陷及运输缺陷。针对上述风险，医疗机构通过准入环节来管控。

医疗机构在配置呼吸机时严把准入关，从临床配置需求、主要技术参数、是否通过国家食品药品监督管理总局认证，以及该种类呼吸机在市场上的使用情况进行充分的选型论证，并对供应商及生产商的资质进行审核，确保呼吸机采购规范、渠道合法及手续齐全。临床工程师需要通过设备的技术白皮书和技术文档等对设备进行全面的了解，除设备的详细配置、选配件外，还需了解设备的保养及消耗品情况，从而对设备进行技术评估，风险评测，计算设备的使用成本，对设备进行合理的卫生经济性评价，为临床选型提供参考以便采购技术先进、经济合理、风险可控、服务适用的设备。

（2）严格验收：临床工程师详细核对设备的技术资料、图纸资料及配置、配件、耗材数量；逐项进行功能测试；按照国家计量技术规范要求核查设备的计量检测证书；进行临床治疗技术培训，工程师维修技术培训等。

2. 使用前的管控措施

（1）用前检测：呼吸机使用前必须对仪器进行功能性测试（能够完成自检），显示一切正常方可使用。仪器的智能化可减轻医护人员的工作量，但也能让人产生依赖心理，忽视呼吸机使用过程中密切观察患者身体各项指标的重要性，因此不能只依赖声音报警系统对患者进行监护。任何科学精密仪器都不能代替临床观察，管理者应加强对医护人员责任心的培养，最好的仪器也离不开人的操作与管理。

（2）注意用电安全：呼吸机长期使用后，其固定按键上的表面保护层及电源线等可因长期磨损或过度扭曲导致保护层破坏，容易漏电，造成事故，因此在使用仪器前要仔细检查，发现磨损部件要及时更换；呼吸机使用电源需连接到正确安装的具有保护接地的电源插座上，但不得将其他设备连接到这些插座上，以免超过额定负载。

（3）确保呼吸机处于备用状态：使用者要按时检查呼吸机，确保呼吸机处于最佳的备用状态，操作人员要严格按照呼吸机的操作说明书进行开关机，并根据患者的具体情况进行各参数的设置，使用前待机运行 20 分钟左右，待呼吸机处于稳定状态后再根据患者的具体情况进行使用。

3. 使用中的管控措施

（1）定期质量周期检测：根据呼吸机质量控制规范的要求定期对呼吸机进行质量检测，其中包括状态检测和稳定性检测。检测周期一般为半年。呼吸机维修后，应做好维修质量检测，以使呼吸机达到性能稳定、参数准确、安全及有效的完好与待用状态。

（2）预防性维护

1）建立完善的三级维护保养制度，规范做好设备保养的工作，指导操作人员履行日常保养和维护，间隔每天/每周。

2）临床工程师定期巡检维修保养，间隔每月/每季。特别是对传感器保养后一定要做质量监测。

3）厂商维修工程师定期全面维修保养，间隔半年/一年。

4）全面维修保养具体内容：气源检查，供电检查，外观检查；报警及安全设置测试；呼吸机的内部清洁；对呼吸机易损件的更换；呼吸机性能测试。

5）故障维修：因设备自身正常老化，操作使用不当，维护保养不到位和一些特殊因素造成设备故障的维修。

（3）呼吸机的清洗、消毒程序规范化：呼吸机相关性肺炎的发生频度最高。应对呼吸机进行有效的清洗、消毒才能有效控制呼吸机相关性肺炎的发生。按照呼吸机说明书的要求彻底全面清洁和消毒，包括主机内部气路拆卸清洁和消毒，患者呼吸回路拆卸清洁和消毒，传感器（如流量、压力等各种传感器）处理，空气过滤网的清洁。医院的呼吸机清洗消毒方法还应当结合各医院的实际情况做出调整，以达到更好的消毒效果。

（4）设备报废：把握设备的正常使用寿命，临床使用的呼吸机最好不要超过厂家规定年限。超期限使用的设备，延长使用期间必须缩短质检周期，对于维修后准确率达不到国家规定标准范围的设备，必须进入报废环节强制报废。对于超过两个规定年限以上的设备，或者呼吸机通气模式已经不能满足当前治疗需求的机型，应该进入淘汰环节。

4. 呼吸机耗材和常用配件的管控措施　呼吸机的配套耗材存在使用周期，因此达到规定使用时限及次数后，部件性能指标下降，应定期更换。配套耗材老化是引起不良事件的重要因素，其管控要点如下：

（1）耗材的周期核查：氧电池定期检测，并按说明书要求更换氧电池；传感器定期更换；蓄电池定期更换。气管切开套管或气管插管与呼吸机接嘴配套品质核查。

（2）配件更新核查：为在质量上有根本的保证，呼吸机的零部件更换时应尽可能更换原装配件。

5. 使用环境的管控措施 呼吸机使用对环境的要求比较高，包括：

（1）环境空气中温度、湿度控制。

（2）环境空气中颗粒物控制。

（3）地线符合要求。

（4）气体压力符合要求。

（5）电源插座定期检查，防止接触不良、防止进水漏电。

（6）电磁辐射防护：应提高呼吸机设计制造时的抗干扰能力，重点加强电磁防护管控。

呼吸机的风险管控是一个动态管理过程，应该循环往复地持续改进，才可以真正使其成为降低和控制风险的有效工具。

第三节 呼吸机质量控制相关标准和技术规范

一、呼吸机质量控制的国际标准

国际上有组织的呼吸机产品标准制定活动，可以追溯到 20 世纪 50 年代。1955 年，美国麻醉师协会（American Society of Anesthesiologists，ASA）组织呼吸/麻醉设备制造商、美国国家标准学会（American National Standards Institute，ANSI）共同就呼吸机、麻醉机的质量控制标准进行研讨。会后，成立专门的工作小组负责制定呼吸、麻醉设备的统一标准。

1967 年，国际标准化组织（ISO）单独成立了呼吸/麻醉设备领域的专业委员会，进行相关产品标准的起草制定。ISO 已陆续发布《医用呼吸机 基本安全和主要性能专用要求 第 3 部分：急救和转运呼吸机》（ISO 10651-3：1997）、《医用呼吸机 基本安全和主要性能专用要求 第 2 部分：用于呼吸机依赖患者的家用呼吸机》（ISO 10651-2：2004）、《医用呼吸机 基本安全和主要性能专用要求 第 6 部分：家用呼吸支持设备》（ISO 10651-6：2004）、《医用呼吸机 基本安全和主要性能专用要求 第 5 部分：气动急救复苏器》（ISO 10651-5：2006）、《睡眠呼吸暂停治疗 第 1 部分：睡眠呼吸暂停治疗设备》（ISO 17510-1：2002）等标准。

随着电工及电子技术在呼吸机当中的广泛应用，国际电工委员会（International Electro Technical Commission，IEC）起草制定了关于呼吸机基本电气安全要求的标准，如《医用电气设备 第 2 部分：呼吸机安全专用要求 治疗呼吸机》（IEC 60601-2-12：2009）。

二、呼吸机质量控制的国内标准

为保证呼吸机等医疗设备临床应用的安全性、有效性，我国陆续起草制定了一系列国家标准、医药行业标准、计量校准规范。这些标准、规范是呼吸机质量管理系统的重要组成部分，为呼吸机的质量控制工作提供技术依据。

（一）呼吸机的国家标准

我国重视标准化工作，并将标准化工作提到国家战略发展的高度，陆续制定了包括呼吸机在内的一系列医疗设备国家标准。在此对涉及呼吸机的国家标准进行简要介绍。

1. GB 9706.28—2006《医用电气设备 第2部分：呼吸机安全专用要求 治疗呼吸机》 该国家标准由国家食品药品监督管理局制定，归口全国麻醉和呼吸设备标准化技术委员会、全国医用电器标准化技术委员会医用电子仪器标准化分技术委员会。GB 9706.28—2006 修改采用 IEC 60601-2-12：2001《医用电气设备 第2部分：呼吸机安全专用要求 治疗呼吸机》是关于治疗呼吸机安全的专用标准。

GB 9706.28—2006 第 51.104 条"呼吸压力的测量"中，对呼吸机各项压力参数（包括：呼吸末正压、气道峰压等）的最大允差给出明确规定。具体内容：应指明患者连接口的呼吸压力。实际测量可在呼吸机呼吸系统的任何部位进行，但是显示的压力值应是对应于患者连接口的压力。读数的精度为±（2%满刻度+4%实际读数）。

GB 9706.28—2006 第 51.107 条"呼气量的测定和低通气量报警"中，对呼吸机潮气量参数的最大允差给出明确规定。具体内容：对于用于传输潮气量大于100ml 的呼吸机，应提供用于测定呼出潮气量和分钟通气量的测定装置。潮气量大于 100ml 或每分通气量大于 3L/min 时，精度应为实际读数的±15%"；"潮气量小于 100ml 或每分通气量小于 3L/min 时，使用说明书中应包括精度要求。

2. GB 8982—2009《医用及航空呼吸用氧》 该国家标准由中国石油和化学工业协会提出，由全国气体标准化技术委员会归口。GB 8982—2009 是对 GB 8982—1998《医用氧》和 GB 8983—1998《航空呼吸用氧》的修订与合并，发布实施后替代 GB 8982—1998 和 GB 8983—1998。呼吸机临床使用及日常质量控制检测时，所用到的医用氧气应符合 GB 8982—2009《医用及航空呼吸用氧》中的相关要求。

（二）呼吸机的医药行业标准

医药行业标准由国家食品药品监督管理局组织起草制定并发布实施，是医药行业范围内统一的技术标准。为规范呼吸机产品质量，保证其临床使用安全及有效，我国陆续制定了一系列涉及呼吸机的医药行业标准。在此对这些标准进行简要介绍。

1. YY 0042—2007《高频喷射呼吸机》 该医药行业标准由全国麻醉和呼吸设备标准化技术委员会提出并归口。高频喷射通气指在患者气道开放状态下，气体以 60～150 次/分的通气频率呈喷射状进入气道的通气方式。高频喷射呼吸机呼气和吸气均呈开放状态，适用于呼吸支持、呼吸治疗及急救复苏的患者。YY 0042—2007 是关于高频喷射呼吸机的专用标准，规定了高频喷射呼吸机呼吸频率、吸呼比、气道压力显示值等参数的允差，潮气量、每分通气量、氧浓度、耗氧量、湿化等参数的限值。对高频喷射呼吸机的质量控制及日常检测可依据 YY 0042—2007 进行。

2. YY 0600.1—2007《医用呼吸机 基本安全和主要性能专用要求 第1部分：家用呼吸支持设备》 该医药标准修改采用 ISO 10651-6：2004《医用呼吸机 基本安全和主要性能专用要求 第6部分：家用呼吸支持设备》的条款，是关于家用呼吸支持设备的专用标准。YY 0600.1—2007 由全国麻醉和呼吸设备标准化技术委员会提出并归口。家用呼吸支持设备指用于非呼吸机依赖患者的家用呼吸机。该类设备适用于家庭使用，无须持续的专业监控，主要用于对无须呼吸支持也可生存且其健康状况无明显下降的患者进行治疗，增加或提供患者肺通气。YY 0600.1—2007 中规定了家用呼吸支持设备的基本安全和主要性能要求，对于相关设备的质量控制及日常检测可依据本标准进行。

3. YY 0600.2—2007《医用呼吸机 基本安全和主要性能专用要求 第 2 部分：依赖呼吸机患者使用的家用呼吸机》 该医药标准修改采用 ISO 10651-2：2004《医用呼吸机 基本安全和主要性能专用要求 第 2 部分：用于呼吸机依赖患者的家用呼吸机》，是用于呼吸机依赖患者的家用呼吸机的专用标准。YY 0600.2—2007 由全国麻醉和呼吸设备标准化技术委员会提出并归口。依赖呼吸机患者使用的家用呼吸机主要用于家庭护理，也可在医疗保健部门或其他场所使用。使用的患者依赖于该呼吸机的支持，因此此类呼吸机被认为是生命支持设备。YY 0600.2—2007 中规定了用于呼吸机依赖患者的家用呼吸机的基本安全和主要性能要求，对相关设备的质量控制及日常检测可依据本标准进行。使用该标准时需注意 YY 0600.2—2007 不适用于"铁肺"通气机等仅用来增加自主呼吸患者通气的呼吸机。

4. YY 0600.3—2007《医用呼吸机基本安全和主要性能专用要求第 3 部分：急救和转运呼吸机》 该医药标准修改采用 ISO 10651-3：1997《医用呼吸机 第 3 部分：急救和转运用呼吸机的专用要求》是急救和转运呼吸机的专用标准。YY 0600.3—2007 由全国麻醉和呼吸设备标准化技术委员会提出并归口。急救呼吸机指主要用于医院以外呼吸抢救用的便携式呼吸机。转运呼吸机指用于向医院运送及在医院内部或医院之间运送患者时使用的便携式呼吸机。急救、转运呼吸机常被安装在救护车或其他救援车辆上，被受过不同程度训练的人员在医院外或家庭使用。YY 0600.3—2007 规定了在紧急情况下或运送患者时使用的便携式呼吸机的基本安全和主要性能要求，对于相关设备的质量控制及日常检测可依据本标准进行。

YY 0600.3—2007 第 51.103 条"测量呼吸压力的设备"中，对急救、转运用呼吸机各项压力参数（包括呼吸末正压、气道峰压等）的最大允差给出明确规定。具体内容：转运用呼吸机应该提供测量呼吸压力的设备。操作人员从设备读出的数值的精确度应该在±（满刻度读数的 2%+实际读数的 8%）内。

YY 0600.3—2007 第 51.105 条"呼气量测量设备"中，对急救、转运用呼吸机潮气量参数的最大允差给出明确规定。具体内容：如果提供测量呼出潮气量和每分通气量的设备，当潮气量大于 100ml 或每分通气量大于 2L/min 时，准确性要求应该在实际读数的±20%以内。潮气量小于 100ml 时的准确性应在使用说明书中说明。

5. YY 0600.5—2011《医用呼吸机 基本安全和主要性能专用要求 第 5 部分：气动急救复苏器》 该医药标准修改采用 ISO 10651-5：2006《医用呼吸机 基本安全和主要性能专用要求 第 5 部分：气动急救复苏器》，是气动急救复苏器的专用标准，由全国麻醉和呼吸设备标准化技术委员会提出并归口。气动急救复苏器是指以压缩气体为动力源，预期紧急使用，给突发呼吸困难的人员在复苏中提供肺通气的可携带式设备。YY 0600.5—2011 中规定了先遣急救员使用的气动急救复苏器的基本安全和主要性能要求，对相关设备的质量控制及日常检测可依据本标准进行。

6. YY 0601—2009《医用电气设备 呼吸气体监护仪的基本安全和主要性能专用要求》 该医药标准等同采用 ISO 21647：2004《医用电气设备：呼吸气体监护仪的基本安全和主要性能专用要求》。YY 0601—2009 由全国麻醉和呼吸设备标准化技术委员会提出并归口。YY 0601—2009 规定了呼吸末二氧化碳和氧气浓度的监测安全、性能要求及测试要求。呼吸气体监护仪指用于测量呼吸气体中的气体浓度或分压的医疗电子设备。各类呼吸机中用于监测吸气氧浓度、呼末二氧化碳浓度的设备可以看作呼吸气体监护仪，对其质量控制与日常检测可依据 YY 0601—2009 进行。

YY 0601—2009 第 51.101.1 条"准确性概述"中，对呼吸气体监护设备（包括呼吸机等）吸气氧浓度参数的最大允差给出明确规定。具体内容：氧气测量准确性在±（2.5%的体积百分比+气体浓度的 2.5%）内。

YY 0601—2009 第 51.101.1 条"准确性概述"中，对呼吸气体监护设备（包括呼吸机等）呼末二氧化碳浓度参数的最大允差给出明确规定。具体内容：二氧化碳测量准确性在±（0.43%的体积百分比+气体浓度的 8%）内。

7. YY 0671.1—2009《睡眠呼吸暂停治疗　第 1 部分：睡眠呼吸暂停治疗设备》　该医药标准修改采用 ISO 17510-1：2002《睡眠呼吸暂停治疗　第 1 部分：睡眠呼吸暂停治疗设备》，是睡眠呼吸暂停治疗设备的专用标准，该医药行业标准由全国麻醉和呼吸设备标准化技术委员会提出并归口。睡眠呼吸暂停治疗设备是指用于减轻睡眠呼吸暂停患者症状的呼吸治疗设备。该类设备适用于医疗保健部门和家庭，基本不需要专业人员的监护。YY 0671.1—2009 中规定了睡眠呼吸暂停治疗设备的基本安全和主要性能要求，"最大压力限制""呼吸气道压力测量""呼气量测量""二氧化碳重复吸入保护"是该类设备质量控制的主要参数，对相关设备的质量控制及日常检测可依据本标准进行。

8. 呼吸机配件或辅助设备的相关医药行业标准

（1）YY 0461—2003《麻醉机和呼吸机用呼吸管路》：该医药标准等同采用 ISO 5367：2000《麻醉机和呼吸机用呼吸管路》。本标准为麻醉和呼吸设备系列标准之一，主要涉及呼吸管路的基本要求，这些要求包括连接方法和试验方法。该医药行业标准由山东省医疗器械产品质量检验中心起草。麻醉机和呼吸机用呼吸管路主要用于与麻醉机、呼吸机、潮化器、喷雾器等配套使用，对于该类呼吸机配件的基本质控要求可参考本标准。

（2）YY 1040.1—2003《麻醉和呼吸设备　圆锥接头 第 1 部分：锥头与锥套》：该医药标准等同采用 ISO 5356-1：1996《麻醉和呼吸设备　圆锥接头　第 1 部分：锥头与锥套》。本标准为麻醉和呼吸设备系列标准之一，主要涉及麻醉和呼吸设备连接用圆锥接头的基本要求，这些要求包括圆锥接头的特殊要求和尺寸。该医药行业标准由国家药品监督管理局济南医疗器械质量监督检验中心起草。临床上，可能需要将麻醉与呼吸设备中所用的多个连接接口连接成适当的呼吸系统。其他医疗设备如加湿器、肺活量计等，也经常连接到呼吸系统中来，呼吸系统还可以连接到麻醉气体净化系统。这些设备之间通常是通过圆形锥头和锥套来实现连接的。这些连接部件如果缺乏标准化，不同厂家生产的设备相连接时，就会存在互换方面的问题。对于该类呼吸机配件的基本质控要求可参考本标准。

（3）YY 1040.2—2008《麻醉和呼吸设备　圆锥接头 第 2 部分：螺纹承重接头》：该医药标准等同采用 ISO 5356-2：2006《麻醉和呼吸设备　圆锥接头　第 2 部分：螺纹承重接头》。本标准为麻醉和呼吸设备系列标准之一，主要涉及麻醉和呼吸设备连接用螺纹承重接头的基本要求，这些要求包括连接用螺纹承重接头的特殊要求和尺寸。该医药行业标准由上海市医疗器械检测所起草，并由全国麻醉和呼吸设备标准化技术委员会归口。圆锥接头可以用于轻型呼吸附件的连接，对于支持重型或易碎的附件，需要更加坚固的接头——螺纹承重接头。对于该类呼吸机配件的基本质控要求可参考本标准。

（4）YY/T 0735.1—2009《麻醉和呼吸设备　湿化人体呼吸气体的热湿交换器（HME）

第 1 部分：用于最小潮气量为 250mL 的 HME》：该医药标准等同采用 ISO 9360-1：2000《麻醉和呼吸设备 湿化人体呼吸气体的热湿交换器（HME）第 1 部分：用于最小潮气量为 250mL 的 HME》。一般医用气体缺少足够的水分，难以适应患者呼吸道的生理需求。热湿交换器（HME）用于提高输送给呼吸道气体的水分含量和温度。HME 可以独立使用也可作为呼吸系统的一部分与呼吸系统一并使用。YY/T 0735.1—2009 中规定了潮气量等于或大于 250mL、主要预期用于对患者呼吸气体湿化且至少包括一个机器端口的热湿交换器（包括带有呼吸系统过滤器的 HME）的相关要求。YY/T 0735.1—2009 同时规定了对相关设备进行评价的试验方法。该医药行业标准由山东省医疗器械产品质量检验中心起草，并由全国麻醉和呼吸设备标准化技术委员会归口。对于该类呼吸机配件的基本质控要求可参考本标准。

（5）YY/T 0753.1—2009《麻醉和呼吸用呼吸系统过滤器 第 1 部分：评价过滤性能的盐试验方法》：该医药标准等同采用 ISO 23328-1：2003《麻醉和呼吸用呼吸系统过滤器 第 1 部分：评价过滤性能的盐试验方法》。呼吸系统过滤器用于降低患者吸入或呼出颗粒性物质的数量（包括微生物）。在临床使用中呼吸系统过滤器暴露于各种湿度水平的潮湿空气中。由于呼吸系统过滤器的过滤性能可能会受到潮湿空气的影响，需要对过滤器的过滤性能在模拟临床使用的潮湿空气中进行试验。本标准中给出了使用氯化钠颗粒（粒径范围 0.1～0.3μm）评价呼吸系统过滤器过滤性能的方法。该医药行业标准由山东省医疗器械产品质量检验中心起草，并由全国麻醉和呼吸设备标准化技术委员会归口。对呼吸系统过滤器质量控制时，其过滤性能评价试验可参考本标准规定方法进行。

（6）YY/T 0753.2—2009《麻醉和呼吸用呼吸系统过滤器 第 2 部分：非过滤方面》：该医药标准等同采用 ISO 23328-2：2002《麻醉和呼吸用呼吸系统过滤器 第 2 部分：非过滤方面》。呼吸系统过滤器是指预期降低呼吸系统中颗粒性物质传播的装置。本标准规定了用于呼吸系统的过滤器非过滤方面，包括其连接端口、泄漏、阻流、包装、标志等的要求。该医药行业标准由山东省医疗器械产品质量检验中心起草，并由全国麻醉和呼吸设备标准化技术委员会归口。对于该类呼吸机配件的基本质控要求可参考本标准。

（三）呼吸机的计量技术规范

呼吸机作为具有一定应用风险的重要生命支持设备，虽未列入《中华人民共和国强制检定的工作计量器具明细目录》，但其通气性能质量的好坏决定了抢救成功率和临床救治效果，应对其进行周期计量校准。为促进呼吸机质量提升，保证其量值准确，国家质检总局于 2010 年 1 月 5 日批准发布了 JJF1234—2010《呼吸机校准规范》。该计量校准规范适用于治疗型呼吸机的计量校准，其内容涉及计量特性要求、校准条件、校准项目、校准方法、结果处理等。

自 JJF 1234—2010 制定实施以来，对呼吸机计量校准工作指导意义明显，目前全国省市计量技术机构已普遍建立了呼吸机计量标准，为规范我国的呼吸机市场、保护患者健康起到了重要的作用，并为实施呼吸机的计量校准工作、保证相关参数量值统一提供了技术依据。近些年随着校准工作的开展，在工作中发现原规范的校准项目、计量特性、校准条件等方面存在一定不足，有必要对原规范进行修改调整。根据国家质检总局下达的 2015年国家计量技术规范制修订计划（见国质检量函〔2015〕146 号 2015 年国家计量技术法规制修订计划项目表），由中国计量科学研究院、中国人民解放军总医院、江苏省计量科学研究院、浙江省计量科学研究院和北京市计量检测科学研究院承担 JJF 1234—2010《呼吸机校准规范》的修订工作。修订后的 JJF1234—2018《呼吸机校准规范》已于 2018 年 8 月 27 日实施。

对于急救/转运呼吸机、无创呼吸机，目前没有制定国家计量校准规范。部分省市根据本地区开展校准的实际需要制定了地方校准规范，如北京市相关技术机构正在起草《无创呼吸机校准规范（京）》地方技术规范。

第四节 呼吸机的质量控制措施

呼吸机的质量控制分为：安装验收阶段的质量控制、日常使用中的质量控制、预防性维护及物理参数的质量控制检测四个部分。

一、安装验收阶段的质量控制

呼吸机在安装验收阶段的管理，包含安装前的场地及运行条件检查、安装过程中的质量控制及安装调试后的技术性能验收。其中，技术性能验收是质量控制的重要组成部分。设备安装验收阶段，应建立以技术指标为基础的质量检测和临床培训相结合的验收制度。

（一）设备到货安装

采购部门签署设备采购合同后，采购人员应按照合同规定时间，了解设备出货时间，实时跟踪到货进度。到货前夕，采购人员、医疗设备管理人员应与设备厂家及使用科室共同确认设备安装场地的环境、运行条件等，并确保相关配套设备齐全。场地达到安装要求后，采购人员再与使用科室负责人及厂家工程师确认设备到货安装时间。

检查设备场地及运行条件时应注意：

1. 呼吸机由空气和氧气两种气源供应，氧气气源一般由中心供氧或氧气气瓶提供；空气气源由呼吸机自带压缩机或中心供气提供。输入气源压力要求范围为 0.28～0.60MPa。

2. 如果呼吸机气源由外接气瓶供应，应配备双表减压阀（图 2-5）控制高压气瓶的气体输出。

3. 根据场地实际情况，配备相应标准的医用气体接头。

图 2-5 双表减压阀

设备到货后，首先，采购人员应第一时间确认设备包装的完整性、包装规格及数量，设备厂家随后在使用科室、采购人员及医疗设备管理部门验收人员的共同监督下拆除货物

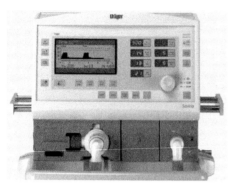

图 2-6　某型呼吸机外观

外包装。检查设备外观（图 2-6）情况：表面是否整洁、有无残损、锈蚀、碰伤，外壳是否光滑无划痕，各按钮旋键新旧程度及是否无损等。其次，应按照采购合同内容及货物装箱单核对配置明细，根据设备中英文铭牌标识（图 2-7），如实填写设备型号、出厂编号 SN、生产日期及医疗器械产品注册证编号等基本信息。将设备必要的技术资料，如产品说明书、维修手册、合格证或其他文字资料等交由医疗设备管理部门保存。设备包含的所有部件信息核对无误后，接通电源，确认设备开机并能正常运行。最后，设备经由采购人员、医疗设备管理部门验收人员、使用科室负责人及设备厂家四方确认无误后，如实填写设备到货验收报告表（表 2-2），完成设备到货验收。

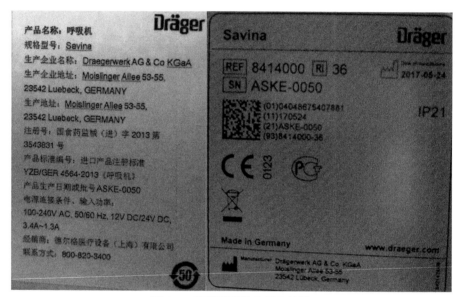

图 2-7　某型呼吸机中英文铭牌

表 2-2　设备到货验收报告

设备基础信息	设备名称（注册证名称）		规格/型号	
	数量		使用科室	
	安装位置		到货日期	
	合同编号		保修期	
	出厂编号		出厂日期	
	注册证号		注册证有效期	
	制造厂商		供货商	
	联系人		联系方式	
	设备类型：□影像及放疗设备　□病理检验设备　□病房设备　□外科设备　□压力容器类设备　□科研设备　□其他医疗设备　□非医疗设备			

续表

验收信息	到货验收日期	年　　月　　日 （保修起始日期以质量验收日期为准）		
	包装外观情况	□完好　　　　□破损　　　　□其他：		
	设备开箱情况	□完好　　　　□破损　　　　□其他：		
	设备附件情况	□完好　　　　□破损　　　　□其他：		
	主机开机情况	□运行正常　　□运行异常　　□其他：		
	配件情况	□齐全　　　　□配置清单（附件） □缺失 ＿＿＿＿＿＿＿＿＿＿＿　补齐时间：		
	设备文件	□说明书（留存科室：　　　　） □维修手册（留存科室：　　　　） □装箱单　　　　　　　□其他		
	其他情况说明及处理意见			
	验收确认签字	使用科室：	供货厂商：	
		医疗设备管理部门：	采购部门：	

设备到货安装验收时应注意以下问题：

1. 如在到货验收过程中发现外包装破损、防倾斜标识异常、外包装有污渍或其他异常情况，首先应拍照留存并现场做好记录，其次确认包装内部设备是否完整无损。

2. 在确定为外部包装异常导致包装内部设备异常的情况下，可直接拒绝签收，并要求设备厂家退换货。

3. 核对设备外包装、主机及合格证或出厂检测证书上的出厂编号 SN 是否完全一致。如发现不一致情况，采购人员应拍照记录，暂停设备安装，并立即向上级领导汇报。必要时可直接要求设备厂家换货。

4. 核对设备医疗器械产品注册证是否在有效期范围内，当与招标文件及采购合同内容不相符时，可直接要求设备厂家退换货。

（二）设备质量验收

设备安装调试期间，医院应对设备厂家的安全操作规范进行监督，协调使用科室并配合厂家工程师顺利完成设备的安装及调试。设备安装调试完成后，设备厂家应提供医院认可的或第三方机构的现场检验报告，报告内容应包括该台设备性能检测的所有内容。如无法提供，医疗设备管理部门验收人员应按生产厂商提供的各项技术指标或招标文件中承诺的技术指标、功能和检测方法，对呼吸机参数进行逐项验收，必要时按照临床实际操作需要，对可量化的参数进行检查验证。

做好新设备使用前的临床培训，也是安装验收阶段质量控制中的重要一环。技术性能验收合格后，厂家工程师按要求应对使用科室和医疗设备管理人员进行新机使用培训。由于麻醉恢复室、重症监护病房等急救复苏患者的特殊性，培训方式可根据使用科室要求分为全员系统培训和一对一单人培训，临床医护人员应熟练掌握设备的操作与使用、患者安全处理及突发意外时的处理措施等，经过培训且通过考核后填写设备培训记录考核表（表2-3），方可使用。

表2-3 设备培训记录考核表

培训类别	□ 医疗设备 □ 非医疗设备			□ 新购 □ 在用	
培训项目	□ 岗位技能 □ 使用操作 □ 维修维护 □ 安全风险				
设备名称			品牌型号		
使用科室			培训地点		
主办部门			培训讲师		
培训时间			讲师隶属		
参加人员					
培训及考核内容			通过	未通过	
1					
2					
3					
培训图片:	1.（附培训照片）		2.（附培训照片）		
备注					
使用科室负责人			培训讲师		
医疗设备管理部门负责人					

设备投入到临床使用后，需要一定时间的试运行期去适应新设备的操作使用，以发现与原有设备的差异及可能存在的功能缺陷，一般周期为 1～3 个月。试运行期间，使用科室应记录好设备日常使用状况及使用过程中更换的消耗品、配件和相关物品，以便后期查阅。在设备试运行以后，医疗设备管理部门验收人员应向使用科室了解设备使用情况，如设备使用、操作等方面有无问题，设备运转状况等，及时将试运行期间的设备使用状况和问题反馈至设备厂家寻求解决。在设备各方面运行状况良好的情况下，医疗设备管理部门验收人员、使用科室负责人、设备厂家一同对设备进行质量验收，并填写设备质量验收报告（表2-4）。

表2-4 设备质量验收报告

到货验收时间：　　年　　月　　日　　质量验收日期：　　年　　月　　日

设 备 信 息			
设备类型	□计量设备 □影像放疗设备 □病理检验设备 □信息类设备 □特种设备 □科研设备 □生命支持设备 □其他医疗设备 □非医疗设备 □办公设备		
设备名程（注册证名称）		规 格 型 号	
注册证号		注册证有效期	
数 量		出 厂 编 号	
使用科室		出 厂 日 期	
安装位置		保 修 期 （整机 ___ 年）	年___月___日至 年___月___日
制造厂商	公司名称：_____	联系人及电话：_____	
供货商	公司名称：_____	联系人及电话：_____	

续表

技术资料				
计量设备	□计 量 证 书　□计量器具型式批准证书　□计量器具生产许可证			
影像放疗设备	□质量控制检测报告 □放射防护检测报告		所有设备	□产 品 合 格 证 □中国强制认证 CCC
生命支持类设备	□质　控　报　告		特种设备	□使 用 登 记 证
验收结果	项　　目	配　　　置	性 能 指 标	使 用 情 况
	主　　机	□符合　□不符合	□合格　□不合格	□正常　□异常
	软　　件	□符合　□不符合	□合格　□不合格	□正常　□异常
	附　　件	□符合　□不符合	□合格　□不合格	□正常　□异常
备注	名称及附件数量:			
验收人签字	使用科室:		供货商:	
	医疗设备管理部门:		医疗设备管理部门负责人:	

在质量验收前，设备厂家或供应商还需提供以下资料：

1. 基础资料　中标通知、投标文件、合同及配置清单（配置清单须有科室主任签字确认）。

2. 设备资质　医疗器械产品注册证、设备检验报告、CE/FDA 认证、CCC 认证、计量器具应出示计量首检合格证明，进口设备还需商检报告及报关单。

3. 厂商资质　生产厂家及供货商应提企业供营业执照、医疗器械生产/经营许可证（生产厂家全提供，供货商只提供经营许可证）、税务登记证、组织机构代码，供货商还应提供生产厂家授权书。

4. 技术资料　产品合格证、使用说明书、维修手册、简易操作卡。

5. 培训资料　使用人员/维修人员的培训记录、培训课件等。

二、日常使用中的质量控制

（一）日常维护工作

呼吸机应按照卫生行业相关标准和相关医院感染管理科规定进行清洁、消毒，使用科室应在呼吸机每次使用之前进行日常检查和使用安全确认。呼吸机在日常使用过程中科室应设有专人管理与维护，负责机器的日常维护及相关辅助器械的清洁及消毒。在使用过程中需详细填写设备的使用情况，包括设备在运行中出现的故障情况，及时上报医疗器械不良事件。每台呼吸机应配备日常检查记录本（表 2-5），包括外观及配件、外置回路消毒、过滤器除尘、过滤网除尘、气密性、设备时钟和检查人姓名等。

表 2-5　呼吸机日常检查记录表

科室		品牌		序列号			
		型号		院内编码			
日期\项目	外观及配件	外置回路消毒	过滤器除尘	过滤网除尘	气密性	设备时钟	检查人

在每一次使用呼吸机对患者进行治疗前，使用人员应检查设备外部和过滤网是否整洁

干净，呼吸机的各个配件是否完好无损，确保设备的吸气端或呼气端已安装好过滤器。检查过后再将呼吸机与气源、电源连接好，呼吸管路和湿化罐妥善连接后，开机对呼吸机安全性能做检测。检查设备时钟是否准确，确保呼吸机报警系统能够正常工作。目前，绝大多数呼吸机都已具有使用前快速自检（short self test，SST）功能，开机时可快速测试呼吸机气路的密闭性、顺应性、流量传感器和电池等，能够有效地对机器内部存在各种可能引发故障的组件进行检测和校对。

1. 气源检查 确认氧气和压缩空气的压力是否在正常工作范围。一般气源压力正常工作范围在 0.28～0.6MPa。

2. 漏气检查 将呼吸机设定为辅助/控制（A/C）模式下定容通气，设置基本参数后连接模拟肺，观察呼吸机监测呼出潮气量与设定潮气量之间的差值应在10%范围内上下波动。

3. 吸入氧浓度检查 将呼吸机设置氧浓度分别调至21%和100%，检查氧电池监测浓度数值与设定值应在5%范围以内。

配合呼吸机质量控制检测工作，结合质量管理工作需要，按计划定期对呼吸机主机、气源、电源、操控部分等进行日常清洁与除尘，如不及时清洁、除尘，易造成患者的继发感染，尤其是接触患者呼出气体部分，如管道、湿化器和呼气阀等部件。对呼吸机及其各部件进行清洁消毒时，应严格按照使用说明和操作指南中的要求进行。这不仅需要医疗设备管理人员，同时也需要临床使用人员配合完成。

呼吸机的主机外壳和空气压缩机的外壳用清洁的湿布轻擦或者用含氯制剂消毒液浸泡过的软布擦洗，建议每日或隔日清洁1次。空气过滤网，包括空气压缩机和呼吸机主机中可清洗的空气滤网，应每月取下清洗一次。图2-8为空气过滤网维护前后的对比。如果是备用的呼吸机则不需要如此频繁的清洁，应视情况而定。湿化器的电器加温部分和温控传感器探头的金属部分用清洁的软湿擦布轻轻擦净，不可用消毒液浸泡，以免影响加热功能和降低其感温的准确性。加温湿化器应定期更换内衬过滤纸和补充湿化器内的液体。切记该湿化器内的液体只能用灭菌蒸馏水。滤纸能够有效避免液体中的结晶物沉淀而造成蒸发器损坏、影响湿化器的效果。注意检查调温器的性能，保护温控传感器，密切观察温度报警情况。对呼吸机内部不可拆卸电子元件而言，其表面的灰尘可用小功率吸尘器轻轻吸除或用专用吸球轻轻吹气去除，不可用消毒液浸泡，以免损害精细的电子元件。各种传感器如流量传感器、压力传感器等为呼吸机的特殊电子零件，既不能用水冲洗也不可用消毒液浸泡，以免损坏其性能，可用酒精棉球小心地轻轻擦净表面，切忌用力甩干或烘干。

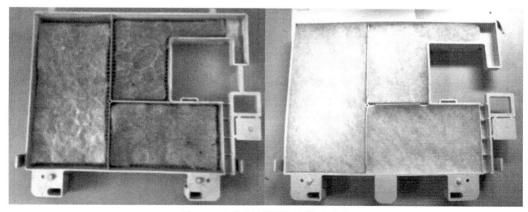

图 2-8　空气过滤网维护前后对比

可重复性使用呼吸管路应在清洗干净之后进行消毒处理。目前，呼吸机管路消毒的方法有热力机械清洗消毒法、压力蒸汽灭菌法、环氧乙烷气体灭菌法、化学消毒剂浸泡法、物理过滤法等。国内大中型医院应用较多的是环氧乙烷气体灭菌法。环氧乙烷气体穿透力强，对长管腔部件的灭菌效果很可靠，适合不耐湿热的呼吸机管路部件，而且对灭菌物品无腐蚀性和破坏性，因此环氧乙烷气体灭菌法是比较理想的消毒方法。现代环氧乙烷灭菌器一般在完成灭菌程序后自动解毒，所以灭菌后的管路可以立即使用，包装后保存时间也较长。热力机械清洗消毒法是用全自动清洗消毒机对呼吸机外管路进行清洗、消毒，适用于耐湿热的管路部件。这种方法操作简单，消毒效果稳定，与手工清洗比较，减少了工作人员的工作量和职业暴露机会，国内大中型医院也已逐步开始应用。其他消毒灭菌方法应用起来存在操作烦琐、消毒效果不稳定等问题，目前在呼吸管路的实际消毒灭菌中应用较少。

呼吸机相关部件清洁消毒后，为防止系统泄漏，安装时需检查各部件的完整性，保证安装的正确性，并对呼吸机的性能做好测试，确保设备处于可正常使用状态。

定期开展临床医护人员的操作维护培训也是必不可少的。可邀请厂家工程师、医疗设备管理人员及呼吸学专家主任进行与呼吸机相关的操作使用、维护保养、治疗参数设置等多方面的培训。一方面巩固操作和常规故障处理方法，熟悉参数设置，防止操作生疏和参数设置不当；另一方面，通过培训，范围逐渐覆盖到临床科室全体医护人员，使更多的医护人员都能掌握并使用呼吸机。除此之外，培训中可针对呼吸机最新技术发展和软件的更新升级开展专项讲座，确保相关人员知识信息的及时更新。只有普及了呼吸机使用常识，保证知识更新的速度，才能更好地确保呼吸机的安全使用。

（二）常见故障及维修后的质量控制

现代呼吸机一般由气路、电路和控制三部分组成，在处理呼吸机的故障时，应首先了解其机器的工作原理、每个功能模块的工作方式和关键零部件的特性，这样才能对呼吸机工作时产生的故障现象进行分析，并进行相关测试和维修。

根据呼吸机外部架构特性，可将呼吸机分为气源部分，气体混合装置部分，呼吸机主机部分（包括控制元件、触发器、呼吸机驱动），压力、流量传感器部分，湿化器和雾化器部分，呼吸回路部分，监测部分，报警部分，显示器等部分。在气源部分常碰到的问题是供气的压力低和供气流量不足引起控制部分不能正常工作所产生的故障。当呼吸机出现供气压力不足报警时，应检查供气的压力和工作时的供氧流量，可以用流量计和压力表直接测量空压机输出端的压力和流量。呼吸回路由管路、湿化器和模拟肺组成，这部分的主要故障是泄漏和管路的特性问题。管路的泄漏主要由管路老化引起。此外，当呼吸机工作模式为高频通气时，必须使用高频管路，若此时使用常频管路会出现通气异常。传感器部分故障很多出现在流量传感器和氧浓度监测部分，而压力参数的问题一般会在控制部分体现出来。非永久型流量传感器和氧浓度传感器（图 2-9）需要定期更换，定标校准通过后即可使用。对于消耗型氧浓度传感器应检查其是否在有效期内，已过期或接近过期则应首先考虑更换该传感器。

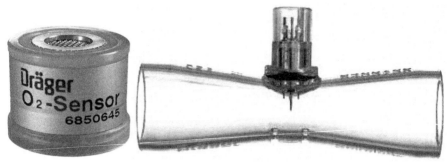

图 2-9 非永久型流量传感器和氧浓度传感器

主机控制部分是电、气、机械的综合体，是呼吸机的主体。对于这个部分的故障一般机器会有警告提示并给出错误代码，根据维修手册，查找故障原因及处理方法，检修相应的控制电路部分。呼吸机的性能直接影响患者的生命，在呼吸机进行拆卸外壳尤其是控制部分的维修后，应对机器做全面的性能参数测试。该检测可由医疗设备管理人员或者厂家工程师完成，检测内容包括设备性能检测和通用电气安全检测，检测合格后，临床方能使用。

三、预防性维护

预防性维护一般分为三级：

一级维护是按照相关行业标准要求或使用说明书中定义的日常维护内容，如呼吸机外观检查，呼吸管路检查，表面清洁擦拭等。一级维护一般由使用科室的临床医护人员在日常使用中完成。

二级维护是对设备功能进行评估测试，如呼吸机自检状态、有无不规范使用或被过滤等报警及安全系统检查，来判断目前机器功能是否正常。按照说明书对易损部件（如膜片、过滤网、蓄电池等）进行更换。

三级维护建议对设备状态包括设备性能和安全状态进行更全面的评估测试，对被测项目检查结果不能达标的部分进行调试及检修。二级和三级维护一般由医疗设备管理人员和厂家工程师配合完成。

呼吸机的定期维护保养能及时消除呼吸机的隐患、避免设备损坏，确保呼吸机处于正常工作状态，从而提高抢救成功率，同时能够延长呼吸机的使用寿命，提高医院经济效益和社会效益。呼吸机的日常保养工作需要根据呼吸机的性能及其附属器件的使用寿命要求，定期进行内部清洁，更换易损件及消耗品，同时对呼吸机进行有效的性能检测。

（一）呼吸机的内部清洁

定期进行呼吸机内部除尘处理，可有效防止因灰尘过多而导致的散热效果变差、短路及误报警等情况的发生。当然，在对此部分进行清洁保养时应特别注意静电、潮湿等不定因素对机器的影响。呼吸机内部的除尘清洁应由医疗设备管理人员完成。

带电路的机器在使用过程中由于内部工作的电效应，会吸附周围环境的粉尘，呼吸机也不例外。粉尘在电路板上积累过多可能会导致故障。因此维护工作中这一点也相当重要，要检查呼吸机的防尘过滤棉及散热风机。散热风机出现卡住或者不转的情况可能导致各种过热故障，如电源损坏、电路板故障等。因此，检查各散热风机工作是否正常同样很重要。需要注意更换的防尘过滤器有设备后方电路板集中的进风口、氧电池更换口等。

不同呼吸机设计结构也有很大区别，有些呼吸机外部没有散热风机，开关电源的散热是通过开关电源外侧散热片直接与空气接触完成的。另外一些呼吸机防尘过滤器装在气泵内部。对于集中供应空气的呼吸机，可以适当延长对气泵防尘过滤器的检查。

（二）易损配件定期更换

呼吸机在使用一段时间后，内部部件经使用磨损逐渐开始老化，为避免设备损坏并及时消除呼吸机的隐患，应定期检查呼吸机，更换氧电池、皮垫、活瓣、细菌过滤器和过滤网等消耗品，确保呼吸机处于正常工作状态。图 2-10、图 2-11 分别为进气端过滤器活瓣、呼出阀膜片更换及维护前后的对比。

呼吸机仅使用内部电池工作时，若待机时间不足半小时，应及时更换内部电池。呼吸机内部电池建议每两年更换一次。空气过滤器、细菌过滤器等消耗品应每年更换，而流量传感器线缆、氧气过滤器和时钟芯片使用 6 年也应及时更换。相关人员应记录每次更换消耗品的名称和更换时间，建立设备信息档案备查。

图 2-10 进气端过滤器活瓣的更换及维护前后对比

图 2-11 呼出阀膜片的更换及维护前后对比

（三）报警功能检查

医疗设备管理人员或厂家工程师应每 6 个月进行呼吸机的预防性维护，除了呼吸机内部除尘清洁和更换易损件消耗品以外，还应对呼吸机性能进行必要的检测。主要是针对呼吸机报警及安全系统的检查（包含通用报警、危险输出报警、通气参数报警）。

1. 通用报警检查项目

（1）防误操作电源开关：在开机状态下，触碰电源开关，模拟误操作动作，判断电源开关是否可以防止误操作。

（2）静音功能：模拟任一参数，调整报警限，使其产生声光报警，然后按静音键，报警声音应消失，并伴有相应的闪烁指示。

（3）静音时限：模拟任一参数，调整报警限，使其产生声光报警，按静音键后，同时用秒表记录静音时间，判断在 120s 内声音报警是否重启。

（4）报警设置：在检查通气参数报警功能的时候，可以同时验证报警设置是否在规定调节的范围内连续可调并持续显示。

（5）断电报警：取出呼吸机内部电池，开机后，断开外部电源，观察呼吸机声光报警功能是否启动，并以秒表记录报警持续时间是否超过 120s。装入内部电池，开机后再次断掉外部电源，呼吸机应转换至内部电源供电，且报警信号不启动。

（6）内部电源：在内部电源工作（即采用内部电池供电）状态下，继续进行后续的检查与校准工作，直至内部电源耗尽，观察呼吸机是否启动紧急声光报警，然后再接通外部电源，观察呼吸机是否显示进入充电状态。

2. 危险输出报警检查项目

（1）空气、氧气混合系统一路气体缺失或供气压力不足：在正常工作状态下，将空气或氧气任一路气源管路脱开，观察呼吸机有无相应的气源报警，并观察呼吸机是否能在单气源的状态下继续维持通气状态，将氧气输出压力调至小于说明书规定的低压报警值，观察呼吸机有无"氧气压力低"报警。

（2）误调节的预防措施：根据旋钮或软键盘防止误调节的方式检查此功能，在设置机械通气参数后，模拟误操作，参数应不可调节，并伴有警示信息。

（3）患者回路过压保护装置（最大压力上限）：将压力报警上限设定为 12kPa，增大潮气量，当气道峰值压力达 12kPa 时，应伴有声光报警，且过压保护功能启动，多余气体旁路排放，呼吸机切换至呼气相。

3. 通气参数报警检查项目　呼吸机工作于 VCV 模式，参数设置为潮气量 VT=400ml、通气频率 f=20 次/分、吸呼比 I：E=1：2、PEEP=0.2kPa 和吸入氧浓度 F_iO_2=40%的条件下，依次检查通气参数各项声光报警功能。

（1）每分通气量报警：将每分通气量报警上限设定低于 8L/min 的水平，应有每分通气量上限报警；将每分通气量报警下限设定高于 8L/min 的水平，应有每分通气量下限报警。

（2）气道压力报警：将气道压力报警上限设为 0.5kPa，呼吸机每次通气至气道压力上限时，伴有气道压力上限报警，并迅速切换至呼气相；将呼吸管路脱开，应有气道低压报警。

（3）氧浓度报警：将氧浓度报警上限设为低于 40%时，呼吸机应有氧浓度上限报警；将氧浓度报警下限设定高于 40%时，应有氧浓度下限报警。

（4）通气频率报警：将通气频率上限设为低于 20 次/分时，呼吸机应有通气频率上限报警；将通气频率报警下限设为高于 20 次/分时，应有通气频率下限报警。

（5）呼气末正压报警：将 PEEP 报警上限设定低于 0.2kPa，呼吸机应有呼气末正压上限报警；将 PEEP 报警下限设定高于 0.2kPa，呼吸机应有呼气末正压下限报警。

（6）通气窒息报警：将机械通气模式设定为辅助或自主通气，在无触发或呼吸回路开放的条件下，呼吸机应有窒息报警。同时观察呼吸机是否自动切换到控制通气模式。

（四）电气安全检测

电气安全是医疗设备安全体系中的一个重要领域。医疗设备的电气安全是指采取相应措施，避免由医疗设备自身缺陷或使用不当等因素引起的对人员或设备本身造成的电损伤。医疗设备通用电气安全质量检测是保护医护人员和患者生命安全的有效措施，在安全预防上的作用和意义突出。设备的电气安全是设备最基本的安全要素。

如图 2-12 所示，连接呼吸机和测试装置，接通检测仪器及呼吸机电源。首先对检测仪器的探测电缆进行归零校准，之后使用测试探针依次连接呼吸机的保护接地端子、等电位端子等位置，记录分析仪读数。同时在整个测量期间不得改变检测仪的电阻。保护接地阻抗的最大值（包括单个仪器的固定连接电源线，或者只能使用工具拆卸的电源线）均不得超过 0.2Ω。

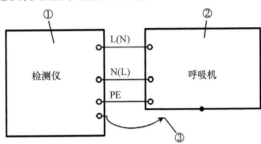

图 2-12　保护接地阻抗测试
①检测仪器；②被检设备；③检测仪器探测电缆

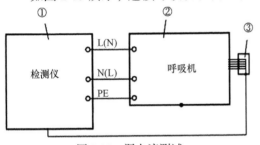

图 2-13　漏电流测试
①检测仪器；②被检设备；③呼吸机应用部件

如图 2-13 所示，连接呼吸机和测试装置，接通检测仪器电源。将检测仪的功能旋钮切换至漏电流档，测量时，先断开测试线测量对地漏电流。之后再将测试线依次与被测设备的外壳接地点、呼吸管路、模拟肺等相连，分别记录检测仪读数。进行第二次测试时，将电源插头的零、火线对调插入插座中。很多检测仪器都能通过内部转换开关模拟极性反转后的电源插头。测试完毕后，一定要将被测设备恢复至原始的位置。

（五）通气参数检测

通气参数检测项目包括潮气量、呼吸频率、气道峰压、呼气末正压、吸气氧浓度等。检测前，检查被检测呼吸机的外观、附件、气源、呼吸管路等连接状况，开机检查呼吸机通气功能是否正常。然后，正确连接呼吸机测试仪和模拟肺，并按呼吸机测试仪说明书要求对其进行开机预热。对各项通气参数的检测，采用多点测量法，分别记录测试仪实际测量值与呼吸机监测示值，计算各检测点的示值误差。呼吸机各通气参数的检测方法将在本节"第四部分物理参数的质量控制检测"中详述。

出于呼吸机安全使用的原则，呼吸机应至少每年按要求（即参照厂家说明、相关标准及计量校准规范）做一次质量控制，对于使用频率高的呼吸机，如急诊抢救室、麻醉恢复室等，建议进一步缩短检测周期，以保证更好地掌握设备运行状况和参数的准确性。主要内容为对呼吸机的报警功能、通气参数及电气安全等项目进行检测。对于参数超出规定范围的呼吸机应当立即停止使用，校准维修后检测通过才能使用。同时，呼吸机测试仪和电气安全测试仪按要求每年需要返厂或送第三方权威机构进行计量校准，并出具相关报告或证书。

呼吸机的科学管理、维护和保养是一项十分重要且复杂的工作，其中对呼吸机进行质量控制是最重要的环节。对呼吸机进行必要的质量控制，目的就是使呼吸机在临床应用中符合相关标准和技术规范的要求，从而保证其在使用中处于安全、准确有效的工作状态，降低由于呼吸机参数不达标造成的医疗事故风险。医疗设备管理人员应该全面掌握呼吸机知识，熟知呼吸机质量控制中的每一个细节问题，这样才能做好呼吸机的质量控制工作。

四、物理参数的质量控制检测

对有创呼吸机（以下简称呼吸机）在第一次使用前的检测及使用过程中的周期性检测，均应按照 JJF 1234—2018《呼吸机校准规范》进行，以确保其物理性能的准确和统一。

JJF1234—2018 适用于有创呼吸机，不适用于无创呼吸机、高频喷射呼吸机、高频振荡呼吸机和急救呼吸机，也不适用于医院中使用的仅用作增加患者通气量的设备，这一点在实际开展质量控制工作时需着重注意。

（一）检测参数

JJF1234—2018 中规定呼吸机检测的物理参数主要包括潮气量、呼吸频率、气道峰压、呼气末正压和吸气氧浓度。

1. 潮气量　为患者单次吸入或呼出气体的体积，对呼吸机而言，指机器每次向患者传送的混合气体的体积，单位为毫升或升（ml 或 L）。

JJF1234—2018 规定呼吸机潮气量相对示值误差应满足以下要求：对于输送潮气量＞100ml 或者每分通气量＞3L/min 的呼吸机，相对示值误差不超过±15%。对于输送潮气量≤100ml 或每分通气量≤3L/min 的呼吸机，应满足使用说明书的相关要求。

2. 呼吸频率　为每分钟以控制、辅助或自主方式向患者送气的次数，单位为次/分。

JJF1234—2018 规定呼吸机呼吸频率最大允许误差应满足以下要求：设定值的±10%或±1 次/分，两者取绝对值大者。

3. 气道峰压　为气道压力的峰值，单位为 kPa。

JJF1234—2018 规定呼吸机气道峰压最大允许误差应满足以下要求：±（2%FS+4%×实际读数）。

4. 呼气末正压　为呼气末气道压力值，单位为 kPa。

JJF1234—2018 规定呼吸机呼气末正压最大允许误差应满足以下要求：±（2%FS+4%×实际读数）。

5. 吸气氧浓度　为患者吸入的混合气体中，氧气所占的体积百分比。

JJF1234—2018 规定呼吸机吸气氧浓度最大允许误差应满足以下要求：吸气氧浓度体积分数在 21%～100%范围，最大允许误差±5%（体积分数）。

（二）检测装置

呼吸机检测设备包括检测标准器、主要配套设备及检测介质，它们是开展呼吸机质量控制检测的设备基础。JJF1234—2018 中对呼吸机检测设备的技术要求作出规定。

1. 检测标准器：呼吸机测试仪　　是用于检测呼吸机的专用医学计量质控设备。目前常用的呼吸机测试仪有美国 FULKE 公司生产的 VT plus HF（图 2-14）、瑞典 Imtmedical 公司生产的 PF-300、美国 TSI 公司生产的 4080 系列、美国 METRON 公司生产的 QA-VTM 等。JJF1234—2018 中规定用于检测呼吸机的呼吸机测试仪技术指标需满足以下要求：

图 2-14　VT plus HF 型呼吸机测试仪

流量范围：0.5～180.0L/min；最大允许误差：±3%。

潮气量：0～2000ml；最大允许误差：±3%或者 ±10ml。

呼吸频率：1～80 次/分；最大允许误差：±3%。

压力范围：（0～10）kPa；最大允许误差：±0.1kPa。

氧浓度：21%～100%；最大允许误差：±2%（体积分数）。

此外，呼吸机测试仪还应具备以下功能：

呼吸机测试仪应具备气体流量测量兼容性，可以测量空气、氧气和空氧混合气体等介质气体流量。

呼吸机测试仪应具备气体流量测量参考或补偿标准功能：具有环境温度、环境大气压（ATP）；标准温度（0℃或21℃）、标准大气压（101.325kPa）（STP）；体温、环境大气压、饱和湿气（BTPS）等补偿能力。

2. 主要配套设备：模拟肺　　是模拟呼吸系统的装置，一般是模拟其力学性质。模拟肺分为被动型和主动型，前者无动力源，只能在和其连接的呼吸机（或者其他外力）作用下模拟某些呼吸参数；后者有动力元件，可以自主地模拟多种呼吸状态。通常检测呼吸机时使用的模拟肺为被动型，主要用于模拟患者肺部产生的顺应性、气道阻力等呼吸参数。

被动模拟肺（图 2-15）一般采用双夹板气囊结构。气囊可以更换，以模拟不同的潮气量。夹板的弹性可以调节，以模拟肺的顺应性。利用球阀模拟呼吸道阻力，可调节螺钉模拟管道的漏气情况。这种模拟肺结构简单、成本低，但无法模拟患者的自主呼吸状态，无法测试、评价呼吸机的同步性能。JJF1234—2018 中规定用于检测呼吸机的模拟肺技术指标需满足以下要求：

模拟肺容量：0～300ml 和 0～1000ml。

肺顺应性：50ml/kPa、100ml/kPa、200ml/kPa 和 500ml/kPa，可根据需要进行选择。

气道阻力：0.5kPa/（L·s⁻¹）、2.0kPa/（L·s⁻¹）和 5.0kPa/（L·s⁻¹），可根据需要进行选择。

图 2-15 被动模拟肺

3. 检测介质：医用氧气、医用压缩空气 检测呼吸机时使用的医用氧气和医用压缩空气应符合 GB/T 8982—2009《医用及航空呼吸用氧》和《中华人民共和国药典》（2015 年版）中规定的要求。

（三）检测方法及数据处理

1. 潮气量相对示值误差的检测 如图 2-16 所示，正确连接被检测呼吸机、呼吸机测试仪和模拟肺，并按说明书要求对相关设备进行开机预热。此步骤中，需注意使用清洁或者消毒后的呼吸管路连接呼吸系统。此外，如待检测呼吸机为传染患者使用的呼吸机，检测前应采取必要的去污染措施。

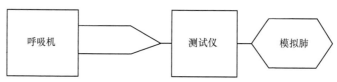

图 2-16 呼吸机检测系统连接示意图

根据呼吸机类型不同，分别连接模拟肺和成人或婴幼儿呼吸管路，并按表 2-6 或表 2-7 中的条件和参数对潮气量进行检测。

（1）成人型呼吸机（adult ventilator）：在 VCV 模式和 f=20 次/分，I：E=1：2，PEEP=0.2kPa 或最小非零值，F_iO_2=40%的条件下，分别对 400ml、500ml、600ml、800ml 等潮气量检测点进行检测，设定条件见表 2-6。每个检测点分别记录 3 次呼吸机潮气量监测值和测试仪潮气量测量值。此步骤中，需注意如果被检测呼吸机中没有上述通气模式，则选择与之类似的通气模式。

表 2-6 成人型呼吸机潮气量检测表

检测条件 可调参数	模拟肺（0～1000ml）				
	VCV 模式，f=20 次/分，I：E=1：2，PEEP=0.2kPa，F_iO_2=40%				
设定值（ml）	400	500	600	800	1000
顺应性（ml/kPa）	200	200	200	500	500
气道阻力（kPa/（L·s⁻¹））	2	2	2	0.5	0.5

（2）婴幼儿型呼吸机（pediatric ventilator）：在 VCV 模式和 f=30 次/分，I：E=1：1.5，

PEEP=0.2kPa 或最小非零值，F_iO_2=40%的条件下，分别对 50ml、100ml、150ml、200ml和 300ml 等潮气量检测点进行检测，设定条件见表 2-7。每个检测点分别记录 3 次呼吸机潮气量监测值和测试仪潮气量测量值。

表 2-7 婴幼儿型呼吸机潮气量检测表

检测条件 可调参数	模拟肺（0~300ml）				
	VCV 模式，f=30 次/分，I：E=1：1.5，PEEP=0.2kPa，F_iO_2=40%				
设定值（ml）	50	100	150	200	300
顺应性（ml/kPa）	50	50	100	100	100
气道阻力（kPa/（L·s⁻¹））	5	5	2	2	2

（3）数据处理方法：潮气量相对示值误差按下列公式计算：

$$\delta_V = \frac{\overline{V}_0 - \overline{V}_m}{\overline{V}_m} \times 100\% \qquad (2\text{-}4)$$

式中，δ_V 为被检测呼吸机潮气量相对示值误差，单位为%；$\overline{V}_0$ 为被检测呼吸机潮气量 3 次监测值的算术平均值，单位为 ml；$\overline{V}_m$ 为测试仪潮气量 3 次测量值的算术平均值，单位为 ml。

此步骤中，需注意如被检测呼吸机不具备潮气量监测功能时，公式中 $\overline{V}_0$ 指该呼吸机潮气量的设定值。

2. 呼吸频率相对示值误差的检测

（1）按照图 2-16 所示正确连接被检测呼吸机、呼吸机测试仪和模拟肺，并按说明书要求对相关设备进行开机预热。此步骤中，需注意使用清洁或者消毒后的呼吸管路连接呼吸系统。此外，如待检测呼吸机为传染患者使用的呼吸机，检测前应采取必要的去污染措施。

在 VCV 模式和 V_T=400ml，I：E=1：2，PEEP=0.2kPa，F_iO_2=40%的条件下，分别对 40 次/分、30 次/分、20 次/分、15 次/分和 10 次/分等呼吸频率检测点进行检测，每个检测点分别记录 3 次呼吸机呼吸频率监测值和测试仪呼吸频率测量值。

（2）数据处理方法：呼吸频率相对示值误差按下列公式计算：

$$\delta_f = \frac{\overline{f}_0 - \overline{f}_m}{\overline{f}_m} \times 100\% \qquad (2\text{-}5)$$

式中，δ_f 为被检测呼吸机呼吸频率相对示值误差；$\overline{f}_0$ 为被检测呼吸机呼吸频率 3 次监测值的算术平均值，单位为次/分；$\overline{f}_m$ 为测试仪 3 次测量值的算术平均值，单位为次/分。

此步骤中，需注意如被检测呼吸机不具备呼吸频率监测功能时，公式中 $\overline{f}_0$ 指该呼吸机呼吸频率的设定值。

3. 气道峰压示值误差的检测

（1）按照图 2-16 所示正确连接被检测呼吸机、呼吸机测试仪和模拟肺，并按说明书要求对相关设备进行开机预热。此步骤中，需注意使用清洁或者消毒后的呼吸管路连接呼吸系统。此外，如待检测呼吸机为传染患者使用的呼吸机，检测前应采取必要的去污染措施。

在 PCV 模式和 f=15 次/分，I：E=1：2，PEEP=0，F_iO_2=40%的条件下，分别对呼吸机 1.0kPa、1.5kPa、2.0kPa、2.5kPa 和 3.0kPa 等气道峰压检测点进行检测，每个检测点分别记录 3 次呼吸机气道峰压监测值和测试仪气道峰压测量值。

（2）数据处理方法：气道峰压示值误差按下列公式计算：

$$\delta_P = \bar{p}_0 - \bar{p}_m \qquad (2\text{-}6)$$

式中，δ_P 为被检测呼吸机气道峰压示值误差，单位为 kPa；$\bar{p}_0$ 为被检测呼吸机气道峰压 3 次监测值的算术平均值，单位为 kPa；$\bar{p}_m$ 为测试仪 3 次测量值的算术平均值，单位为 kPa。

此步骤中，需注意如被检测呼吸机不具备气道峰压监测功能时，公式中 $\bar{p}_0$ 指该呼吸机气道峰压的设定值。

4. 呼气末正压示值误差的检测

（1）按照图 2-16 所示正确连接被检测呼吸机、呼吸机测试仪和模拟肺，并按说明书要求对相关设备进行开机预热。此步骤中，需注意使用清洁或者消毒后的呼吸管路连接呼吸系统。此外，如待检测呼吸机为传染患者使用的呼吸机，检测前应采取必要的去污染措施。

在 PCV 或 VCV 模式和 IPL=2.0kPa 或 V_T=400ml，f=15 次/分，I：E=1：2，F_iO_2=40%的条件下，分别对呼吸机 0.2kPa、0.5kPa、1.0kPa、1.5kPa 和 2.0kPa 等呼气末正压检测点进行检测，每个检测点分别记录 3 次呼吸机呼气末正压监测值和测试仪呼气末正压测量值。

（2）呼气末正压的检测方法及数据处理：呼气末正压示值误差按下列公式计算：

$$\delta = \bar{y}_0 - \bar{y}_m \qquad (2\text{-}7)$$

式中，δ 为被检测呼吸机呼气末正压相对示值误差，单位为 kPa；$\bar{y}_0$ 为被检测呼吸机呼气末正压 3 次监测值的算术平均值，单位为 kPa；$\bar{y}_m$ 为测试仪 3 次测量值的算术平均值，单位为 kPa。

此步骤中，需注意如被检测呼吸机不具备呼气末正压监测功能时，公式中 $\bar{y}_0$ 指该呼吸机呼气末正压的设定值。

5. 吸气氧浓度示值误差的检测

（1）按照图 2-16 所示正确连接被检测呼吸机、呼吸机测试仪和模拟肺，并按说明书要求对相关设备进行开机预热。此步骤中，需注意使用清洁或者消毒后的呼吸管路连接呼吸系统。此外，如待检测呼吸机为传染患者使用的呼吸机，检测前应采取必要的去污染措施。

在 VCV 模式和 V_T=400ml，f=15 次/分，I：E=1：2，PEEP=0.2kPa，的条件下，分别对 21%、40%、60%、80%和 100%等吸气氧浓度检测点进行检测，每个检测点分别记录 3 次呼吸机吸气氧浓度监测值和测试仪吸气氧浓度测量值。

（2）数据处理方法：吸气氧浓度示值误差按下列公式计算：

$$\delta = \bar{m}_0 - \bar{m}_m \qquad (2\text{-}8)$$

式中，δ 为被检测呼吸机吸气氧浓度示值误差，单位为%；$\bar{m}_0$ 为被检测呼吸机吸气氧浓度 3 次监测值算术平均值，单位为%；$\bar{m}_m$ 为测试仪 3 次测量值的算术平均值，单位为%。

此步骤中，需注意如被检测呼吸机不具备吸气氧浓度监测功能时，公式中 $\bar{m}_0$ 指该呼吸机吸气氧浓度的设定值。

（四）需要注意的问题

1. 呼吸机测试仪环境修正模式设置对潮气量检测数据的影响　根据理想气体状态方程可知一定质量的气体，其体积、压强和温度之间有一定关系。因此环境温度、大气压力等会对呼吸机潮气量检测结果产生影响。为保证检测数据的准确，检测设备（呼吸机测试仪）内均设有环境修正模式选项，通过正确设置该参数并与待检测呼吸机一致，可以将环境条件对潮气量检测结果的影响减小到最小。

目前常见的环境修正模式有：ATP、BTPS、STPD$_0$等。

ATP：自动温度、压力修正模式，即按照当前环境温度和大气压力值修正仪器流量测量结果。根据气体湿度情况还可以分为ATPD（干空气）和ATPS（饱和湿空气）。

BTPS：温度为37℃、环境大气压、饱和湿空气修正模式。

STPD$_0$：温度为0℃、一个标准大气压、干空气修正模式，该修正模式在有些仪器中也显示为"0/1013"。

以上各修正模式间有如下换算关系：

$$Q_{BTPS} = Q_{ATPS} \times \left(\frac{P - P_{H_2O}}{P - 47} \right) \left(\frac{310}{273 + t} \right) \tag{2-9}$$

$$Q_{STPD_0} = Q_{ATPS} \times \left(\frac{P - P_{H_2O}}{760} \right) \left(\frac{273}{273 + t} \right) \tag{2-10}$$

$$Q_{STPD_0} = Q_{ATPD} \times \left(\frac{P}{760} \right) \left(\frac{273}{273 + t} \right) \tag{2-11}$$

式中，Q_{BTPS} 为 BTPS 修正模式下流量值，Q_{ATPS} 为 ATPS 修正模式下流量值，P 为环境大气压力值，P_{H_2O} 为饱和水蒸气压力分量，t 为环境温度值，Q_{STPD_0} 为 STPD$_0$ 修正模式下流量值，Q_{ATPD} 为 ATPD 修正模式下流量值。

使用呼吸机测试仪检测呼吸机潮气量参数时，测试仪环境修正模式的设置会对流量测量数据产生影响。呼吸机测试仪潮气量测量值是通过测试仪内部对流量测量值进行积分或累加得到的，故潮气量测量值也会受测试仪环境修正模式设置的影响。在实际检测呼吸机潮气量参数时，应注意正确设置呼吸机测试仪环境修正模式，即在保证测试仪环境修正模式与待检测呼吸机一致的前提下，尽量接近实际检测环境条件，这点在工作中需要着重注意。

2. 呼吸机测试仪气体类型设置对潮气量检测数据的影响　呼吸机测试仪流量测量值与被测量气体的黏滞系数有关，而气体的黏滞系数由气体的成分类型决定。目前在用的呼吸机测试仪内部均可以设置测量气体类型，通常气体类型包括：氮气、氧气、空气、二氧化碳等。使用呼吸机测试仪检测呼吸机潮气量参数时，气体类型设置是否正确会对检测结果产生影响。当测试仪气体类型设置符合实际检测条件时，测试仪流量测量值与实际流量值接近；当测试仪气体类型设置不正确时，测试仪流量测量值与实际流量值之间将存在较大偏差。

在实际检测呼吸机潮气量参数时，应注意正确设置呼吸机测试仪气体类型，以保证检测数据准确。

3. 检测呼吸机"吸气氧浓度"参数时，应注意的问题 目前呼吸机测试仪中测量氧浓度采用电化学测量传感器（俗称氧电池）。该传感器工作原理是利用传感器中的电化学物质与环境中氧分子发生化学反应产生电流，通过测量电流值的强弱间接得到环境中氧分子的浓度。电化学传感器具有响应时间间短、测量精度高、体积小等优点。但由于电化学物质与氧分子发生的化学反应不可逆，随着该传感器中的电化学物质的减少，传感器测量氧浓度的能力不断下降会影响氧浓度测量精度。传感器测量能力下降程度与其中电化学物质消耗程度有关，通常其使用寿命为 1 年。呼吸机测试仪氧浓度检测数据会随时间（传感器中电化学物质的消耗）逐渐降低，在实际检测呼吸机吸气氧浓度参数前，应先检查测试仪氧浓度传感器状态，如测量数据过低应及时更换传感器，以保证检测数据准确。

习　　题

1. 呼吸过程包含哪几个基本环节？
2. 肺通气的直接动力是什么？原动力是什么？
3. 肺通气过程中，气体进入肺的过程受哪两方面因素相互作用？
4. 肺通气阻力包括哪两大类？
5. 弹性阻力来源是什么？
6. 肺通气量的概念及计算方法是什么？
7. 机械通气的发展历程大体分为哪几个阶段？
8. 呼吸机按动力来源分为哪几类？呼吸机按切换方式可以分成哪几类？
9. 请简要说明呼吸机的工作原理。
10. 呼吸机主要由几个部分组成？
11. 呼吸机风险管控主要包括哪些方面？
12. 简述呼吸机风险管控中应注意的人员因素。
13. 由使用人员引发的呼吸机风险危害主要有哪些方面？
14. 简述呼吸机购入前的风险管控措施。
15. 简述呼吸机风险管控中对耗材和常用配件的管控措施。
16. 简述呼吸机风险管控中应注意的环境因素及管控措施。
17. 试列举 3 项国际标准化组织制定涉及呼吸机质量控制的国际标准。
18. 简述 GB 9706.28—2006 中对治疗呼吸机潮气量、各项压力参数最大允差的规定。
19. 简述高频通气呼吸机的通气方式特点及适用患者。列出涉及高频喷射呼吸机的医药行业标准。
20. 分别列出涉及治疗呼吸机、急救/转运呼吸机的医药行业标准。简述以上标准中对潮气量参数最大允差的规定。
21. 试列举 4 项涉及呼吸机相关配件或辅助设备的医药行业标准。
22. 医疗机构中呼吸机的质量控制主要从哪些方面实施？
23. 预防性维护分为几级？分别由哪些部门或人员执行？
24. 呼吸机气源涉及哪几种？输入气源压力要求范围多少？
25. 呼吸机质量验收环节中，应核对哪些设备资料信息？

26. 呼吸机日常检查项目包含哪些项目？有何特殊要求？
27. 呼吸机质量控制检测主要包含哪些物理参数？
28. 以潮气量参数检测为例，简述呼吸机质量控制检测的操作流程。
29. 呼吸机质量控制检测中，潮气量示值误差如何计算？
30. 简述呼吸机质量控制检测中，设置检测标准器的环境修正模式的意义。

第三章 麻醉机质量控制技术

第一节 麻醉机的原理与应用

一、麻醉与麻醉机

（一）麻醉

麻醉是指通过物理或化学方法，使患者的整体或局部暂时性地失去感觉，呈现可逆性的意识消退、痛觉丧失、肌肉松弛和反射抑制，为手术治疗或其他医学诊疗提供条件。麻醉主要分为全身麻醉（general anesthesia，简称全麻）、椎管内麻醉和局部区域阻滞麻醉，它们的基本作用是有针对性地在人体不同部位阻断痛觉的传导。临床上，麻醉医师可以根据手术或医学诊疗要求和患者情况选择适宜的麻醉措施。

麻醉药经呼吸道吸入或静脉输注、肌内注射进入人体，在中枢神经系统产生抑制作用，临床表现为神志消失、全身痛觉丧失、遗忘、反射抑制和一定程度的肌肉松弛，这种方法称为全身麻醉。目前，临床全身麻醉主要使用吸入麻醉、静脉麻醉及这两种方法联合应用的复合麻醉。吸入麻醉和静脉麻醉应用方式如图 3-1 所示。

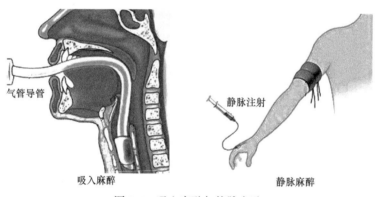

气管导管　　　　　　　　　　　静脉注射

吸入麻醉　　　　　　　　　　　静脉麻醉

图 3-1　吸入麻醉与静脉麻醉

吸入麻醉是指挥发性麻醉药或麻醉气体经呼吸系统吸收进入血液，在脑组织中达到一定浓度，从而抑制中枢神经系统，产生全身麻醉（神志、感觉、运动及反射方面的抑制）的方法。临床上主要是通过麻醉机向患者输出浓度精确的吸入麻醉药，从而实现全身麻醉。在吸入麻醉药物中，除了常温下的氧化亚氮（俗称"笑气"）是气体外，其他麻醉药物均为液体，在使用过程中，需要通过专用的装置（蒸发器）使液态麻醉药物挥发、汽化，再与氧气混合后进入患者的呼吸系统。因此，这类药物称为挥发性吸入麻醉药，相对于麻醉效能较弱的氧化亚氮，这类药物也被称为强效麻醉药。目前，临床上强效吸入麻醉药主要使用的是 5 种挥发性液体。

为了加以区别和安全应用，一般使用不同的颜色代表指定的吸入麻醉药。5 种常用的挥发性吸入麻醉药及其对应颜色规定见表 3-1。

表3-1 5种挥发性吸入麻醉药及其对应颜色规定

中文名	英文名	缩写	颜色
氟烷	halothane	HAL	红色
恩氟烷	enflurane	ENF	橘黄色
地氟烷	desflurane	DES	蓝色
异氟烷	isoflurane	ISO	紫色
七氟烷	sevoflurane	SEV	黄色

1. 影响吸入麻醉药进入体内的主要因素

（1）麻醉药的吸入浓度：吸入浓度越高，肺泡中麻醉药的浓度也越高，弥散到血液循环系统并进入体内的吸入麻醉药就会越多。因此，通过增加或减少蒸发器的输出浓度和氧气流量，可以调节麻醉药的吸入浓度。

（2）肺泡每分通气量：当增加潮气量和呼吸频率时，肺泡每分通气量也会增加，从而在单位时间内有更多的吸入麻醉药进入人体内。

（3）心输出量：一般是指一侧心室每分钟射血的总量，其数值可以由每搏输出量乘以心率获得。心输出量增加，肺泡的血流量增加，血流从肺泡中带走并进入体内的吸入麻醉药也会随之增加。

（4）吸入麻醉药的血/气分配系数：指在正常体温条件下，吸入麻醉药在血和气两相中达到平衡时的浓度比值（即吸入麻醉药在血中的溶解度）。血/气分配系数与吸入麻醉药的可控性有密切关系，麻醉药在血液中的溶解度越低，在肺泡、血液及中枢神经系统中分压上升越迅速，因而具有更高的可控性。

（5）吸入麻醉药的油/气分配系数：油/气分配系数越高，越容易进入脂质的神经细胞膜，吸入麻醉强度也就越大。

2. **吸入麻醉的实施过程** 分为3个阶段，即诱导、维持和复苏。在这3个阶段中，麻醉医师通过调整蒸发器的麻醉药输出浓度、氧流量及呼吸参数，可以控制吸入麻醉药浓度及扩散速度，从而完成对患者吸入麻醉的阶段控制。

（1）诱导阶段：患者从清醒状态转变为可以进行手术操作的麻醉状态的过程称为麻醉诱导，这一过程需要以较快的速度将较高浓度的麻醉药吸入到体内。诱导周期通常为数分钟至数十分钟，其诱导时间主要取决于麻醉药物作用的快慢、患者的耐受状况及麻醉操作速度。吸入麻醉药进入患者呼吸道以后，在肺泡经过气/血交换进入到血液系统，再由血液循环输送到大脑、脊髓等中枢神经系统，直接对中枢神经系统产生抑制，从而实现全身的麻醉效应。吸入麻醉药很少在体内代谢，绝大多数经过血液系统再回到肺泡，周而复始，达到气/血交换的平衡。

麻醉诱导分为浓度递增的慢诱导法和高浓度的快诱导法。慢诱导法通过麻醉面罩进行充分的吸氧去氮后，打开蒸发器开始给予低浓度的吸入麻醉药，让患者深度呼吸，如果需要可插入口咽或鼻咽通气导管，以维持呼吸道通畅，同时检测患者对刺激的反应，若反应消失，则可准备开展手术操作。高浓度快诱导法是先用面罩吸 6L/min 纯氧去氮 3 分钟，然后吸入高浓度麻醉药（如 8%七氟烷），让患者深呼吸以尽快进入麻醉状态。吸入麻醉诱导的舒适性和速度低于静脉诱导，单纯的吸入麻醉诱导适用于不宜用静脉麻醉及不易保持静脉开放的小儿患者等。

（2）维持阶段：麻醉诱导完成后，只需要适当加用麻醉药即可维持足够的麻醉深度，这个阶段称为麻醉维持。进入麻醉维持期可以将蒸发器输出浓度调到合适（比诱导期低）的浓度，氧流量调到较低水平，进行低流量麻醉维持。

吸入麻醉维持可采用吸入挥发性麻醉药及麻醉气体、复合应用静脉麻醉药或麻醉性镇痛药，可以应用肌松药，也可以采用复合区域阻滞。维持阶段在满足手术要求的条件下，还应满足患者无痛、无意识、肌肉松弛及器官功能正常、应激反应得到抑制、水电解质及酸碱保持平衡、丢失血液得到及时补充等手术要求。手术中，根据手术特点、术前用药及患者对麻醉和手术刺激的反应调节麻醉深度。在每分通气量不改变时，可以通过调节挥发罐开启浓度和增减新鲜气流量改变麻醉深度。

（3）复苏阶段：吸入麻醉患者的复苏可以看作吸入麻醉药的洗出过程。停止麻醉时，首先关闭蒸发器，再将氧流量增高，以加速肺泡气体中的麻醉药周转至体外，实现麻醉药的排出。当肺泡内的麻醉药浓度降到较低水平后，麻醉效应逐渐消失，患者复苏。

（二）麻醉机

麻醉机（anesthetic machine）是一种可以对多种气体和挥发性麻醉药进行精确输送和调控、支持与辅助患者呼吸的专用医疗设备。麻醉机的基本任务是支持吸入麻醉及在麻醉过程中的呼吸管理。

自 1846 年乙醚吸入麻醉得到医学界认可以来，吸入麻醉管理设备主要有早期的乙醚吸入器、氯仿吸入器、开放点滴面罩等简单器械。早期的乙醚吸入器是一具球形玻璃器，其两端各有一乙醚吸入口和呼出口，球内放一团纱球，乙醚吸入麻醉得到世界承认以后，19 世纪的麻醉前辈们常常要携带自己制作的、仅仅是放在外衣口袋中的简单工具，甚至使用报纸、毛巾、帽子等家用品作为替代物来完成医疗服务。1867 年 Junker 完成了第一台氯仿吸入器的制作，广泛应用于英国和欧洲其他各国。1870 年前后，早期的麻醉工作者向剧场照明行业学习，开始借用剧场盛放照明气体的小型金属钢瓶填充氧化亚氮和氧气压缩气体。因为当时没有理想的减压装置，储气钢瓶内的压缩气体需先释放到一个储气囊内，然后再用于吸入麻醉。1908 年，Ombridanme 在吸入器上设计增加了面罩。20 世纪初，施行全身麻醉时，开始创造出简单的麻醉器具，如 Esmarch 口罩，由钢丝网构成，上蒙以数层纱布，用乙醚滴瓶点滴使患者吸入乙醚挥发气。随后作了改进，将口罩与患者面部接触部分卷边，以防止乙醚流到患者面部及眼内引起刺激和伤害。

1901 年，Dräger 父子共同制成世界上第一台简单的麻醉机。1902 年，又发明了滴注器，接着氧-氯仿麻醉机诞生，之后全球第一台商用"滴入麻醉药"麻醉机应运而生，被命名为"Roth-Dräger"，首次建立了"定量麻醉"的概念，由此 Dräger 公司也广为人知。到1911 年，世界上第一台具有机械通气功能的麻醉装置 Dräger-Roth-Krönig 麻醉机研发成功，掀开了机械通气的历史。尽管如此，当时的机械通气准确度还不够，操作也比较复杂。1926年，Model A 麻醉机成为第一台混合氧气、氧化亚氮和乙醚，并重复吸入的麻醉设备。因为其具有独立的吸气和呼气管路、低阻力的云母薄片阀门，可部分或全部旁路吸收的二氧化碳吸收罐，另外装有手动皮囊用于手动通气，且具有可根据需要对呼吸机阀门和压力限制阀进行控制的性能，因此，Model A 麻醉机为现代麻醉技术的发展奠定了坚实的基础。1934 年，Dräger 公司发布 Tiegel Dräger 麻醉机和全球第一个麻醉蒸发器"Ether"，同时第一次用活性炭吸附患者呼出气中的乙醚。1948 年，Model F 麻醉机具有了回路系统，特点是可用氧气、氧化亚氮和乙醚，还可连接环丙烷和二氧化碳作为附加气体，是世界上第一台使用流量计控制气体流量的气动吸引麻醉机。1952 年，全球第一台自动容量控制的呼吸机"Pulmomat"研发成功，并在 1959 年生产出第一台电动压缩机驱动的呼吸机"Spiromat 5000"，实现了对潮气量、呼吸频率及吸呼比的准确自动控制，初步完成了麻醉呼吸机的自动化。1953 年，麻醉机首次引入氧化亚氮切断装置，在保证患者安全方面具有里程碑意义。此时乙醚麻醉已有近百年历史，自氟烷出现后，乙醚渐渐退出麻醉历史舞台。之后 Dräger 迅速发展了高精度的氟烷蒸发器，蒸发器开始采用自动温度补偿或自动压力补偿。1960 年，氟烷蒸发器被整合应用到 Octavian 麻醉机上。1988 年，Dräger 发布全球第一台麻醉工作站 Cicero，第一次提出"综合性操作"概念：具有中央电源开关、统一的分级报警体系、电动呼吸机和自检功能的麻醉工作站，适用于低流量和微流量麻醉，动态顺应性补偿技术应用于新生儿并配备电子流量计。1996 年，Dräger 发布 Julian 麻醉工作站。2001 年，Primus 代替 Julian、Cicero 麻醉工作站，并迅速成为麻醉工作站的新基准。2002 年，Dräger 推出 Zeus 麻醉工作站。2012 年在阿根廷世界麻醉学术会议上，Dräger 公司发布了以涡轮呼吸机为基础的新一代的麻醉工作站 Perseus A500，宣布麻醉呼吸机进入涡轮式时代。涡轮呼吸机是一种纯压力源的驱动装置，可以提供持续气源，所以以此为基础可研发出更加先进的通气模式，这使麻醉机的实际应用范围进一步扩大。

与 Dräger 公司一样，美国 Datex-Omeda 公司同样是世界著名的麻醉机生产厂商之一，具有百余年的历史。该公司在 1999～2002 年研发了一个新的麻醉机系列：Aespire 系列麻醉机。Aespire 系列麻醉机利用了低流量麻醉、微流量麻醉、紧闭式麻醉等麻醉新技术，可以满足临床麻醉医师对麻醉机的需求。目前，Datex-Omeda 在国内销售的产品主要分两大系列：Aespire 系列和 Aestiva/5 系列。2003 年，通用电气公司(GE 公司)并购了 Datex-Omeda 公司的母公司 Instrumentarium 公司。2004 年年底，公司相继推出了全新的麻醉工作站 Avance，与 Dräger 公司的高档麻醉机相竞争。

我国麻醉机的研究和应用起步较晚，但发展速度较快。1951 年 5 月，陶根记医疗器械工厂从美军剩余物资中找到麻醉机样品和资料，仿照美国 Ohio 小型麻醉机，制成我国首台麻醉机。1983 年 8 月，上海医疗器械厂试制成功 MHJ-Ⅰ型麻醉机，其主要技术指标和性能均能满足临床要求，具有操作简便、装拆容易、结构合理和合乎当时国情等特点。1984 年，该厂研制成 MHJ-Ⅱ型立式麻醉机，该麻醉机改变了传统的内回路麻醉方式，与国际上麻醉气路方式相一致，结构紧凑，安全可靠，使用方便，成为各类医院乐于使用的产品。1988 年，上海医疗设备厂在引进组装多功能麻醉机的基础上，研制成 MHJ-ⅠA 型多功能麻醉机。1989 年 4 月，上海医疗设备厂研制成 MHJ-ⅡA 型麻醉机，配置血压计和氧不足报警器，提高了整机安全性能。1990 年 7 月，又研制成 MHJ-ⅠA 型中档麻醉机，增加氧化亚氮与氧气自动配比联动装置。2001 年，北京谊安世纪医疗器械有限公司成立，致力于我国麻醉机和呼吸机等医疗仪器的研发。2001 年，谊安 Aeon 系列麻醉机首次亮相于深圳医疗器械博览会。2002 年，谊安相继推出 Aeon7300A 麻醉机和 Aeon 7400A 麻醉机，同年 10 月，推出 Aeon7500A 麻醉工作站。Aeon7500A 麻醉工作站，是国内首款采用电机阀控制流量、实现通气模式自动控制的高品质麻醉机，于 2003 年获批成为国家火炬计划项目，并成为当年抗击 SARS 的主要医疗仪器之一。2005 年，谊安麻醉机正式走向国际市场，Aeon7400A 麻醉机获得欧盟 CE 认证。随后，适应车载、船载环境的 Aeon7600A 麻醉机，配备电力流量计、集成度高的 Aeon7900D 陆续上市，适应了我国国防卫勤保障需求。2008

年，谊安与美国 Datascope 公司合作开发的 AS3000 麻醉机是国内首款通过美国 FDA 认证的麻醉机。AS3000 麻醉机在多方面进行了技术突破，配置具有自动反馈控制 PCV 通气模式。2012 年之后，谊安麻醉机开始了全面技术升级。Aeon 系列第二代产品 Aeon8000 系列和新机型 AG 系列先后推出，将中国、欧盟、美国三种技术标准进行融合，从各个方面提升了产品临床使用能力并提高了用户操作体验。2006 年，深圳迈瑞生物医疗公司涉足国际先进的麻醉机、监护仪设计与制造，推出国内首款电子化、插件式 WATO 系列麻醉机。定位于中高端的 WATO 系列麻醉机，具有多种呼吸控制模式、精确的麻醉药物浓度调控、麻醉监护一体化等特色功能，并具有加热流量传感器、动态潮气量补偿、智能报警等技术功能，使潮气量监测更加准确、麻醉更安全。

综上所述，自 20 世纪初叶世界上第一台可持续供氧的麻醉机 Roth-Dräger 问世以来，麻醉机经历了 100 多年的发展历程，作为一种重要的麻醉设备逐步走入了人们的视野。到 20 世纪 50 年代，供气系统、流量控制系统、麻醉蒸发器和麻醉回路成为麻醉机的重要组成部分。20 世纪 80 年代，麻醉通气系统和麻醉废气清除系统逐渐成为麻醉机的重要功能模块。其后，随着电子工业发展和计算机广泛应用，患者生理监测、麻醉信息管理及计算机网络开始纳入麻醉机的技术管理系统，这种集吸入麻醉、呼吸管理、生理监测、信息处理和网络功能为一体的复合设备，构成了现代麻醉工作站（anesthetic work-station）。麻醉机从最初单纯靠控制氧气和麻醉剂混合量来实现麻醉效果的简单医疗器械到现在成为具备全面监测人体生理特征各项指标的麻醉系统的医疗器械，麻醉技术和麻醉机在这一个多世纪的时间里不停地发展进步。

（三）麻醉机的分类

1. 根据呼吸驱动控制方式分类 麻醉机可分为气动气控麻醉机、气动电控麻醉机和电动电控麻醉机。

麻醉机工作时需要借助外部驱动力将新鲜气体送入患者呼吸道，如果这个外部驱动力是由气体产生的，称为气动；如果驱动力是由电气产生的，则称为电动。另外，麻醉机还需要控制器来实现控制通气的节律。如果控制器是由气体控制的，称为气控；如果控制器是由电气控制的，则称为电控。

（1）气动气控麻醉机是由气体作为驱动动力，并由气体控制机械通气的麻醉机，世界上最早出现的麻醉机就是气动气控麻醉机。这种麻醉机原理简单，可实现的功能有限，不能满足现代临床的需求，已基本被淘汰，当前仅限于兽用或应用在某些特殊的医疗环境（如 MRI 的高磁场环境）。气动气控麻醉机的原理如图 3-2 所示。

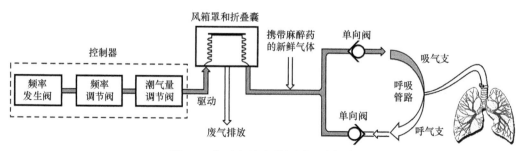

图 3-2　气动气控麻醉机原理示意图

气动气控麻醉机的控制器由频率发生阀、频率调节阀、潮气量调节阀组成，这三个阀都是由气体控制。频率发生阀与频率调节阀协同动作完成对呼吸频率的控制，潮气量控制阀则可以控制潮气量，隔离装置由风箱罩和折叠囊组成。控制器控制输出的驱动气体推动折叠囊上下运动，产生呼吸通气。

（2）气动电控麻醉机是由气体做驱动动力，通过电力控制通气的麻醉机。气动电控麻醉机的原理如图 3-3 所示。

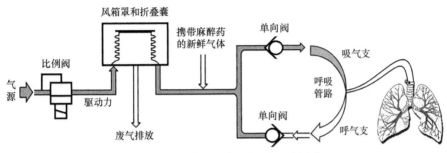

图 3-3　气动电控麻醉机原理示意图

气动电控麻醉机的控制器实际上是一个电气控制的比例阀。比例阀通过程序控制，产生有节律的驱动气体推动折叠囊往复运动，以产生呼吸通气。气动电控麻醉机的通气动力是气体驱动，呼吸的节律和潮气量则由电气控制。现在临床应用的麻醉机基本都是气动电控麻醉机。

（3）电动电控麻醉机是完全使用电气驱动的麻醉机，与气动电控麻醉机的主要不同之处在于它的驱动力也是靠电气装置实现的。针对如何产生具有一定气压的驱动力分类，目前电动电控麻醉机主要有连杆式和涡轮机式两种。

1）连杆式电动电控麻醉机：原理如图 3-4 所示。连杆式电动电控麻醉机的控制器是一个电动机与气缸，电动机旋转带动连杆结构水平往复运动，推动气缸内的隔离膜不断地排气与抽气，产生机械通气。通过改变电动机的转动速度，即可调整连杆结构水平往复运动速率，从而调整呼吸频率。

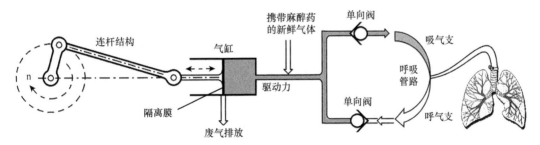

图 3-4　连杆式电动电控麻醉机原理示意图

2）涡轮机式电动电控麻醉机：原理如图 3-5 所示。涡轮机式电动电控麻醉机的原理与气动电控麻醉机相似，只不过它的气源是涡轮机。涡轮机的作用就是产生一定气压的压缩空气，通过压缩空气来增加进气量，以产生麻醉机所需要的驱动力。

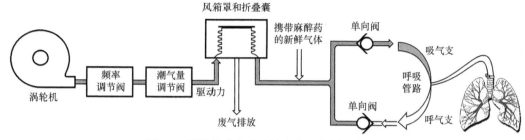

图 3-5 涡轮机式电动电控麻醉机的原理示意图

2. 根据麻醉机应用目的分类 麻醉机可以分为普通麻醉机、便携麻醉机、MRI 麻醉机、兽用麻醉机等。

（1）普通麻醉机是临床常用的麻醉机，通常具有吸入麻醉、呼吸管理、监测和数据输出等功能。

（2）便携麻醉机是指用于急救或转运的麻醉机。便携麻醉机因为要用于院外的急救和转运，所以它的体积小、重量轻、便于携带，具有配备电池供电功能。便捷麻醉机具有吸入麻醉、呼吸管理和监测功能，通常不要求数据输出。

（3）MRI 麻醉机是指可应用于磁共振成像（MRI）环境的麻醉机。由于在 MRI 环境下，普通的电子设备无法正常运行，所以 MRI 麻醉机主要是纯机械的气功气控麻醉机，它只有吸入麻醉和呼吸管理功能。

（4）兽用麻醉机是专门应用于动物的麻醉机。不同的动物体型和呼吸通路不同，对麻醉机通气要求也存在差异。由于兽用麻醉机现在还没有统一标准，所以通常改造使用气动气控麻醉机或者应用简单的普通麻醉机。兽用麻醉机的通气模式一般比较简单，也没有数据输出的功能。

3. 其他分类方式 按照流量高低可分为高流量麻醉机（最低流量大多在 0.5L/min 以上）和低流量麻醉机（最低流量可达 0.02L/min 或 0.03L/min）。按患者年龄可分为成人用麻醉机、小儿用麻醉机和成人小儿兼用麻醉机。按吸入方式可分为空气麻醉机、直流式麻醉机和循环紧闭式麻醉机。

二、麻醉机的工作原理

现代麻醉机临床应用的基本原理如图 3-6 所示。吸气时，吸气支的单向阀推开，呼气支的单向阀关闭，气体被压入患者的肺中。呼气时，呼气支单向阀被推开，吸气支单向阀关闭，患者的肺脏通过自身的弹性收缩将气体排出。新鲜气体可以补充患者必需的氧气，并同时携带适量的麻醉气体。患者呼出气体中含有一定量的麻醉气体，麻醉机可以通过隔离装置回收麻醉气体，对手术室环境仅排放废气，以减小环境危害。

现代麻醉机是麻醉医师实施麻醉必须使用的基本设备，它具有三项基本功能：①给患者提供氧气，确保患者身体氧合作用正常进行，维持生命所需；②给患者提供正压通气，保证有足够的氧气进入患者肺部进行气体交换，同时让患者排出二氧化碳，维持正常通气；③给患者提供麻醉药，通过输送气体和挥发性麻醉剂，并采取有效手段精确控制麻醉剂量，为患者实施适当深度的麻醉。

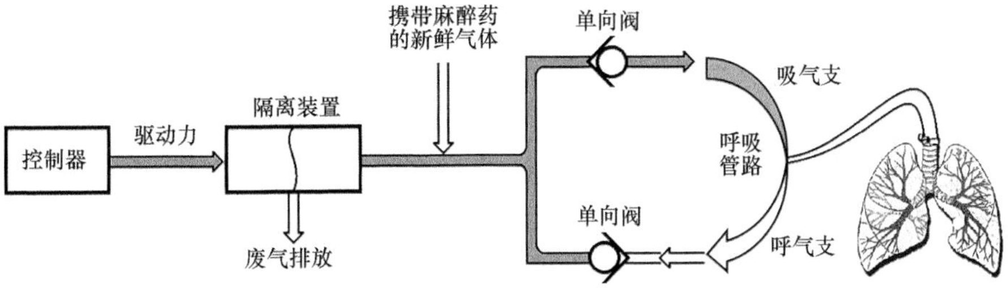

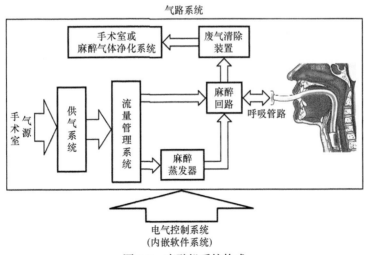

图 3-6　麻醉机临床应用的基本原理示意图

现代麻醉机一项重要的功能就是在吸入麻醉实施过程中对患者实施呼吸管理，从而为患者提供充足的氧气，保证患者在麻醉过程中呼吸功能的稳定。吸入麻醉正是通过麻醉机提供的各种机械通气模式，实现对患者的呼吸管理。当患者处于麻醉状态特别是全身麻醉状态时，常会出现中枢性的呼吸抑制，特别是有时为了满足手术要求，所使用的肌松类药物，会导致患者的自主呼吸全部或部分消失。通过麻醉机提供的机械通气，就可以有效避免患者出现缺氧及二氧化碳潴留。麻醉呼吸机能够提供不同的通气模式，如容量控制模式、压力控制模式、压力支持模式、同步间歇指令通气模式、呼气末正压通气模式等，其中容量控制模式是麻醉机必备的基本通气模式。麻醉实施过程中，要根据患者的具体情况选择通气模式和设置呼吸参数，调节氧流量并及时补充二氧化碳吸收剂（如碱石灰等），为患者提供充足的氧气，清除多余的二氧化碳，保证患者在麻醉过程中呼吸功能的稳定。

三、麻醉机的系统构成和主要模块

（一）系统构成

麻醉机由气路系统、电气控制系统和内嵌软件系统 3 大部分组成，它的系统构成如图 3-7 所示。

图 3-7　麻醉机系统构成

1. 气路系统　麻醉机的气路系统可以分为 5 个组成部分，即供气系统、流量管理系统、麻醉蒸发器、麻醉回路和废气清除装置。

（1）供气系统：接入手术室气源，对气源进行压力调节和分配的装置。供气系统中内置多个传感器，可以为电气系统提供多路气源状态的电气检测信息。

（2）流量管理系统：对气体进行分配与控制的管理装置。流量管理系统将气体分为两部分，一部分输入至麻醉蒸发器，并按预知比例携带麻醉气体进入麻醉回路；另一部分气体直接进入麻醉回路。流量管理系统中有各种传感器和控制阀，电气系统通过采集各路传感器的信号检测气体的流动状态，并通过各种控制阀来控制麻醉机的相应操作。

（3）麻醉蒸发器：也称为麻醉挥发罐、麻醉蒸发罐，是麻醉机输入挥发性麻醉药物的重要组成部分。麻醉蒸发器的质量不但标志着麻醉机的制造水平，也关系到吸入麻醉的临床效果与成败，直接涉及患者的麻醉安全。麻醉蒸发器的基本原理是利用周围环境温度和热源的变化，将麻醉药物转换成蒸发气体，通过一定容量的载气（一部分气体携带饱和麻醉气体）形成预设浓度的麻醉蒸气流直接进入麻醉回路。

（4）麻醉回路：患者气体交换的装置。麻醉回路的一端连接患者的呼吸系统，另一端连接废气清除装置。同样，麻醉回路中也有各种传感器，通过传感器的信号采集系统可以检测呼吸回路的运行状态。

（5）废气清除装置：利用负压原理，收集麻醉机内多余的残气和患者呼出的废气，并通过通风净化管道将其排出手术室，以免造成手术室内的空气污染。

2. 电气控制系统 麻醉机的电气控制系统分为电源管理系统、检测与控制系统、用户界面系统和报警系统。麻醉机控制系统由多块控制电路板组成，甚至内部嵌有智能控制软件。

（1）电源管理系统：负责整机的供电和开关机管理。手术室专用工频电源接入麻醉机的电源管理系统后，电源管理系统将 220V 交流电转换成各种直流电压，为麻醉机的各电气控制系统供电。电源管理系统还承担备用电池的管理与使用功能，其中包括交流电源断电后备用电池自动切换、供电电源的逆变、备用电池的自动充电和充电控制等。

（2）检测与控制系统：主要承担各种传感器的检测、各种阀门的控制功能，同时实现各种复杂的通气模式算法。麻醉机上所有传感器的信号输出端都与其控制系统连接，检测与控制系统会将各个传感器的检测信号进行单独处理，并通过计算转换成流速、压力等物理量。检测与控制系统根据用户的设置和采集到的传感器数据，通过内嵌于单片机的软件系统运算后，实时控制各种电磁阀的机械动作，实现不同的通气模式。

（3）用户界面系统：是供用户观察和操作的平台，通常包括电路板、显示屏、按键、飞梭按键等。麻醉机各系统的信息都要汇集到用户界面系统，并实时地显示，如波形显示、数据显示、报警显示等。同时，用户还可以在用户界面系统上进行麻醉机的各种操作与设置，如通气模式设置、通气参数设置和报警参数设置等。

（4）报警系统：负责检测并判断报警状态，发送报警信息和执行报警操作。报警系统能检测麻醉机各系统的状态，判断是否需要警示。报警系统如果发现麻醉机处于需要警示状态，会立刻向用户界面系统发送相关的报警信息，由用户界面系统显示。对于一些严重、特殊的状态，报警系统不仅可以发送报警信息，还会立刻自动执行某些保护性操作，使麻醉机切换到相对安全的运行模式。

以下以谊安 AG50A 麻醉机为例介绍麻醉机的各主要组成模块（图 3-8）。

（二）供气系统

麻醉机需要的气源有 3 种气体，即氧气、空气和氧化亚氮。按照麻醉机使用的国家标准，麻醉机还需要提供一路辅助氧气输入接口，以备主氧气气源发生故障时使用。相应地，麻醉机有 3 种气源接口，分别为氧气气源接口、空气气源接口和氧化亚氮气源接口。国家标准对这 3 种接口的规格有明确规定，目的是使其在使用过程中不会发生误接。麻醉机的 3 种气源接口如图 3-9 所示。

通过麻醉机的供气系统，可以实现手术室气源的接入、过滤、减压和分配等功能。供气系统的运行原理如图 3-10 所示。

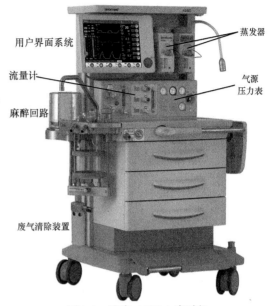

图 3-8　谊安 AG50A 麻醉机

图 3-9　麻醉机的三种气源接口

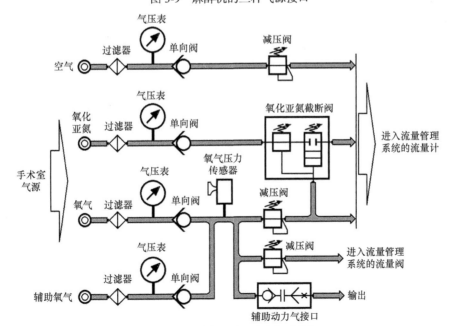

图 3-10　供气系统运行原理框图

手术室氧气气源（包括辅助氧气源）接入麻醉机后，经过过滤器和单向阀后分成3路，一路经过减压阀，进入麻醉机流量管理系统的流量计，并同时控制氧化亚氮截断阀；另一路经减压阀，进入麻醉机流量管理系统的流量阀；还有一路直接输出，作为辅助动力气接口。各气源的接口处设有气压表的采样点，接入气压表能实时监测气源压力。同时，在气源的入口还接有氧气压力传感器，它们可以实时地将气源的状态转换成电信号，并传送到电气控制系统。

手术室氧化亚氮气源接入麻醉机，经过滤器、单向阀和氧化亚氮截断阀后，进入麻醉机流量管理系统的流量计。其中，氧化亚氮截断阀由氧气气源控制，目的是确保氧气供气不足时能及时截断氧化亚氮。氧化亚氮气源的入口处也接有气压表，可以实时显示氧化亚氮气源的压力。

空气气源经过滤器、单向阀和减压阀，进入麻醉机流量管理系统的流量计。空气气源的入口处也有气源压力表，以显示空气气源压力。

1. 气源　目前，国内大多数医院都建设了医院集中供气系统，手术室内的墙壁（或塔桥）都装有供气终端接口，通过气源管道可以连接麻醉机。现在也有部分医院或者科室没有集中管道供气系统，麻醉机只能应用单机管道供气，即使用医用气瓶，气瓶经高压减压器和气源管道连接到麻醉机。麻醉机一般都有气瓶安装支架（YOKE 装置），可以放置气瓶直接为麻醉机供气。YOKE 装置能实现气瓶接口连接、气瓶固定和减压。

医院集中供气系统的气源通过气源管道接入麻醉机，气源管道的一端安装快插接头，用于连接手术室的供气终端；另一端安装螺纹接头，与麻醉机的相应接口连接。连接麻醉机的气源管道颜色也要符合相应的规定，医用气体或混合气体的符号与颜色见表 3-2。

表 3-2　医用气体或混合气体的符号与颜色

医用气体或混合气体	符号	颜色
氧气	O_2	天蓝色、黑字
氧化亚氮	N_2O	银灰色、黑字
医用空气	Air	黑色、白字
麻醉气体净化系统	AGSS	红紫色

2. 过滤器（filter）　是输气管道上不可缺少的装置，通常安装在设备的进气端，用来过滤杂质。麻醉机的过滤器安装在进气接口处，以过滤气体中的颗粒性杂质，防止这些杂质进入麻醉机甚至进入患者呼吸系统。

3. 气源压力表（pressure gauge）　以现场的大气压作为参比量，指示相对压强（表压）。麻醉机的气源压力表显示的都是表压。麻醉机通常需要 4 个气源压力表，其中 2 个监测氧气气源压力，1 个监测空气气源压力，1 个监测氧化亚氮气源压力。

氧气气源压力表、空气气源压力表和氧化亚氮气源压力表的监测限值都是 1MPa，正常压力范围是 280～600kPa。

4. 减压阀　主要作用是将气源减压并稳定到一个恒定值，以使调节阀能够获得稳定的气源压力。麻醉机输入气体的允许压力范围为 280～600kPa，即麻醉机的工作压，但是这个压力仍然不能直接应用于患者。为了患者的安全及提供更稳定的流速，麻醉机内通常会增加一级减压阀，使输出气压稳定在 200kPa 左右。

5. 氧化亚氮截断阀　麻醉机的氧气气源压力降低时，氧气的流量也随之降低，如果这时的氧化亚氮流量维持不变会使输出混合气体的氧浓度降低，造成患者缺氧。为了避免患者缺氧，国家标准规定麻醉机输出气体的氧浓度不得低于 19%。因此，需要麻醉机在氧气气源压力降低至不能维持正常工作时，立即切断氧化亚氮的供应，保证输出气体的氧浓度不会低于19%。麻醉机通过氧化亚氮截断阀实现这个功能。

6. 气源压力报警器　麻醉机的氧气气源通常有 2 个基本功能，一是为麻醉机提供氧气，二是作为机械通气的驱动源。如果氧气气源的压力不足，不仅会造成患者缺氧，同时还会导致麻醉机不能完成正常的机械通气。为了避免氧气气源压力过低，当氧气气源压力低于正常值时，麻醉机必须发出氧气气源压力过低报警信息。

（三）流量管理系统

流量管理系统（traffic management system）是麻醉机重要的功能模块，可以实现补充气体（携带一定浓度麻醉药的新鲜气体）和机控通气的管理与供给。麻醉机的流量管理系统分为 2 个部分：一部分是补充气体管理，这部分的气体直接进入患者体内，为患者提供新鲜的氧气和麻醉气体；另一部分是机控通气管理，这部分气体仅提供动力和控制节律，并不进入患者体内。

流量管理系统的原理如图 3-11 所示。

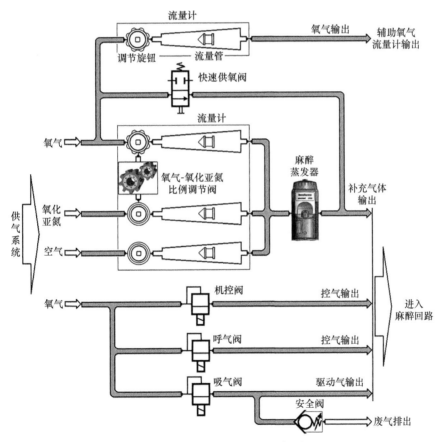

图 3-11　流量管理系统原理框图

经供气系统过滤和分压处理后，氧气、氧化亚氮和空气分别接入流量管理系统。这 3 种气体各有一路流量计，通过流量计调节配比并控制补充气体的流量。

麻醉机的流量计包括氧气流量计、氧化亚氮流量计和空气流量计，每个流量计都分别由调节旋钮和流量管组成，通过调节旋钮，可以调控各自气体的流量，通过流量管能实时显示该流量大小。在氧气调节旋钮与氧化亚氮调节旋钮之间，连接着一个氧气-氧化亚氮比例调节阀，用来控制氧气和氧化亚氮的输出比例，以确保氧浓度不会低于19%。经流量计配比的气体进入麻醉蒸发器（麻醉蒸发器的旁路器）后，可以携带一定浓度的麻醉蒸发气进入麻醉回路系统。

氧气供气中分出一路接入到快速供氧阀，这一路氧气不经过流量计和麻醉蒸发器，直接进入麻醉回路系统，可以快速供氧。快速供氧通常有2个用途，一是患者刚连入通气管路时，折叠囊中没有气体，需要按动快速供氧按钮，对折叠囊快速充气；二是在手术过程中，因为管路脱落或者更换钠石灰等突发事件，折叠囊的气体会快速排光，重新接好后也需要通过按动快速供氧按钮快速使气体充满折叠囊。

氧气还要分出一路接到辅助氧气流量计。辅助氧气流量计也通过调节旋钮调节该氧气流量，并由流量管显示其流量的大小。辅助氧气流量计可以提供一路可调节、实时显示流量的氧气。

供气系统还单独为机控通气管理提供一路氧气。这一路氧气经过吸气阀，作为驱动气体进入麻醉回路系统。吸气阀是一个电气控制阀，可以控制通气节律和潮气量。在这一路的吸气阀的后端连接了一个安全阀，以确保气道压力太高时安全泄气。这一路氧气还另外分出两路控气，一路控气经机控阀进入麻醉回路系统，通过控制输出的气体可以进行麻醉回路手动与机控模式的切换；另一路控气经过呼气阀进入麻醉回路系统，控制患者的呼气。这里使用的机控阀和呼气阀都是电气控制阀。

（四）麻醉蒸发器

麻醉蒸发器（vaporizer）是一种能将液态挥发性吸入麻醉药转变成蒸气，并按一定浓度输入到麻醉回路的专用装置。麻醉蒸发器的外部结构如图3-12所示。麻醉蒸发器的基本功能包括有效地蒸发挥发性麻醉药，精确控制挥发性麻醉药的输出浓度。

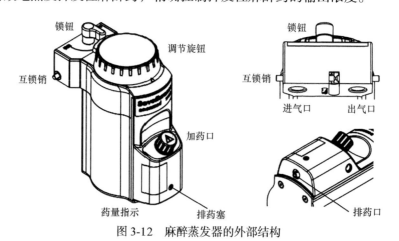

图3-12 麻醉蒸发器的外部结构

麻醉蒸发器是麻醉机的重要组成部分，它的质量直接影响吸入麻醉的临床效果，标志着麻醉机的水平。良好的蒸发器应该操作简单，输出浓度精确，受温度、流量、压力等因素的影响小。麻醉蒸发器的结构原理，如图3-13所示。

麻醉蒸发器由调节控制阀和蒸发室这2个部分组成。调节控制阀是用来调节和设置麻醉药的输出浓度，蒸发室可以实现麻醉药的汽化，并使其与输出气体充分混合。从流量计输出的补充气体进入麻醉蒸发器后分成2路，一路补充气体由旁路直接进入麻醉回路；另一路气体进入麻醉蒸发器的蒸发室，携带饱和的麻醉蒸气后，与旁路的补充气体汇合，一并进入麻醉回路。

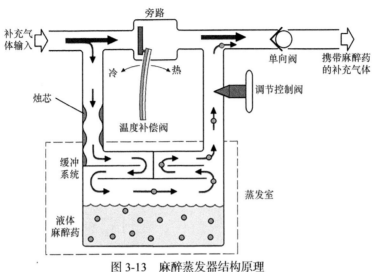

图 3-13　麻醉蒸发器结构原理

影响蒸发器输出蒸气浓度的因素主要有：大气压，新鲜气流量，温度，载气成分、泵吸效应和麻醉药量。

（1）大气压降低，气体密度减低，流入蒸发室的气体受到的阻力变小，载气量增加，则蒸发器输出的蒸气浓度升高。反之，大气压高，输出蒸气浓度降低。

（2）在经过蒸发器的新鲜气流量极低或极高时，蒸发器的输出浓度可能会出现一定程度的降低。

（3）温度的变化可直接影响蒸发效能：除室温外，麻醉药在蒸发过程中消耗热能使液温下降是影响蒸发器输出的蒸气浓度的主要原因。

（4）流经蒸发器的载气成分可影响蒸发器的输出浓度：氧化亚氮增高时蒸发器输出浓度即下降，以后略有回升。反之，停用氧化亚氮改用纯氧气时，蒸发器输出浓度会一过性升高。

（5）间歇正压通气和快速充氧可使蒸发室受到间歇逆压，表现为蒸发器的输出浓度高于刻度数值，称为"泵吸效应"。泵吸效应在低流量、低浓度设定及蒸发室内液体麻醉药较少时更加明显。此外，呼吸机频率越快、吸气流速越高或呼气期压力下降越快时，泵吸效应越明显。

（6）蒸发室内麻醉药量的多少会影响输出浓度：现在使用的蒸发器为了增加蒸发面积多采用吸液芯，当麻醉药太多时，吸液芯浸入药液的部分也多，从而减少了有效蒸发面积，降低了蒸发效能。反之，药液太少，不能提供足够的药液接触面，也会影响输出浓度。

（五）麻醉回路

麻醉回路（anesthetic circuit）又称麻醉通气系统，是麻醉机直接管理患者呼吸气体和人工通气的管道系统。通过麻醉回路，麻醉机可以为患者提供麻醉混合气体，并与患者进行正常的氧气、二氧化碳交换。麻醉回路的基本功能：接收并储存来自麻醉主机的新鲜气流；向患者提供吸入气体；处理并回收患者的呼出气体；提供自主呼吸和控制通气条件；为麻醉监测系统提供监测信息。

现代麻醉机上使用的麻醉回路基本都是紧闭式回路。紧闭式吸入麻醉中，患者的呼气和吸气交换均在一个紧闭的回路内进行，所以，气体较为湿润，麻醉药和气体消耗较小，室内空气污染少。紧闭式麻醉回路的原理如图 3-14 所示。吸气时，吸气单向阀打开，呼气单向阀关闭，折叠囊下压或手动皮囊捏紧，气体经过流量传感器、吸气单向阀压入到患者肺部。呼气时，吸气单向阀关闭，呼气单向阀打开，在患者肺弹性收缩的压力下，呼出气体经过二氧化碳回收罐吸收二氧化碳，存储到折叠囊或手动皮囊中，供下一次吸气重复使用。

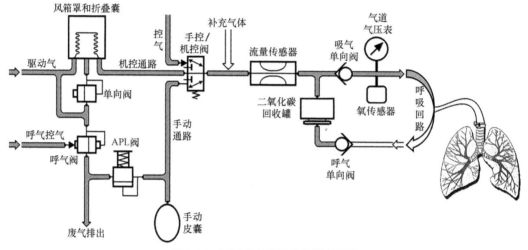

图 3-14　紧闭式麻醉回路的原理框图

1. 手动/机控阀　用来切换麻醉回路的手动通气模式和机控通气模式。当切换到手动模式时，手动皮囊与回路联通，捏动手动皮囊可以实现通气。手动通气的潮气量与呼吸节律，完全由麻醉医师控制。当切换到机控通气模式时，风箱罩和折叠囊与回路联通，此时，通气的潮气量和节律由麻醉机控制。

2. 可调压力限制（adjustable pressure limiting valve，APL）**阀**　位于手动通气的回路中，只在手动通气模式下才有效。APL 阀的作用是限制手动通气过程中气道压力的上限，以保护患者免受气压伤。

3. 吸/呼气单向阀　麻醉回路的吸气与呼气单向阀的作用是分离呼吸气体，保证呼吸回路内的气体单向循环流动。由于实际回路通常使用圆形膜片，所以又常称其为吸气活瓣和呼气活瓣。

4. 二氧化碳回收罐（carbon dioxide recovery tank）　又称为钠石灰罐，主要作用是利用回收罐中的钠石灰（或钡石灰）吸收二氧化碳，并按需排放废气，储存麻醉气体和氧气。二氧化碳回收罐直接与呼吸道相通，协助完成呼吸全过程。

为了便于观察二氧化碳回收罐中钠石灰（或钡石灰）的使用状态，一般在其中添加 pH 指示剂。新鲜吸收剂在碱性环境下呈粉红色，碳酸堆积 pH 降低时由粉色变为无色，提示吸收剂失效。临床上判定二氧化碳吸收剂失效的指标为吸收剂变色、变硬、不发热。

5. 风箱罩和折叠囊　位于机控通气回路，它仅在机控通气中使用。风箱罩和折叠囊主要用途有以下几点。

（1）风箱罩和折叠囊是隔离驱动气体的装置。因为输送给患者的新鲜气体中携带有麻醉药蒸气，如果不加以隔离，每次通气都会有大量的麻醉药蒸气排出，将造成浪费，同时也会污染手术室环境。

（2）在机控通气过程中，折叠囊上下运动，麻醉医师可以观察到通气状况。

（3）风箱罩上有潮气量刻度，通过观察折叠囊运动的位移量，可以推算机控通气的潮气量。注意，风箱罩刻度仅是一个粗略的指示，不能作为潮气量的精准数值。

6. 风箱单向阀　位于折叠囊内部，用来控制呼气末溢气。风箱单向阀的工作过程如图3-15所示。

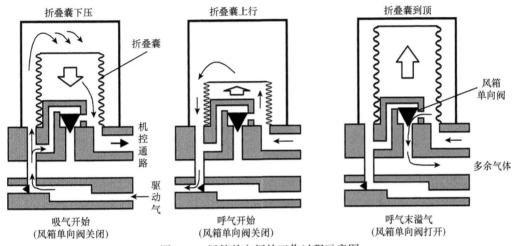

图 3-15　风箱单向阀的工作过程示意图

吸气时，驱动气压推动折叠囊下行，同时驱动气也会压紧风箱单向阀，使其不会漏气。呼气开始时，折叠囊上行，驱动气从呼气口排出。当折叠囊上行至顶端，如果仍有气体（多余的气体来自补充气体），压力上升会推开风箱单向阀，将多余的气体排出。风箱单向阀的开启压力必须要大于折叠囊本身重力产生的压力，否则在呼气时，折叠囊无法返回至顶端致使风箱的气容量不足。另外，风箱单向阀的开启压力也不能太高，否则会造成机控通气时，呼气末的压力过高。

7. 呼气阀　是一个压力控制阀，麻醉机控制可调的控气压力作用到呼气阀上，当气道内压力大于控气压力时，呼气阀打开排气。麻醉机通过控制不同的控气压力来调节患者的呼气末正压。

8. 气道压力表　用来指示患者的气道压力。气道压力表的示值范围通常为-20～100cmH$_2$O。气道压力表一般位于麻醉回路的吸气口端。

9. 气道压力传感器　麻醉机的控制系统通过压力传感器可以实时采集气道压力，并显示和控制通气。气道压力传感器的采样点一般也设在吸气口端。

10. 流量传感器　是测量呼吸回路气体流量的传感器。根据需要，麻醉机可以配置不同数量流量传感器。若配置2个流量传感器，这2个传感器一般分别位于麻醉回路的吸气口端和呼气口端，以检测麻醉机的吸气流量和呼气流量。若配置1个流量传感器，传感器通常位于患者近端（Y形三通的出口）或者麻醉回路的后端，该传感器必须可以进行双向气流采样，能同时检测吸气流量和呼气流量。

（六）废气清除装置

在临床应用中，麻醉机提供的新鲜气体量通常总是大于患者的需要量，尤其是在诱导和复苏的过程中需要快速升高或降低麻药浓度的情况下。因此，麻醉机应用中必然产生多余的麻醉废气。多余的麻醉废气直接排放到手术室内，会造成手术室环境污染。为此，现代麻醉机普遍应用全紧闭吸入麻醉技术，并引入了麻醉废气清除系统（anaesthetic gas scavenging system，AGSS）。

AGSS是连接麻醉回路的废气出口，可以清除其中的麻醉气体或将麻醉废气转移到手术室外的安全环境。目前，AGSS主要有吸附式和气体排放式。

1. 吸附式AGSS 又称麻醉净化装置，主要采用活性炭作为吸附剂，流过净化装置的麻醉药蒸气经活性炭吸附后，可以安全排放到手术室。活性炭的吸附作用主要在于活性炭表面具有许多不饱和碳链，它很容易与有机气体中氢或卤族元素结合。吸附的主要作用力是范德瓦耳斯力，它包括静电引力、诱导静电引力和色散力。温度越低，气压越高，吸附量将越大。这种分子间作用力的键能很小，在外部提供热能的情况下，即可释出被吸附物质。活性炭失效后，可以采用高温水蒸气吹洗的方式释放出吸附的麻醉药蒸气，然后烘干水蒸气即可恢复其吸附活性。

2. 气体排放式AGSS 是将麻醉机呼出的麻醉废气转移到适当排放处的完整系统。麻醉废气排放系统包括3个组成部分，即收集系统、传输系统和处理系统。这3部分的功能相对独立，但又是一个不可分割的整体。

AGSS收集系统通常安装在麻醉机上，通过与AGSS传输系统的接口连接，可以将麻醉废气传送到AGSS的处理系统中。收集系统的工作原理如图3-16所示。

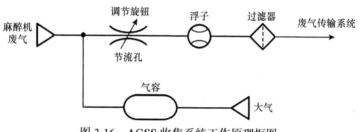

图3-16　AGSS收集系统工作原理框图

收集系统的进气口接麻醉机的废气排出口，出气口接AGSS的传输系统。节流孔由调节旋钮控制，用来调节AGSS的负压引流流量。浮子的作用是指示废气输出流量。过滤器能滤除杂质，防止处理系统管路堵塞。气容是麻醉机排出废气的储气腔，它的压力释放口与手术室大气相通，可以平衡气容与大气的压力。

传输系统的作用是将收集系统收集的废气输送到废气处理系统，传输系统通常采用软管，并用紫色标记。处理系统与收集系统的出气口连接，其动力装置通常为中心气体管理站的真空泵，真空泵在系统内形成负压和吸引气流。吸引气流是收集系统与处理系统间远距离管道转运的动力。

（七）电路控制系统

为使麻醉机能够按照预设的目标和流程正常工作，麻醉机配备有电路控制系统。电路控制系统以单片微处理器为核心，还具备相应的执行电路。麻醉机电路控制系统的主要作用：接收控制指令；按照预设的通气模式，正确驱动气路系统中的各类机控器件；采集并处理各种传感器的数据，并根据通气模式实时调整通气状态。

麻醉机的电路控制系统可以分为上位机、下位机及接口电路。整机控制系统如图 3-17 所示。

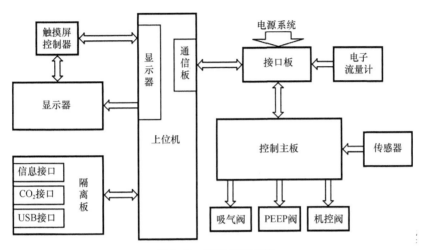

图 3-17　整机控制系统

（1）上位机单元包括一个完整的计算机系统、通信板（辅助控制电路）和隔离板等，主要作用是实现人机交互、界面显示和信息报警等功能，并通过隔离板实现麻醉机与外界安全的电气联系（隔离），隔离板是麻醉机与外部的接口扩展，可以连接信息接口、CO_2 接口、USB 接口等。

（2）下位机的核心是带有单片机系统的控制主板，它可以实现对所有传感器信号的采集和各类阀、泵的电气控制，并通过实时的数据处理与运算，完成对通气模式的实时控制。下位机需要电气连接氧传感器、流量传感器、气道压力传感器、吸气阀、呼气阀、手动/机控阀等。

（3）接口板的作用是提供上位机与下位机的通信联络，是上位机与控制主板连接的电路接口。

麻醉机需要电气连接各种传感器和执行器件。实际工作中，通过配套的传感器信号采集电路，实时对传感器的输出信号进行整形、放大处理，并输送给控制主板。控制主板通过分析传感器的数据，并根据通气模式需求，由相应的执行电路控制各类电磁阀（包括机控阀、比例阀、呼气阀等）的工作状态。麻醉机的主要执行电路包括：气体流量测量电路、气道压力测量电路、大气压力测量电路、氧浓度测量电路、气源压力测量电路、比例阀驱动电路。

（八）麻醉呼吸机

麻醉机要完成吸入麻醉，必须要通过机械通气的方式将麻醉药通过患者的呼吸系统注入体内，通气支持是麻醉机的基本功能之一，即麻醉机必须具有呼吸机的功能，这就是麻醉呼吸机。

在麻醉手术中，患者的肺脏不能正常工作，麻醉呼吸机除了要提供麻醉所需要的混合气体外，还要能够替代和控制患者的肺部正常呼吸节律，实现氧气供应和二氧化碳排出。因此，麻醉呼吸机必须具备：提供气体输送动力，代替人体呼吸肌群的功能；产生呼吸节律，代替人体呼吸中枢神经支配呼吸节律的功能；提供适宜的潮气量，满足呼吸代谢的需求的功能。

气体交换所需要的肺泡通气，是由节律性的吸气相和呼气相来实现的。吸气时，富含氧气的新鲜气体进入患者肺脏；呼气时，代谢产生的二氧化碳排出。人体正常呼吸时，吸气和呼气是通过胸腔有节律的扩大和缩小完成的，胸腔的扩大和缩小依赖于呼吸肌群的收缩与扩张。在麻醉手术中，由于呼吸肌群不能运动，因此，只能通过麻醉呼吸机给予的外力控制患者肺部有节律地呼吸。麻醉呼吸机的工作原理如图 3-18 所示。

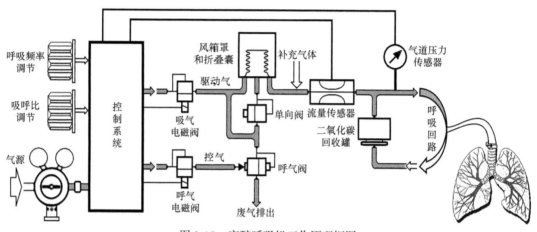

图 3-18　麻醉呼吸机工作原理框图

根据临床通气需要，麻醉呼吸机可以自行设定多种通气模式，通过调节呼吸频率和吸呼比，经驱动气、控气驱动折叠囊，控制完成患者的通气（吸气和呼气）。吸气时，吸气电磁阀打开，呼气电磁阀关闭，驱动气驱动折叠囊下行，气体被压入到患者的肺部；呼气时，吸气电磁阀关闭，呼气电磁阀打开，患者肺部的自主弹性收缩，将气体压回折叠囊。控制系统可以通过控制吸气电磁阀和呼气电磁阀的开启时序，调整呼吸频率和吸呼比。

麻醉呼吸机在呼吸回路中安装了气道压力传感器和流量传感器，可以实时监测呼吸近端的气道压和流量。根据呼吸回路的采样信息，控制系统通过调整吸气电磁阀电流强度实时调整阀口开度，进而实现对吸气流量和气道压力的智能调节。需要说明的是，麻醉呼吸机调整气道压是通过调节流速实现的。例如，吸气时气道压过高，则关闭气体输送，气体在肺泡内扩散，致使气道压下降。

1. 常用物理量　麻醉机工作过程中，是通过控制或调整不同物理量或功能参数实现对患者的机械通气的。

（1）潮气量（tidal volume，V_T）：是指静息状态下每次吸入或呼出的气量，它与患者的年龄、性别、体积表面、呼吸习惯、机体新陈代谢有关，成人一般为 400～500ml。

（2）每分通气量（minute ventilation，MV）：每分钟吸入或呼出患者肺部的气体体积，由潮气量与呼吸频率的乘积决定。

（3）肺顺应性：用来表示胸廓和肺组织弹性能力，即单位压力作用下的胸廓或肺脏容量的改变，可用肺部容量改变与压力改变的比值（L/cmH$_2$O）来表示。

（4）呼吸频率（$F_{req.}$）：是指每分钟设定的呼吸次数，单位为次/分。

（5）吸呼比（$I:E$）：是指每次呼吸的吸气与呼气（含屏气）时间的比值。

（6）呼气末正压（PEEP）：是指在呼气结束后的气道压力，单位为 cmH$_2$O。

（7）吸气流速（v）：是指在吸气周期麻醉呼吸机的给定流速，单位为 L/min。

（8）峰压（P_{peak}）：是指一个呼吸周期内最大气道压力，单位为 cmH$_2$O。通常给气结束时的气道压力为峰压，峰压是克服气道阻力和肺顺应性时产生的压力。

（9）平台压（P_{plat}）：是指在屏气期间气体在肺泡内充分扩散后的压力，单位为cmH$_2$O。通常屏气时间结束时的气道压力为平台压。

（10）压力上升斜坡时间（T_{slope}）：是指每次呼吸达到目标压力的时间，单位为 s。

（11）压力支持水平（ΔP）：是指在通气中需要给定的超出呼气末压力的压差，单位为cmH$_2$O。

（12）触发灵敏度（trigger）：是指患者产生触发通气的限值，即当检测到患者的触发达到这个限值时，麻醉呼吸机立刻产生触发通气。

2. 机械通气模式　根据人体呼吸需求，麻醉呼吸机的通气过程是，吸气时，通过呼吸道的开口（气管插管或气管切开插管）直接施加正压气体，压力要超过肺泡压从而产生压力差，致使气体能顺利地进入肺脏；呼气时，经过氧合作用的肺泡压高于大气压，以实现释放压力，依靠肺弹性肺泡将气体排出体外。麻醉手术中要根据麻醉的状态和患者体征，合理选择呼吸节律和给气方式，这统称为通气模式。

（1）间歇正压通气模式（intermitent positive pressure ventilation，IPPV）：根据设定的通气容量、呼吸频率和吸呼比来管理通气，保证潮气量的恒定，从而保障固定的每分通气量。IPPV 是最基本的麻醉通气模式，它的参数设置通常包括：潮气量、呼吸频率、吸呼比、屏气时间、呼气末正压、最大压力等。

（2）压力控制通气模式（pressure control ventilation，PCV）：是根据设定的目标压力来管理通气，通气容量（流速）是从属变化的，呼吸节律根据设定的吸呼比和呼吸频率执行。PCV 也是常用的麻醉通气模式之一，在临床上通常应用于儿童，目的是保护患者以免造成气压伤。PCV 模式的设置参数通常包括：目标压力、呼吸频率、吸呼比、压力上升斜坡时间、呼气末正压等。

（3）压力支持通气模式（pressure support ventilation，PSV）：属于部分通气支持模式，是患者触发、压力目标、流量切换的一种辅助机械通气模式。即患者触发通气并控制呼吸频率及潮气量，当气道压力达到预设的压力支持水平且吸气流速降低至低于阈值水平时，由吸气相切换到呼气相。压力支持通气通常应用于手术后恢复观察（苏醒）阶段，或者用于一些局部麻醉手术。

（4）同步间歇指令通气模式（synchronized intermittent mandatory ventilation，SIMV）：是自主呼吸与控制通气相结合的呼吸模式，在触发窗内患者可触发和自主呼吸同步的指令正压通气，在两次指令通气周期之间允许患者自主呼吸，指令呼吸以预设容量来进行，通过设定的频率和潮气量确保最低分钟量。SIMV 是与患者的自主呼吸相配合的通气模式，主要用于麻醉的苏醒阶段，可以有效地减少患者与呼吸机的拮抗，降低正压通气的血流动力学负效应，并能防止潜在的并发症（如气压伤等）。

3. 机械通气的补偿 临床应用时，麻醉呼吸机会根据设定的潮气量、呼吸频率、吸呼比等参数计算出需要给定的流速，目的是产生达到设定潮气量的输出。但是，麻醉呼吸机要通过呼吸管路连接到患者，由于这部分呼吸管路（尤其是波纹管）是柔性材料，会产生一定弹性阻力（顺应性），在通气过程中会造成一定量气体的损耗。管路越柔软，消耗的容量越多。如果不进行恰当的顺应性补偿，必然会造成机械通气的严重误差。

顺应性包括呼吸回路的顺应性和患者的肺顺应性。其中，需要呼吸机进行补偿的是因系统管路内压力导致管路变形、容积增加等造成的滞留在管路中的容量部分。呼吸回路包括机内管路和外呼吸回路。机内管路的顺应性在管路的设计时已经确定，而外呼吸回路的顺应性需要通过自检时的顺应性测试加以确认。

4. 麻醉呼吸机与呼吸机的异同 呼吸机是独立的生命支持设备，可以完成支持通气和治疗等功能；麻醉呼吸机则属于麻醉机的组成部分，主要完成机械通气功能。

（1）相同点：①麻醉呼吸机与呼吸机都需要支持患者通气，具有机械通气功能；②麻醉呼吸机与呼吸机都需要供给患者氧气，使患者能够完成氧交换。

（2）不同点：①麻醉呼吸机与呼吸机的机械通气要求不同。麻醉呼吸机主要应用于麻醉手术，患者的状态相对简单。由于麻醉医师全程参与，能够及时处理各种状况，所以麻醉呼吸机的应用需求相对简单，不需要太多的复杂机械通气模式。而呼吸机的应用范围比较广泛，它既能实现生命支持，还具有临床治疗的作用。呼吸机通常要长时间地应用于患者，有时需要连续工作几十天，且医务人员不一定会一直在患者旁边，所以要求呼吸机能够自动处理一些异常状况，以保障患者的安全。另外，呼吸机应用的患者情况也较为复杂，因此要求呼吸机具有更复杂、更精确的机械通气模式和通气管理功能。②麻醉呼吸机与呼吸机的气路结构不同。麻醉呼吸机与呼吸机在气路原理上的不同是麻醉呼吸机多了麻醉回路。麻醉呼吸机的麻醉回路比呼吸机主要多了两个功能：一个是通过风箱罩和折叠囊实现了驱动气体与患者气体的隔离，避免吸入麻醉药的浪费和患者气体的污染；另一个是通过二氧化碳回收罐实现了呼出二氧化碳吸收的功能，避免吸入麻醉药的浪费。而呼吸机的驱动气体直接供给患者，呼出气体全部排放，没有重复吸入。③麻醉呼吸机与呼吸机的氧气供给方式不同。麻醉呼吸机是通过流量计输出的新鲜气体为患者供给氧气，而呼吸机是直接将氧气驱动气供给患者。

（九）监测及报警系统

普通麻醉机的监测系统主要包括麻醉气体监测和麻醉机相关的呼吸功能监测，高级麻醉机和工作站常会整合如体温、心电（ECG）、血氧饱和度（SpO_2）及血流动力学等参数的监测功能，即将原来属于生命体征监护仪的功能部分或全部整合进来。麻醉机作为手术中的生命维持设备，设有严格的报警体系，可以准确地对设备和患者状态进行实时监控，并及时发出报警信息。

1. 麻醉气体监测 在临床上具有重要意义，包括：①了解患者对麻醉药的摄取和分布特征，以及患者接受麻醉药的耐受量和反应；②在低流量、重复吸入或无重复吸入装置中，安全地使用强效吸入麻醉药；③指导调控麻醉和手术不同阶段麻醉深度；④及时发现设备故障或操作失误，提高麻醉的安全性。

当前麻醉气体浓度测量的主要方法是非弥散红外吸收光谱法，其原理是利用不同的气体具有不同的红外光吸收谱这一现象，测量混合气体中各成分的含量。大多数气体当受到红外光辐射时，气体分子将吸收其振动/转动频率的红外能量。每一种气体在结构上的唯一性意味着其具有唯一的红外吸收特性，利用气体的这种特性就能够鉴别气体类型和定量检测气体的浓度。临床手术中需要监测的常见气体为二氧化碳（CO_2）、氧化亚氮（N_2O）和五种吸入性麻醉气（氟烷、地氟烷、恩氟烷、异氟烷和七氟烷）。目前，随着气体检测技术的发展，现代麻醉机逐渐增加了氧浓度监测功能、二氧化碳监测功能等气体监测功能，甚至还能够监测患者的麻醉深度和计算麻醉药消耗量。

2. 呼吸参数监测　是现代麻醉机的基本功能之一，可通过实时监测气道压力和呼吸流速等参数，提供各种呼吸参数的监测数据和波形。

麻醉机可以实时检测通气过程中的气道压力和呼吸流速，并计算显示相关波形和数据。麻醉机根据实时监测的气道压力，可以监测气道峰值压、平台压、平均压和呼气末正压。麻醉机根据实时监测的呼吸流速，可以计算出呼吸潮气量和每分通气量。麻醉机根据监测到的气道压力和呼吸流速，可以计算出呼吸频率，还可以提供气道压力波形、呼吸流速波形、潮气量波形，甚至可以提供压力-容量环和流速-容量环。

根据各种监测到的数据和波形曲线特征，麻醉机可以自动指导并调节通气过程。如通气模式是否合适、是否人机对抗、是否气道阻塞、呼吸回路有无漏气、评估机械通气时效、呼吸机与患者在通气过程中各自所做的功等。

3. 报警系统　麻醉机的报警主要分为三个级别：高优先级报警、中优先级报警和低优先级报警。报警优先级通常用感叹号（！）来表示，！！！表示高优先级报警，！！表示中优先级报警，！表示低优先级报警。报警级别的划分及执行要求见表3-3。

表3-3　报警级别的划分及执行要求

报警状态失效导致的潜在结果	开始潜在的危害		
	立即执行	即时执行	延迟执行
死亡或不可逆转的伤害	高优先级	高优先级	中优先级
可逆转的伤害	高优先级	中优先级	中优先级
轻微的伤害或不舒适	中优先级	低优先级	低优先级或无报警信号

麻醉机的报警方式主要有视觉报警和声音报警。视觉报警可以是报警指示灯或者模拟报警指示灯的图像，要求在距离4m的范围内可以准确观察到。如果显示屏显示相关报警信息，要求在1m的距离可以准确看到。麻醉机声音报警的音量可以调节，但不允许关闭。

麻醉机常见的报警参数和要求：

（1）氧气源压力低报警：氧气源通常是麻醉机的驱动气，另外氧气供应也是麻醉呼吸机的基本功能。所以，当氧气源压力低时，麻醉呼吸机不能进行机械通气，也不能给患者供给混合气体。

（2）交流电失效报警：交流电是麻醉呼吸机的支持供电电源，如果没有备用电池，当交流电失效时，麻醉呼吸机不能进行机械通气。

（3）电池电量低：如果没有接交流电源，则要启动备用电池供电。如果电池电量低，需要尽快接入交流电。一般要求，当发生电池电量低报警时，麻醉机至少还可以工作10分钟。

（4）窒息报警：是指在一段时间内，没有检测到通气。这有可能有严重漏气甚至管路脱落等故障。

（5）气道压力高报警：当气道压力达到和超过设定的气道压力上限时，发出气道压力高报警。同时，麻醉呼吸机需要立刻切换到呼气相。气道压力高有可能对患者造成气压伤。

（6）PEEP高报警：当监测PEEP达到设定阈值时，产生报警。PEEP高报警通常意味着患者呼气不畅。

（7）每分通气量报警：当监测每分通气量达到每分通气量报警上限时，产生每分通气量高报警；当监测每分通气量达到每分通气量报警下限时，产生每分通气量低报警。每分通气量可以反映患者的通气效果。

（8）氧浓度低报警：当氧浓度达到氧浓度报警下限时，发出报警。供氧是麻醉呼吸机的基本功能，当氧浓度过低时，会影响氧交换功能。

（9）呼出二氧化碳报警：当监测到呼出二氧化碳浓度达到呼出二氧化碳报警上限时，产生呼出二氧化碳浓度高报警。呼出二氧化碳上限报警有可能是二氧化碳吸收剂失效或通气不足。当监测呼出二氧化碳浓度达到呼出二氧化碳报警下限时，产生呼出二氧化碳浓度低报警。二氧化碳下限报警有可能是过度通气。

（10）吸入二氧化碳高报警：当监测吸入二氧化碳浓度高于吸入二氧化碳报警上限时，产生吸入二氧化碳浓度高报警。吸入二氧化碳浓度高报警多是二氧化碳吸收剂失效或吸呼气活瓣单向性故障所致。

四、麻醉机的临床应用

麻醉机是吸入麻醉最重要的医疗设备，它的作用是为麻醉中的患者提供氧气及吸入麻醉药，并进行适宜的呼吸管理。挥发性麻醉药或麻醉气体经呼吸道进入肺泡，使肺泡中麻醉药浓度上升，麻醉药通过弥散的方式跨过肺泡膜后，经血液循环到达中枢神经系统而产生全身麻醉作用。吸入麻醉的实施流程如图3-19所示。

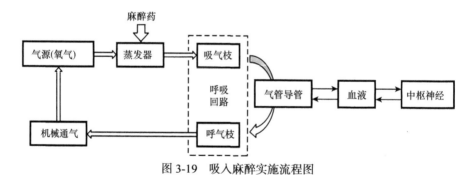

图3-19　吸入麻醉实施流程图

挥发性液体麻醉药经蒸发器转换为气相，由气源提供的氧气将气相麻醉药输送到呼吸回路，通过麻醉面罩、气管导管、喉罩等人工气道工具进入患者的呼吸系统，血液携带的麻醉药在脑组织中达到一定浓度后，抑制中枢神经系统，产生全身麻醉。

（一）麻醉通道与人体的连接

由于麻醉机在使用时需要对患者进行人工正压通气，因此需要通过专用的人工气道工具在麻醉机管路和患者之间建立气路连接。现阶段，临床上无创的气道工具主要是麻醉面罩，有创的气道工具有气管导管和喉罩等。

1. 麻醉面罩　为无创正压通气的主要通气工具。在全身麻醉中主要用于麻醉诱导阶段。由于此时尚未进行气管插管或喉罩置入，可将麻醉面罩紧扣于患者面部，在麻醉机和患者之间建立紧密的连接。使用时，麻醉机提供的各种气体（如氧气、吸入麻醉药等）通过麻醉面罩及口、鼻进入患者体内。麻醉面罩如图 3-20 所示。

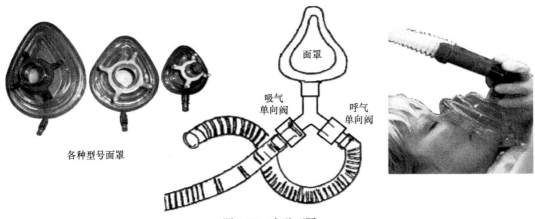

图 3-20　麻醉面罩

2. 气管导管　将一特制的导管经声门置入气管的技术称为气管插管，这一技术可以为气道通畅、通气供氧、呼吸道吸引和防止误吸等提供最佳条件。气管导管和气管插管如图 3-21 所示。气管导管是一种特制的导管，由导气管、防漏套囊（充气口为单向活瓣）、导管接口 3 部分构成。将导气管的前端插入气管后（成人一般为声门下 5cm 左右），给套囊充气，封堵导管和气管壁的间隙，导管接口连接麻醉机，与麻醉机的内部结构形成一个封闭的麻醉呼吸回路，使麻醉机可以对患者进行人工正压通气。

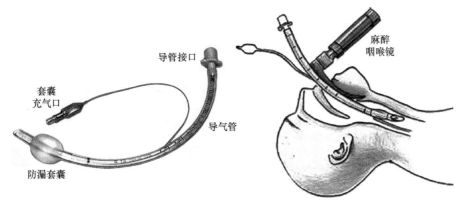

图 3-21　气管导管与气管插管

3. 喉罩　一种常用的人工气道工具。安置于喉咽腔，用气囊封闭食管和喉咽腔，经喉腔进行通气。同样，喉罩可以与麻醉机的呼吸管路连接，构成一个完整的呼吸回路。喉罩与气管导管最根本的区别在于它没有进入气管内，属于声门上的人工气道，它与气管导管相比优点是创伤更小、更为舒适，常用于一些困难气道、时间短的小手术。缺点是适应证较为局限，使用时间较短（建议手术时间＜2.5 小时），并受到手术体位的限制，喉罩一般应用于仰卧位中小手术的麻醉。喉罩与喉罩安放如图 3-22 所示。

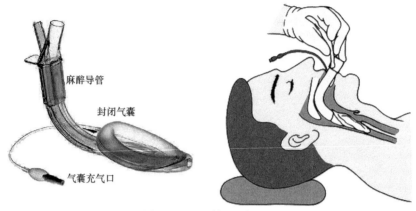

图 3-22　喉罩与喉罩安放

4. 呼吸管路　主要由两根波管（吸气支、呼气支各一根）和一个 Y 形三通组成。波管和 Y 形三通如图 3-23 所示。

波管　　　　　　　　　　　　　　　　Y形三通

图 3-23　波管和 Y 形三通

如果使用旁路气体模块，还需要一个直角弯头的采样接口和一根采样管。直角弯头采样接口和采样管如图 3-24 所示。

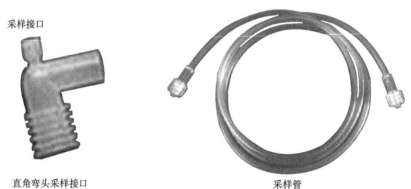

采样接口

直角弯头采样接口　　　　　　　　　　采样管

图 3-24　直角弯头采样接口和采样管

（二）麻醉药填充

麻醉药填充是将吸入麻醉药液灌注到麻醉蒸发器内的药室里，装填麻醉药主要有直接灌注和加药器灌注两种方式。

1. 直接灌注法　分为三步：第一步，逆时针旋转取下注药口旋塞，并用注药口旋塞末端的工具拧紧排药塞，确保排药塞关闭；第二步，检查使用的麻醉药剂是否和麻醉蒸发器前面标签上所注明的相同，通过液面显示窗观察麻醉药剂的液面高度；第三步，将注药口旋塞拧紧，确保密封。直接灌注法如图 3-25 所示。

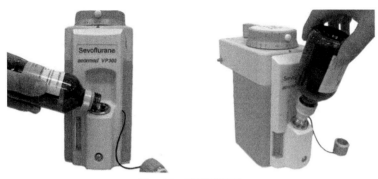

图 3-25　直接灌注法

2. 加药器灌注法　用于防止不同药液的错误填充。由于不同吸入麻醉药的物理特性不同，需要对应设计不同的麻醉蒸发器。如果吸入麻醉药装填错误，输出浓度将发生改变，还可能产生未知的化学反应和临床效应。为了防止专用蒸发器误装其他麻醉药物，近代蒸发器都设计了药物专用的填充装置，这些装药装置设有专用定位销和定位槽，可以有效防止不同药液的错误填充。加药器灌注方法如图 3-26 所示。

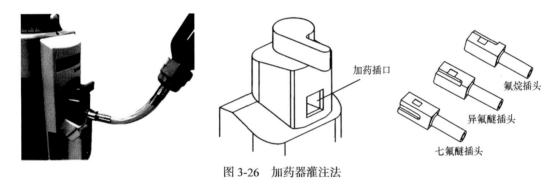

图 3-26　加药器灌注法

无论是在正常使用还是在灌注麻醉药液时，都要观察蒸发室内的药量。当前，麻醉蒸发器通常采用玻璃视窗，在玻璃视窗上刻印刻度，通过观察吸入麻醉药液的液面高度，可以得知麻醉蒸发器中吸入麻醉药的液量。

麻醉药填充过程，要认真负责，谨慎操作，尽量避免以下问题：①加错药液。没有配备加药器的蒸发器偶尔会加错药液，即使是配备加药器的蒸发器仍然存在加错药液的可能。②倾斜。当不正确拆卸或移动蒸发器时，蒸发器可能会斜放。蒸发器过分倾斜，会使药液进入旁路，导致输出药物的体积分数极高。③加药过满。蒸发器不能过满，药液不能超过玻璃管上限刻度。不正确的加药方法及蒸发器视窗故障会导致加药过满，如果液体麻醉药进入旁路室内，总气体出口处的麻醉蒸气的体积分数会比预期值高出数倍甚至 10 倍以上。④加药不足。在临床上，液面过低（低于最大量的 25%）及蒸发室内气流过高会使蒸发器输出蒸气的体积分数明显下降。⑤反接。未按蒸发器入口和出口标记操作，使得气流方向接错。⑥体积分数转盘错位，导致药液蒸气的体积分数不准确。⑦泄漏。最常见的原因是加药帽的松动，其次是蒸发器与其底座之间的环形圈出现泄漏，应事先加强检查。

（三）麻醉机基本操作介绍

下面以谊安 Aeon 8600A 麻醉机为例，通过介绍麻醉机的主界面，讲述其基本操作。麻醉机显示主界面如图 3-27 所示，包括各种波形、参数的显示及设置区。

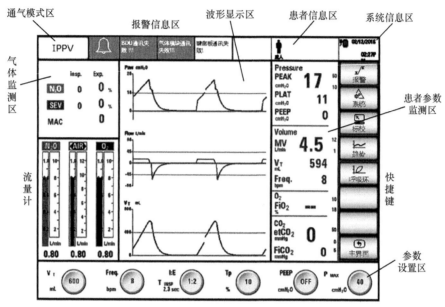

图 3-27 麻醉机显示主界面

1. 通气模式区域显示当前的通气模式，如 IPPV、PCV、PS、PCV-VG 等。

2. 报警信息区可以显示当前的报警状态，其中包括警铃和报警提示信息。报警信息区如图 3-28 所示。

图 3-28 报警信息区

按动"MUTE"键，警铃图标上显示一个叉号，警铃下方显示静音剩余倒计时间。

3. 患者信息区中主要有 2 个标识，分别为：患者类型和触发类型标识。患者类型根据临床需要，分别显示为成人（adult）或儿童（child）。患者类型设置完成后，图标会做相应的改变。当患者触发发生时（仅在 PS 和 SIMV 模式下），触发类型标识会显示在患者信息区，触发产生后经 250ms 触发标识消失，背景颜色恢复为该区域原来的颜色。患者信息区的类型标识如图 3-29 所示。

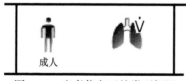

图 3-29 患者信息区的类型标识

4. 系统信息区显示在屏幕的右上角，在这个区域有 5 种标识，分别为：电池和交流电标识、日期标识、时间标识、USB 标识和网络标识。

5. 气体监测区显示在屏幕的左侧，监测区显示参数包括麻醉气体、氧化亚氮。气体的吸气监测显示在左边，呼气监测显示在右边。

6. 电子流量计显示在屏幕左侧中间位置。电子流量计区域要实时显示氧化亚氮（N_2O）、空气（Air）和氧气（O_2）的流量值，每个流量计有 2 个流量管，用于显示流量。

7. 波形显示区位于屏幕的中央，在这个区域可以显示呼吸波形及呼吸环。整个波形区域分为三个部分，上面区域显示的是压力波形，中间区域默认为流速波形，下面区域默认为潮气量波形。也可以根据系统菜单的设置，改变区域的显示波形类型。

8. 患者参数监测的数据显示在屏幕的右侧，最多可以显示 4 组参数，分别为压力参数组（pressure）、容量参数组（volume）、氧浓度参数组（O_2）、二氧化碳浓度参数组（CO_2）。

（1）压力参数组有 "Pressure" 标识，监测的 3 个参数包括峰值压（PEAK）、平台压（PLAT）或者平均压（MEAN）、PEEP 压。其中，平台压或平均压的选择要在系统设置（system）菜单中设定。

（2）容量参数组有 "Volume" 标识，监测包括 3 个参数：每分通气量（MV）、潮气量（V_T）、呼吸频率（Freq）。

（3）氧浓度参数组有 "O_2" 标识，监测的参数为氧浓度（F_iO_2）。

（4）二氧化碳浓度参数组有 "CO_2" 标识，监测的 2 个参数：呼末 CO_2 浓度（$etCO_2$）、吸入 CO_2 浓度（F_iCO_2）。

9. 快捷键可以使麻醉机的操作更为简洁，常用的快捷键包括：报警设置（Alarm）、系统设置（System）、校正（Calibration）、趋势（Trend）、呼吸环（Loops）、自检（Start up test）、配置（Config）和主界面（Normal）。

10. 参数设置区包括 6 个设置按键，通过与编码器配合使用，可以实时调整各通气模式的呼吸参数。

（四）麻醉机的报警设置

为了确保麻醉机的使用安全，在麻醉机正式工作前要根据临床需要对报警参数进行必要的设置。通过点击屏幕快捷键 "Alarm" 可以打开报警设置菜单，报警设置菜单包括四个子选项，分别为：通气参数（Vent）、气体参数（Gas）、麻醉气体（Agent）、报警日志（Log）。

1. 通气参数报警设置　是麻醉呼吸机中最重要的报警设置，其内容包括：

（1）每分通气量报警：分钟通气量是衡量患者通气效果的重要指标，太高会发生过度通气，太低则可能通气不足。因此，每分通气量报警有上限报警和下限报警。

（2）气道压力报警：气道压力也是患者通气安全的重要控制指标，气道压力过高会造成肺损伤，必须立刻停止通气并切换到呼气相；气道压力低则可能是通气不足或者发生了通气泄漏。同样，气道压力也分为上限报警和下限报警。

（3）呼吸频率上限报警：呼吸频率上限报警主要用于患者有自主呼吸的状态。如果呼吸频率过高，可能是由于患者病情发生变化。

2. 气体监测报警设置　包括吸入氧浓度报警、呼出二氧化碳报警、吸入二氧化碳报警和吸入麻醉药报警。

（1）吸入氧浓度报警：吸入氧浓度的上限和下限报警通常要根据临床的实际需要进行设置。

（2）呼出二氧化碳报警：如果呼出二氧化碳过低，可能有过度通气。如果呼出二氧化碳偏高，则是因为通气不足或者二氧化碳吸收剂已经失效，也有可能是麻醉回路吸呼气活瓣的单向性有故障。因此，呼出二氧化碳有上限报警和下限报警。

（3）吸入二氧化碳上限报警：正常的机械通气，吸入二氧化碳应该为"0"。如果二氧化碳吸收剂已经失效或者吸呼气活瓣的单向性出现故障，会导致吸入二氧化碳浓度升高，因此，麻醉机设有吸入二氧化碳的上限报警。

3. 吸入麻醉药报警设置　是为保证吸入麻醉药的使用安全。目前，临床常用的吸入麻醉药有七氟烷、异氟烷和安氟醚，麻醉机设有每种吸入麻醉药的上限报警和下限报警。

4. 其他报警设置　报警音量的设置，应用时可以根据手术室的需要自行设置适宜的音量。但是，报警声音不能关闭。部分麻醉机也有报警日志记录功能，报警日志可以记录已经发生过的报警信息。

第二节　麻醉机的风险辨析

国家对于医疗器械依据其风险程度实行分类管理。评价医疗器械风险程度、对医疗器械风险程度进行分类，是有效地实施风险控制，在资源投入和风险之间建立一种平衡。

基于风险的检查评分系统（Vermont 大学技术服务方案），麻醉机的风险评分达到 17 分，属于风险类别最高的（表 3-4）。高风险意味着会对患者造成潜在的、间接的或直接的伤害，甚至造成患者死亡。对麻醉机的这些风险进行分析和评价，采取合适的措施进行风险管理和控制，可以尽量减少麻醉机使用导致的人体危害，提高麻醉机使用的安全性和有效性。同时减少医务人员对麻醉机使用风险的担忧，提高医疗服务质量和工作效率。

表 3-4　麻醉机风险检查评分表

麻醉机	权重	分数
临床功能		
不接触患者	1	
设备可能直接接触患者但不起关键作用	2	
设备用于患者疾病诊疗或直接监护	3	
设备用于直接为患者提供治疗	4	
设备用于直接生命支持	5	5
有形风险		
设备故障不会造成风险	1	
设备故障会导致低风险	2	
设备故障会导致诊疗失误、诊断错误或对患者的状态监护失效	3	
设备故障会导致患者或使用者的严重损伤乃至死亡	4	4
问题避免概率		
维护或检查不会影响设备的可靠性	1	
常见设备故障类型是不可预计的或者不是容易预计的	2	
常见设备故障类型不易预计，但设备历史记录表明是技术指标测试中经常检测到的问题	3	
常见设备故障类型可以预计并且可通过预防性维护避免	4	4
具体的规则或制造商的要求决定了预防性维护或测试	5	
事故历史		
没有显著的事故历史	1	
存在显著的事故历史	2	2

续表

麻醉机	权重	分数
制造商/监管部门的要求		
没有要求	1	
有独立于数值评级制度的测试要求	2	2
总分		17

一、麻醉机的风险

任何医疗器械产品都具有一定的使用风险。由于麻醉机技术发展速度快、品种多，集成化、模块化等程度不断提高，医务人员使用机器的难度不断提高。同时受时代科技水平的制约、实验条件的限制，产品设计过程中一些使用风险未必能够考虑到，导致麻醉机不良事件的发生，且发生率高。

（一）麻醉机不良事件分析

《医疗器械不良事件监测和再评价管理办法》（国家市场监督管理总局令第 1 号）自 2019 年 1 月 1 日起施行，该办法对于医疗器械不良事件的定义删除了原办法中"质量合格"的表述，即因医疗器械产品质量问题导致的伤害事件或者故障事件均属于医疗器械不良事件的范围，让监测、归类并分析麻醉机的不良事件有了明确依据。

1. 表3-5为某省 2018 年第 1～3 季度麻醉机不良事件报告汇总表，对 22 例不良事件做了简洁的归类分析，其中设计缺陷 1 例，具体原因为钠石灰罐设计不合理；消耗性元件 4 例，如流量传感器老化、管路问题；其余均为故障引发的不良事件，包括硬件故障为 10 例、软件故障 1 例、电气故障 3 例、机械故障 8 例，如电源板故障、主板故障、电子流量计故障、氧浓度监测传感器故障、蒸发器故障、安全阀故障、折叠囊故障、气源入口组件故障等。

2. 美国食品药品监督管理局的申请人与用户机构设备使用数据库（MAUDE）中，某品牌麻醉机 2013～2017 年在美国发生投诉和不良事件数量共计 5 例，其中 3 例系因器械故障，2 例系因损伤。根据事件描述，其中有 1 条不良事件与产品相关，1 条无关，3 条情况未知（表 3-6）。

表 3-5 某省 2018 年第 1～3 季度麻醉机不良事件报告汇总表

严重性	故障分类
严重	蒸发器故障
	钠石灰罐设计不合理
	电源板故障
	软件故障
	主板故障
普通	安全阀故障
	氧浓度监测传感器故障
	管路问题
	患者呼气端接头破损
	流量计玻璃管破损
	监控板故障
	折叠囊故障
	电子流量计故障
	电池故障
	二氧化碳采样管接口螺纹帽破损
	流量传感器老化
	气源入口组件故障
	显示屏故障
	流量传感器膜片粘连（有报警）
	电源自检错误（有报警）
	系统开关故障
	皮囊故障

表 3-6 某品牌麻醉机不良事件情况

序号	报告年份	不良事件 原因类别	是否与产品有关
1	2017	伤害	未知。一个患者在麻醉期间出现缺氧，必须复苏，复苏成功
2	2016	故障	未知。使用中，麻醉机因"通气失效"警报而停止工作。无患者损伤的报告
3	2015	故障	否。麻醉机经过 3 个小时的通气后，继续使用，通气停止了，经调查，本事件是由于患者被移动，导致了气道系统的泄漏。没有患者损伤的报告
4	2014	伤害	相关。患者使用麻醉机通气，医生发现监护仪和血气分析给出的 CO_2 测量值偏差。现场调查显示是二氧化碳吸收罐的密封圈丢失，导致呼吸回路中的气体绕开了二氧化碳吸收器
5	2013	故障	未知。麻醉机显示器无任何显示，不能重启

通过表 3-6 可以看出，每年麻醉机都会发生伤害事件或故障事件，直接或间接影响患者的治疗，甚至造成严重伤害或危及生命。

因此，麻醉机不良事件的监测，为我们提供了一套警戒机制，使我们可以及时有效地发现严重不良事件，并提出风险信号，最终可对麻醉机风险采取有效的控制，减少类似不良事件的重复和蔓延。在医疗机构中，医疗设备管理部门是医疗器械不良事件监测的主要实施者，国家食品药品监督管理部门是医疗器械不良事件信息收集、分析、处理的行政主管部门。各部门协同进行麻醉机使用中不良事件的分析和总结，及时采取有效改进措施，才能保证麻醉机使用的安全性和有效性。

（二）麻醉机的使用风险

麻醉机常见使用风险如下：

1. 麻醉呼吸机不工作，出现"呼吸机失败"报警 麻醉机内部安装有负压泵为呼吸机提供负压，当负压泵非正常停机时，会出现报警。以下两种情况会导致负压泵非正常停机：①与负压泵相连的空气过滤器堵塞，将导致负压泵非正常停机；②如果负压泵泵体出现裂纹或者活塞瓣缺损，致使泵体漏气，将导致负压泵非正常停机。

2. 低气道压力报警 通常情况下，在小流量麻醉时会出现低气道压力报警，一般是由于呼吸回路漏气。导致呼吸回路漏气的原因：气道插管处松动，呼吸面罩不严；压力传感器采样接口硅胶老化或破裂导致漏气，致使压力测量值减小；气管内有水珠等的异物；二氧化碳吸收罐罐口连接松动，与密封橡皮不能紧密贴合导致漏气报警。

3. 呼吸器马达无动作 呼吸器马达无动作，一般是由于马达冲顶。在马达下部有测速光栅和光电传感器，以上器件如有损坏会致使马达冲顶；马达连续出现冲顶故障，会使内部驱动电路损坏，导致马达非正常停机。

4. 呼出潮气量不准 一般由麻醉机流量传感器故障引发。麻醉机的流量传感器分为呼出流量传感器和吸入流量传感器，其中任意一个故障都会触发麻醉机报错。另外，气道管路或者钠石灰罐漏气、流量传感器标定不准确等也会造成潮气量监测不准确。

5. 设备有漏气 麻醉机长期使用，密封橡胶或者橡胶管道会老化，加上内部高压，很容易将管道冲破，造成漏气，可能导致患者呼吸困难、吸入有毒气体等危害，严重影响患者的安全。

6. 呼气活瓣失灵致二氧化碳蓄积 活瓣长时间使用，材质老化、运动能力降级会导致其不能正常开闭，患者二氧化碳不能排除，造成蓄积，严重者可导致酸中毒而危及生命；

此外，如果麻醉时呼吸环路内水汽生长较多，吸附于活瓣腔室内部，活瓣黏附于活瓣盖顶部，不能正常开闭，也可致二氧化碳蓄积。

7. 患者呼吸回路漏气　麻醉机的 APL 阀有机控和手控两个模式，机控模式下，APL阀打开即可，因为回路内气体不通过 APL 阀释放排压，所以不会出现漏气。但在手控模式下，APL 阀若没有关闭则会致使漏气。另一方面，钠石灰罐安装不严密、螺纹管损坏或接头松动、活瓣罩未拧紧等都会导致呼吸回路漏气。

8. 呼气末折叠囊不能伸展至顶　在潮气量较大时，麻醉机选择的呼吸频率过快，患者未全部呼出气体，会使折叠囊不能伸展到顶部，且容易造成患者的碱中毒；麻醉机的溢气活瓣用于调节管道内压力，若其压力值设定过小，管道内压力达到压力设定值，活瓣打开气体排出，但此时折叠囊未伸展至顶。

通过总结麻醉机常见风险，发现如果不去规避控制风险，就会导致麻醉机不良事件的发生，只有不断监测不良事件并分析其产生的原因，才能更好地去规避控制风险，推动麻醉机的设计、改进、升级。

二、麻醉机风险产生原因

在医疗器械应用中，风险主要来自于产品和人员因素。对于麻醉机而言，风险因素可包括使用操作、环境、电气、硬件、软件、机械等方面。

（一）操作因素

使用者操作因素是麻醉机不良事件发生原因中最多的。尽管在使用中已经做了很多准备工作和检查，但各类医疗事故还时有发生。

1. 手术开始之前或者连台手术时，没有对麻醉机进行常规检查。

2. 使用者对设备操作不熟悉；使用者缺少培训导致不能正确对麻醉机进行操作。

3. 使用环境存在噪声或麻醉机频繁错误警报导致使用者无法听到或忽略了警报；使用者无意或有意调小了麻醉机的扬声器音量或其他发音装置的声音导致使用者无法听到报警声音。

4. 使用者操作失误，如在手术过程中麻醉医师的主观意图是关闭麻醉气体阀门，却在实际操作时关闭了氧气阀门。

5. 在手术过程中，医师和护士之间传递物品时，未及时留意麻醉机监测参数的变化。

6. 在移动其他设备时，没有做好麻醉机固定，导致其管路的松动或者脱落。

7. 为患者使用的麻醉剂种类和浓度错误；麻醉药物是正确的但使用者选择的流量速度不正确导致麻醉效果不好或者患者中毒。

8. 使用者对麻醉机上可重复使用的附件清洁不当；未采用符合消毒和风险管理规范的呼吸软管；对麻醉机的设置、检修或操作任务不清楚，各部件的物理连接困难导致物理环境（如管道路径、管道组合的选择）不正确。

以上风险因素可能会导致麻醉机无法正常工作、麻醉效果不好、延误治疗、患者病情恶化等不良结果。

（二）环境因素

对于麻醉机而言，外部环境所提供的氧气、压缩空气、电源、物理环境等与麻醉机都有密切的联系，其中气体管路是关键。

1. 麻醉机气源不充足，空气、氧气压力低于要求值下限。

2. 电力系统未能远离热源、强电场、强磁场的环境。

3. 麻醉废气的排放不通畅，高浓度的麻醉剂气体进入设备管线和周围空气，对人和物造成伤害。

4. 医疗机构内部的气体管道未严格按照规范的标准和要求安装和维修；在施工过程和验收中未做好管道的查验。

以上风险因素可能会导致麻醉机无法正常工作；导致延误治疗、电击、外伤、感染、过敏反应等不良结果。

（三）电气因素

1. 麻醉机与辅助设备不正确或不牢靠地相互连接；手术室设备繁杂，不同设备的线路混杂在一起；麻醉机与其他手术设备紧靠或堆叠在一起使用；电源插座没有连接保护接地导线。

2. 负载过多造成供电功率超过上限；内部处理器供电过高；电池电压过低或电量耗尽；交流直流转换失败等因素导致供电电压错误。

3. 不充足的隔离或短路导致漏电流过高。

4. 内部线路的老化、破损，污染导致短路、高阻抗、低阻抗等；杂物或腐蚀性液体进入设备致其导电等因素会导致电路失效。

5. 驱动气体压力过低。

以上风险因素可能会导致系统错误、麻醉机无法正常工作或无法使用、电击、火灾，造成延误治疗、患者缺氧、患者病情恶化等不良结果。

（四）硬件因素

1. 组件不能正常工作，麻醉机组件未满足可靠性等因素会导致系统失效。

2. 麻醉机风扇故障，风扇速度小于正常速度；系统中未安装电池，或安装的电池电量已耗尽。

3. 麻醉机电源板、主板等由于长时间使用或受污染，出现断路、失效等情况导致麻醉机无法正常启动。

4. 设备或传感器受污染、失准、失效等因素导致报警错误、无法报警、流量计故障、PEEP 阀故障等。

5. 麻醉机扬声器部件失效导致无法报警。

6. 硬件模块故障，主机不工作或输出参数不准确。

以上硬件存在的风险将会导致麻醉机无法正常工作，监测数据不准，患者在麻醉期间出现缺氧、损伤、病情恶化等不良结果。

（五）软件因素

1. 不能备份；数据存储/检索失败；存储空间不足；软件运行时间错误；通信问题导致数据错误；由于内部通信错误，不能获得自检结果。

2. 麻醉机的 IP 地址和局域网中的另一台设备的 IP 地址冲突；麻醉气体模块数据错误或通信停止；电气控制模块故障或者电气控制模块与麻醉系统之间通信失败，如脑电双频谱模块初始化错误或通信异常，不能获得脑电双频谱模块初始化信息；麻醉气体模块软件版本不兼容。

3. 设备内存溢出、写入失败、质量不稳定；临界值数据完整性错误等因素导致内存故障；变量未初始化；不正确的动态链接库导致软件运行时间错误。

4. 人为错误修改、电池没电或突然的断电导致系统设置的正确信息被破坏或恢复为出厂值，使系统的硬件操作、启动运行出现故障；报警属性设置错误；报警阈值设置错误导致无法报警或误报。

以上风险因素可能会导致系统崩溃，麻醉机无法正常工作，患者延误治疗、病情恶化等不良结果。

（六）机械因素

1. 麻醉机按键损坏导致无法设定参数、无法启动/停止/重置设备。

2. 麻醉机倾倒、液体进入设备、电线损坏等意外因素导致麻醉机无法工作；麻醉蒸发器倾倒；剪切力或应力破坏设备及呼吸管路。

3. 麻醉机驱动系统失效，折叠囊无法正常升降。

4. 风箱、管路、密封胶体、阀门等长时间使用，老化导致麻醉机无法正常工作。

5. 机械通气模式不可用，麻醉机处于机械通气禁用的状态；泄漏测试失败；PEEP 阀电压出错、压力出错；吸气阀电压出错、流量出错；安全阀电压出错。

以上风险因素可能会导致麻醉机不通气、损坏、无法启动、延误治疗等不良结果。

三、麻醉机的风险管控

医疗机构对麻醉机进行风险管控，是采用科学合理的管理、使用、维护方法对一系列风险有效的规避，在资源投入和风险之间建立一种平衡。

（一）提高医护人员的风险管控意识

随着医疗技术的发展，麻醉机越来越智能化、精密化，对使用人员的要求更高，因此提高医护人员风险管控意识，有助于规避麻醉机风险，对手术的安全、有效起重要的作用。医护人员对临床中使用麻醉机的患者应该有严谨科学的事故防范措施。组织医护人员学习并进行操作考核，让医护人员熟悉麻醉机的原理、操作程序、注意事项，熟悉消毒、清洁的基本保养方法，熟悉麻醉机的报警原因及处理方法，听到报警声音后及时处理，及时消除故障和风险隐患。

（二）使用前的风险管控

1. 麻醉机使用前必须对仪器进行功能性测试（能够完成自检），显示一切正常方可使用，仪器的智能化可减轻医护人员的工作量，但也能让人产生依赖心理，忽视麻醉过程中密切观察患者身体各项指标的重要性，因此不能只依赖声音报警系统对患者进行监护。任何科学精密仪器都不能代替临床观察，管理者应加强医护人员责任心的培养，让他们明确麻醉是一个严谨的过程，最好的仪器也离不开人的操作与管理。

2. 注意用电安全。麻醉机长期使用后，其固定按键上的表面保护层及电源线等可因长期磨损或过度扭曲导致保护层破坏，容易漏电，造成事故，因此在使用仪器前要仔细检查，发现磨损部件要及时更换；麻醉机使用电源需连接到正确安装的具有保护接地的电源插座

图3-30 麻醉机的日常保养

上，电源插座可用于向麻醉系统的辅助设备提供电源，不得将其他设备连接到这些插座上，以免超过额定负载。

3. 长时间使用后，应该对麻醉机进行检测校准并保养（图3-30）。麻醉机使用时间过长，导致传感器本身灵敏度下降、管道及密封橡胶老化，会有轻微漏气；过滤器清洁不及时，堵塞管道等问题影响麻醉剂量、患者病情等，因此使用时间长、频次高的麻醉机应该及时轮换、校准、保养。

4. 应采用符合风险管理规定的清洁和消毒计划，参考适用的材料安全数据。未使用正确的清洁材料可能导致生物污染，使用者应遵守麻醉机和任何可重复使用附件的推荐日常消毒程序。为避免电击和火灾危险，勿在麻醉机开机或通电的时候清洁设备。

5.在清洁或消毒后使用系统前，需给系统通上电，按照屏幕上的提示进行泄漏测试和顺应性测试。

（三）使用中的风险管控

1. 为使用中的麻醉机设置正确的报警限，以便在出现危险情况前触发报警；要时刻观察患者状况，注意仪器报警，不要将报警音量调到较小；医护人员要将麻醉机的排气口连接到医院的废气排放系统，防止医院人员暴露在麻醉机排放的气体中。

2. 使用时注意在蒸发器关闭之前，切不可关闭新鲜气流；没有新鲜气流的情况下不能开启蒸发器，否则高浓度的麻醉剂蒸气可进入设备管线和周围空气，对人和物造成伤害。

3. 避免麻醉机置于高温处或阳光直射处；长时间连续使用导致机器发热，应建立设备轮换机制，避免让单一设备长时间运转。

4. 为避免爆炸危险，不得在可燃麻醉剂、蒸气或者液体的环境下使用麻醉机，也不得将诸如乙醚和环丙烷之类的可燃麻醉剂用于麻醉机。

5. 当通过输入/输出信号端口连接外部设备或者更换氧电池的时候，勿触碰到患者身体，防止患者漏电流超过标准规定的要求。

（四）其他风险管控措施

1. 高浓度的氧气会极大地增加火灾或爆炸的可能性，因此，在可能存在富氧环境的情况下，不能使用油或脂；要使用设备生产厂家推荐的润滑剂，以避免增加火灾或爆炸的危险。

2. 及时进行维护保养及检测校准，建议由专业人士定期检测维修，及时发现问题，确保安全；按照不同的使用期限要求，及时更换过滤器、密封圈、膜片、电池等元件。

3. 不要在设备管路带压条件下拆卸低压调压阀、流量计装置或者接头，避免压力的突然释放造成伤害。

4. 配套使用呼吸回路软管。麻醉机要尽量使用专用配套的软管，不同品牌麻醉机软管的材料、弹性、内径等都有差异，这些参数直接关系着麻醉剂量的精度及麻醉机构报警功能。如果麻醉机管路不能与麻醉机配套，应在使用前进行更换，并验证所使用管路的质量。

5. 麻醉机生产企业应严把产品设计、制造质量关，提高产品的精确度；在使用说明书中明确标识配套耗材的型号及范围；加强对使用者的培训，建议使用者定期对设备进行日常质控，委托有资质的机构进行周期计量校准；提高售后服务水平，定期对销售的产品进行维护与保养，保证器械的安全使用。

6. 合理判断剩余风险。剩余风险是指采取风险控制措施后仍然存在的风险。如果麻醉机应用控制措施以后，通过 ALARP 准则（as low as reasonably practicable，最低合理可行）判断其风险仍然是不可接受的，则需要进行风险/受益分析，以便确定麻醉机是否能给患者提供大于伤害的受益。一旦证明所有可行的降低风险的措施已经应用时，期望受益超过风险，则此风险被判断为合理的（图 3-31）。

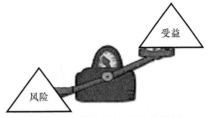

图 3-31 剩余风险的可接受性

另外，麻醉机剩余风险可接受性的一项重要考虑，就是可否通过使用变换设计的解决方法或避免暴露于风险或降低综合风险的治疗方案，来达到预期的临床受益。表 3-7 是麻醉机常用的风险控制措施及剩余风险可接受度示例，通过表格可清楚看到，在采取风险控制措施后，判断剩余风险是否在合理的范围内，以供我们思考如何更好地应用麻醉机。

表 3-7 麻醉机常用的风险控制措施及剩余风险可接受度示例

参考编号	危害	可能原因	控制	风险控制措施	剩余风险可接受度
1	生物危害：有毒或不兼容的材料	呼吸系统或其他与患者身体接触的部件中的过敏物质	硬件	使用无乳胶材料	接受
2	人为损害	装置或附件清洁、消毒、杀菌错误	标签	使用说明中增加清洁说明且含有关于会发生设备损害的声明	接受
3	气体的意外泄漏	气源或气瓶连接未拧紧	标签	使用说明：要求定期维护，用前检查；提供充分的室内通气，并使用除气系统	接受
4	交叉感染	重复使用一次性耗材	标签	使用说明中加入不得重复使用一次性产品的建议；使用说明中含有关于如重复使用一次性耗材会发生交叉感染及设备损害的声明	接受
5	系统意外移动	使用过程中制动器不可用	设计贴标	安全设计：制动安全装置；使用说明中包含下述建议：装置操作过程中应用制动功能	ALARP
6	系统总体损耗	AC（交流电）断开	硬件标签软件	设计安装电源连接的 LED 指示灯；系统配备电池备用电源，可以至少运行 45 分钟。电池放电之后可以进行手动通气；使用说明中含有下述警告：本系统必须时刻由具备资格的操作人员执行监管和控制操作；通电自检过程中进行电源检查；电源的故障报警（电源故障，低优先级）	ALARP
7	监测仪掉下/从装置上滑落，碰到患者、用户或第三者	监测仪/监测仪臂未牢固固定	硬件	安装加固装置；进行运输配置的振动和冲击试验；说明书中增加加固说明	接受

参考编号	危害	可能原因	控制	风险控制措施	剩余风险可接受度
8	患者未接收到预期的气体混合物	输入压力变化（尤其是空气）	硬件标签软件	系统提供氧气和空气的压力指示计（表计）及氧气和氧化亚氮的调节器；通过机械流量计（或电子流量计）执行新鲜气体流量测量。容积监控软件检测到吸气氧气低状况，并发布报警（INSP O₂ LOW，低优先级）	接受

综上，在医疗机构中，麻醉机的应用风险管理是一项系统工程，涉及的部门包括临床使用部门、医疗设备管理部门、药学部门、后勤保障部门等，只有不断地规范和整改麻醉机系统的设计、使用、质控每个环节，才能真正降低麻醉机临床应用风险。

第三节　麻醉机质量控制相关标准和技术规范

一、麻醉机质量控制的国际标准

麻醉机标准的制定研究可以追溯到 1955 年，当时的美国麻醉师协会（American Society of Anesthesiologists，ASA）对麻醉机的质量控制标准进行研究，进而成立专门的工作小组制定麻醉机相关的统一标准。近年来，ISO 已陆续发布 ISO 80601-2-13：2011《医用电气设备第 2-13 部分：麻醉工作站的基本安全和基本性能专用要求》、ISO 80601-2-55：2018《医用电气设备 第 2-55 部分：呼吸气体监测器的基本安全和基本性能专用要求》等标准。这些标准在国内都有其等同或修改采用的标准，具体内容详见本章第四节。

二、麻醉机质量控制的国内标准

我国麻醉机的相关标准颁布要晚于国际上的相关标准，为了与国际标准接轨，我国起草的标准大部分都会等同采用或修改采用国际相关标准。目前国内涉及麻醉机的标准主要为相应麻醉机的国家标准、医药行业标准。对应麻醉机的技术规范在国内还属于空白领域。

（一）麻醉机的国家标准

我国国家标准由国务院直属的标准化行政主管部门制定，下面对这些涉及麻醉机的主要国家标准进行逐一介绍。

1. GB/T 4999—2003《麻醉呼吸设备术语》　该标准归口全国麻醉和呼吸设备标准化技术委员会。等同采用国际标准化组织 ISO 4135：2001《麻醉和呼吸设备术语》，规定了麻醉呼吸设备及供气、相关仪表和供应系统的名词术语。

2. GB 9706.29—2006《医用电气设备 第 2 部分：麻醉系统的安全和基本性能专用要求》　该标准归口全国麻醉和呼吸设备标准化技术委员会、全国医用电器标准化技术委员会医用电子仪器标准化技术分委会。该标准修改采用国际标准 IEC 60601-2-13：2003《医用电气设备第 2 部分：麻醉系统的安全和基本性能专用要求》。

需要注意 IEC 60601-2-13：2003 现已作废。其内容都已经归纳到 ISO 80601-2-13：2011《医用电气设备 第 2-13 部分：麻醉工作站的基本安全和基本性能专用要求》标准中。

该标准对麻醉机的压力限制给出明确规定，要求麻醉系统应具有限制患者连接端口压力的装置，在正常状态和单一故障状态下，此压力不应超过 12.5kPa。若否，随机文件中应声明，在使用前，麻醉系统将配备限制患者连接端口压力的装置，在正常状态和单一故障状态下，此压力不应超过 12.5kPa。

该标准对麻醉机中气体监护仪给出了明确规定。文件指明二氧化碳监测应符合 ISO 9918：1993 标准，氧气监测应符合 ISO 7767：1997 标准。需要注意这两个 ISO 标准都归纳到 ISO 80601-2-55：2018《医用电气设备 第 2-55 部分：呼吸气体监测器的基本安全和基本性能专用要求》标准中。

该标准对麻醉机潮气量参数的最大允差给出明确规定，要求对于 100ml 以上潮气量或 1L/min 以上每分通气量，监护显示值的精度应为实际读数的±20%。

该标准对麻醉机每个流量计和（或）流量控制系统给出了明确规定，要求当在 20℃ 的工作温度下通向 101.3kPa 的环境大气，用于麻醉气体输送系统的任何流量计或流量控制系统的流量在满刻度的 10%～100%时，其刻度的精度应在指示值的±10%之内。

（二）麻醉机的医药行业标准

医药行业标准由国家市场监督管理总局组织起草制定并发布实施，是医药行业范围内统一的技术标准。为规范麻醉机产品质量，保证其临床使用安全及有效，我国陆续制定了一系列涉及麻醉机的医药行业标准。在此对这些标准进行简要介绍。

1. YY0635.1—2013《吸入式麻醉系统 第 1 部分：麻醉呼吸系统》 该标准为 YY 0635 的第 1 部分，本部分等同采用国际标准 ISO 8835-2：2007《吸入式麻醉系统 第 2 部分：麻醉呼吸系统》（英文版）。该标准规定了由制造商提供或组装的，或由用户在制造商的指导下装配麻醉呼吸系统的专用要求。麻醉呼吸系统由管道部件和接头所组成，可以包括一些阀门、一个储气囊和一个循环吸收组件，也包含对循环吸收组件，排气阀、吸入和呼出阀的要求，以及在一些设计中组成吸入式麻醉系统的麻醉呼吸系统部件的要求，这些部件包括麻醉呼吸机的呼出气体通道。该标准不覆盖关于麻醉呼吸系统消除呼出二氧化碳的性能，因为这是复杂的，取决于患者、新鲜气体流量、二氧化碳吸收剂和呼吸系统之间的相互作用。该标准不适用于预期 IEC 60601-2-13：2003 附录 DD 定义的可燃性麻醉剂/气体一起使用的麻醉呼吸回路。

该标准明确了压力监测及压力限制装置的技术要求。在动态测试的条件下，读数的误差应该是±（满刻度读数的 4%+实际读数的 4%）。如果有压力限制装置，则在正常工作状态和单一故障状态下，患者连接端口的压力不得超过 12.5kPa。

2. YY 0635.2—2009《吸入式麻醉系统 第 2 部分：麻醉气体净化系统 传递和收集系统》 该标准为 YY 0635 的第 2 部分，等同采用国际标准 ISO 8835-3：1997《吸入式麻醉系统 第 3 部分：麻醉气体净化系统 传递和收集系统》。该标准规定了有源麻醉气体净化系统的传递和收集系统的要求，还规定了收集系统与处理系统结合为一体的麻醉气体净化系统的要求。该标准不适用于无源麻醉气体净化系统或者近似的气体吸取系统，不包括对以下两个部分的要求：a. 分离的处理系统；b. 固定处理系统的安装。本部分对材料、压力进行说明。

3. YY 0635.3—2009《吸入式麻醉系统 第 3 部分：麻醉气体输送装置》 该标准为 YY 0635 的第 3 部分，修改采用国际标准 ISO 8835-4：2004《吸入式麻醉系统 第 4 部分：麻醉气体输送装置》。该标准规定了对麻醉气体输送装置的基本安全和性能要求。它适用于作为麻醉系统中的一个部件及用于持续的手术护理的麻醉气体输送装置。本部分对麻醉气体输送装置提出了特殊的要求，而它的一般要求则 GB 9706.29—2006 适用，该标准不适用于使用易燃麻醉剂的麻醉系统，以及使用在麻醉呼吸系统中的麻醉气体输送装置（如抽吸蒸发器）。

4. YY 0635.4—2009《吸入式麻醉系统 第 4 部分：麻醉呼吸机》 该标准为 YY 0635 的第 4 部分，修改采用国际标准 ISO 8835-5：2004《吸入式麻醉系统 第 5 部分：麻醉呼吸机》。该标准规定了麻醉呼吸机基本性能的专用要求，所指的麻醉呼吸机通常是一台麻醉系统的组件，并且是连续地有操作者介入的。与易燃麻醉类设备一起使用的麻醉呼吸机在本部分的适用范围之外。

需要注意其中医药标准 YY 0635 所参考的 ISO 8835-2、ISO 8835-3、ISO 8835-4、ISO 8835-5 现已全部归纳到 ISO 80601-2-13：2011《医用电气设备 第 2-13 部分：麻醉工作站的基本安全和基本性能专用要求》标准中。

5. YY 0601—2009《医用电气设备 呼吸气体监护仪的基本安全和主要性能专用要求》 该标准等同采用 ISO 21647：2004《医用电气设备 呼吸气体监护仪的基本安全和主要性能专用要求》。该标准规定了预期连续运行，并应用于患者的呼吸气体监护仪的基本安全和主要性能的专用要求。该标准规定了麻醉气体监测、二氧化碳监测、氧气监测三类要求。此外对设备或设备部件的外部标记、冲击、振动、防火、电源故障报警条件、气体监护仪工作数据准确性进行了说明。提出了麻醉气体浓度、二氧化碳、氧气监护数据的准确性要求。

需要注意 ISO 21647：2004 已经被 ISO 80601-2-55：2018《医用电气设备 第 2-55 部分呼吸气体监测器的基本安全和基本性能专用要求》所替代。

三、麻醉机配件或辅助设备的相关标准

1. YY 0461—2003《麻醉机和呼吸机用呼吸管路》 该标准等同采用 ISO 5367：2000《麻醉机和呼吸机用呼吸管路》。该标准为麻醉和呼吸设备系列标准之一，主要涉及了呼吸管路的基本要求，这些要求包括连接方法和试验方法。

需要注意 ISO 5367：2000 现已被 ISO 5367：2014《麻醉和呼吸设备 呼吸设备和连接器》所替代。

2. YY 1040.1—2003《麻醉和呼吸设备 圆锥接头 第 1 部分：锥头与锥套》 该标准等同采用 ISO 5356-1：1996《麻醉和呼吸设备 圆锥接头 第 1 部分：锥头与锥套》。该标准为麻醉和呼吸设备系列标准之一，主要涉及了麻醉和呼吸设备连接用圆锥接头的基本要求，这些要求包括圆锥接头的特殊要求和尺寸。临床上，可能需要将麻醉与呼吸设备中所用的多个连接接口连接成适当的呼吸系统。这些设备之间通常是通过圆形锥头和锥套来实现连接的。如果这些连接部件缺乏标准化，不同厂家生产的设备相连接时，就会存在互换方面的问题。

需要注意 ISO 5356-1：1996 现已被 ISO 5356-1：2015《麻醉和呼吸设备 圆锥形接头 第 1 部分：锥体和锥套》所替代。

3. YY 1040.2—2008《麻醉和呼吸设备 圆锥接头第 2 部分：螺纹承重接头》 该标准

等同采用 ISO 5356-2：2006《麻醉和呼吸设备 圆锥接头 第 2 部分：螺纹承重接头》。该标准为麻醉和呼吸设备系列标准之一，主要涉及了麻醉和呼吸设备连接用螺纹承重接头的基本要求，这些要求包括连接用螺纹承重接头的特殊要求和尺寸。圆锥接头可以用于轻型呼吸附件的连接，对于支持重型或易碎的附件，需要更加坚固的接头——螺纹承重接头。

需要注意 ISO 5356-2：2006 现已被 ISO 5356-2：2012《麻醉和呼吸设备 锥形连接器 第 2 部分：螺纹承重连接器》所替代。

4. YY/T 0735.1—2009《麻醉和呼吸设备 湿化人体呼吸气体的热湿交换器（HME）第 1 部分：用于最小潮气量为 250mL 的 HME》 该标准等同采用 ISO 9360-1：2000《麻醉和呼吸设备 湿化人体呼吸气体的热湿交换器（HME）第 1 部分：用于最小潮气量为 250mL 的 HME》。一般医用气体缺少足够的水分，难以适应于患者呼吸道生理需求。热湿交换器用于提高输送给呼吸道气体的水分含量和温度。HME 可以独立使用也可作为呼吸系统的一部分与呼吸系统一并使用。YY/T 0735.1—2009 中规定了潮气量等于或大于 250ml、主要用于对患者呼吸气体湿化且至少包括一个机器端口的热湿交换器（包括带有呼吸系统过滤器的 HME）的相关要求。YY/T 0735.1—2009 同时规定了对相关设备进行评价的试验方法。

5. YY/T 0753.1—2009《麻醉和呼吸用呼吸系统过滤器 第 1 部分：评价过滤性能的盐试验方法》 该标准等同采用 ISO 23328-1：2003《麻醉和呼吸用呼吸系统过滤器 第 1 部分：评价过滤性能的盐试验方法》。呼吸系统过滤器用于降低患者吸入或呼出颗粒性物质的数量（包括微生物）。在临床使用中呼吸系统过滤器暴露于各种湿度水平的空气中。由于呼吸系统过滤器的过滤性能可能会受到潮湿空气的影响，本试验中将呼吸系统过滤器暴露于模拟临床使用的潮湿空气中。该标准给出了使用氯化钠颗粒（粒径范围 0.1～0.3μm）评价呼吸系统过滤器过滤性能的方法。对呼吸系统过滤器质量控制时，其过滤性能评价试验可参考该标准规定方法进行。

6. YY/T 0753.2—2009《麻醉和呼吸用呼吸系统过滤器 第 2 部分：非过滤方面》 该标准等同采用 ISO 23328-2：2002《麻醉和呼吸用呼吸系统过滤器 第 2 部分：非过滤方面》。呼吸系统过滤器是指预期降低呼吸系统中颗粒性物质传播的装置。该标准规定了用于呼吸系统的过滤器非过滤方面，包括其连接端口、泄漏、阻流、包装、标志等的要求。

7. YY 0755—2009《麻醉蒸发器 麻醉剂专用灌充系统》 该标准等同采用国际标准 ISO 5360：2006《麻醉蒸发器 麻醉剂专用灌充系统》。该标准规定了麻醉剂专用蒸发器的麻醉机专用灌充系统的尺寸。该标准没有指定结构材料，但在选择灌充系统中与液体麻醉剂接触部分的材料时应考虑如下因素：毒性；与麻醉剂的相容性；由材料沥出的物质对健康的危害最小。由于地氟烷的独特性质，该标准没有规定这种麻醉剂灌充系统的尺寸。该标准主要对瓶、瓶颈环、瓶适配器、灌充插座、灌充速率、泄漏、灌充过量保护、颜色标识、制造商提供的信息进行了说明。

需要注意 ISO 5360：2006 现已被 ISO 5360：2016《麻醉蒸发器麻醉剂专用灌充系统》所替代。

8. YY 0801.2—2010《医用气体管道系统终端 第 2 部分：用于麻醉气体净化系统的终端》 该标准是 YY 0801 的第 2 部分，等同采用国际标准 ISO 9170-2：2008《医用气体管道系统终端 第 2 部分：用于麻醉气体净化系统的终端》（英文版）。该标准规定了预期用在符合 ISO 7396-2 的麻醉气体净化处理系统中的终端的要求和尺寸。根据动力装置是在终端的上游还是下游规定了两种型式的终端。也规定了型式专用连接点的配对件（插入件）的要求和尺寸，该型式专用连接点是终端的一部分。该标准没有规定 ISO 7396-2 定义的终端的标称工作压力范围，也没有规定适用 YY 0801.1 的用于压缩医用气体和真空的终端的要求。该标准主要对于安全性、可选结构、材料、设计要求、结构要求、试验方法、标记、颜色代码和包装、制造商提供的信息进行了说明。

9. YY/T 0882—2013《麻醉和呼吸设备 与氧气的兼容性》 该标准等同采用 ISO 15001-2003《麻醉和呼吸设备 与氧气的兼容性》。该标准规定了麻醉和呼吸设备及组成应用与氧气所接触的材料，在气体压力大于 50kPa 的正常或单一故障状态下与氧气兼容性的最低要求。该标准器适用于麻醉和呼吸设备，如医用气体管道系统、减压器、终端、医用供应单元、挠性连接、流量计装置、麻醉工作站和呼吸机。该标准对清洁、防火、风险分析进行说明。

需要注意 ISO 15001：2003 现已被 ISO 15001—2010《麻醉和呼吸设备 与氧的兼容性》所替代。

10. YY/T 0975—2016《麻醉和呼吸设备麻醉期间用于贴示在含药物注射器上的标签 颜色、图案和特性》 该标准修改采用国际标准 ISO 26825：2008 《麻醉和呼吸设备 麻醉期间用于贴示在含药物注射器上的标签 颜色、图案和特性》（英文版）。该标准规定了标签的颜色、尺寸、图案和一般特性，并规定了药物名称名字的印刷特性。该标准适用于使用者贴示在注射器上的标签，以便麻醉期间给予用药前就能识别注射器中的药物。该标准不适用于药品制造商贴在注射器或注射筒上的标签。该标准对标签的颜色、尺寸进行说明。

11. YY/T 0977—2016《麻醉和呼吸设备 口咽通气道》 该标准修改采用国际标准 ISO 5364：2008《麻醉和呼吸设备 口咽通气道》。该标准规定了塑料和（或）橡胶材料制成的口咽通气道（包括带有塑料和（或）金属材料制成的加强插入物的口咽通气道）的要求。该标准不适用于金属口咽通气道，也不涉及口咽通气道的易燃性要求。在如易燃麻醉剂、电外科设备或激光使用中，口咽通气道的易燃性是公认的危害，这是临床管理的范畴，不在此标准范围内。该标准不适用于无内部完整密封装置的上喉部通气道。该标准对规格标识与尺寸、材料、设计、性能要求、无菌保证、无菌供应的口咽通气管的包装、标记、制造商提供的信息做出说明。

需要注意 ISO 5364：2008 现已被 ISO 5364：2016《麻醉和呼吸设备口咽通气管》所替代。

12. YY/T 0978—2016《麻醉储气囊》 该标准等同采用国际标准 ISO 5362：2006《麻醉储气囊》。该标准规定了麻醉机或肺通气呼吸系统用抗静电和非抗静电储气囊的要求，该标准包括了囊颈设计、规格标识、抗扩张和电阻抗性。该标准包括了一次性使用和重复性使用储气囊的要求。该标准不适用于特殊用途的储气囊，如自动膨胀囊，与麻醉气体清除系统一起使用的囊不认为是麻醉储气囊。该标准对重复使用量、规格标识、泄漏、容量、设计、材料、静电预防、无菌供应储气囊、标志、制造商提供的信息进行说明。

13. YY/T 0985-2016《麻醉和呼吸设备 上喉部通气道和接头》 该标准修改采用国际标准 ISO 11712：2009《麻醉和呼吸设备 上喉部通气道和接头》（英文版）。上喉部通气道和接头预期用于打开并密封上喉部，在进行自主、辅助或控制通气时，在患者体内提供一个畅通无阻的通道。该标准规定了上喉部通气道和接头的基本要求，规定可获得类型的上喉部通气道的尺寸、基本特性、规格设计的方法。虽然大部分通气道可按本标准规定的规格和尺寸（或其他特性）进行分类，但该标准不对为特殊用途设计的通气道提出特殊要求。该标准对上喉部通气道、上喉部通气道接头、无菌供应的上喉部通气道和接头的要求、清洗消毒灭菌、标记、随机文件进行说明。

14. YY/T 1438—2016《麻醉和呼吸设备 评价自主呼吸者肺功能的呼气峰值流量计》 该标准修改采用国际标准 ISO 23747：2007《麻醉和呼吸设备 评价自主呼吸者肺功能的呼气峰值流量计》（英文版）。该标准规定了呼气峰值流量计（peak expiratory flow meter, PEFM）的要求，呼气峰值流量计预期用于评价自主呼吸者的肺功能。该标准适用于所有用于测量自主呼吸者的呼气峰值流量的设备，不论是综合肺功能设备的一部分还是单独的一个设备。该标准主要对 PEFM 测量范围、测量误差、线性度、气流阻力、频率响应、拆卸和重新组装、机械老化的影响、手持式 PEFM 坠落的影响、清洗消毒灭菌、与材料的相容性、生物相容性进行说明。

需要注意 ISO 23747：2007 现已被 ISO 23747—2015 《麻醉和呼吸设备自然呼吸的人肺部功能评估用最大呼气流量计》所替代。

15. YY/T 1610-2018《麻醉和呼吸设备 医用氧气湿化器》 该标准按照 GB/T 1.1—2009 给出的规则起草。该标准规定了医用氧气湿化器的接口尺寸，基本性能要求、耐压强度、微生物要求、标记和制造商提供的信息等要求。该标准适用于医用氧气吸入器（如：浮标式氧气吸入器、中心供氧系统中使用的墙式氧气吸入器）和单人用医用氧气浓缩器(制氧机）上使用的医用氧气湿化器，包括一次性使用湿化器和非一次性使用湿化器。

第四节　麻醉机质量控制措施

一、安装验收阶段的质量控制

根据国家《医疗卫生机构医学装备管理办法》、卫生部《医疗器械临床使用安全管理规范（试行）》规定，医疗机构应建立医疗器械验收制度，验收合格方可用于临床。结合医疗机构实际工作，麻醉机的验收管理分为两部分：安装及到货验收、技术性能验收，当两部分都满足要求时才算验收通过。

下面以迈瑞 WATO-65 为例，介绍麻醉机设备安装验收的相关步骤和要求：

（一）开箱验货及安装

1. 开箱验货及安装准备

（1）场地准备

1）医院气源接头：麻醉机输入气源压力要求范围：0.28～0.60MPa。气源种类：氧气，氧化亚氮和空气。气源供应来源：①中央供气管道；②气瓶供气；③备用气瓶供气。气源颜色分类标准见表3-8。

表3-8　气源颜色分类标准

气源类型	美标	欧标	国标
氧气	绿色	白色	蓝色
氧化亚氮	蓝色	黑色	灰色
空气	黄色	黑白相间	黑色

图 3-32 双表减压阀

2）麻醉机气源减压阀：双表减压阀如图 3-32 所示，可控制高压气瓶到机器端压力，气瓶压力 13～15MPa，输出压力 0.28～0.60MPa。双表减压阀常规尺寸为 130mm×120mm×70mm，重量为 1.3kg。

（2）开箱前检查及开箱：开箱前需要检查麻醉机外包装，开箱后需检查设备外观，清点附件和资料，并保存麻醉机装箱清单。具体如下：

1）切断打包带，准备开箱。

2）移除顶盖和外包装箱。

3）清除机器和附件的缠绕膜。

4）检查麻醉机外观是否有凹陷、破损，如有损坏，应拍照并记录。

5）放置斜板，解除脚轮制动，推出麻醉机。

6）对照装箱清单清点麻醉机附件。

7）填写医疗设备到货验收单（表 3-9）。

表 3-9 医疗设备到货验收单

设备安装地点			到货日期			
生产厂家			销售公司			
设备名称		规格型号			数量	
设备编号（SN）						
设备外包装情况				□合格		□不合格
说明书、合格证、操作手册、维修手册、装箱清单等其他技术资料				□齐全		□不齐全
设备外观质量检查（损伤、损坏、锈蚀情况，零件是否齐全）				□合格		□不合格
设备规格型号、配置与采购合同是否相符				□相符		□不相符
设备部件检查（包括出厂编号、生产日期等）				□合格		□不合格
随箱附零配件、工具（按投标文件、配置清单检查）				□齐全		□不齐全
销售公司负责人及联系方式	签字：		工程师姓名及联系方式			
设备管理部门检查结果	签字：					
使用科室检查结果	签字：					
采供部门检查结果	签字：					
其他情况说明及处理意见						

注：本表仅用于医疗设备的到货验收

2. 麻醉机组件装配 取出气源软管包，根据医院的气源接口种类，选择不同接头进行安装，并使用气源软管连接气源和麻醉机。气源软管如图 3-33 所示。

3. 呼吸回路装配 麻醉机出厂可配置的患者呼吸回路大致分为两种：Pre-Pak 呼吸回路和普通呼吸回路。其中普通呼吸回路根据机型分成两种：PPSU 普通呼吸回路、尼龙普通呼吸回路。不同的呼吸回路如图 3-34 所示。

图 3-33　气源软管

A　　　　　　　　　　B　　　　　　　　　　C

图 3-34　不同的呼吸回路

A. PPSU 普通呼吸回路；B. 尼龙普通呼吸回路；C. Pre-Pak 呼吸回路

4. 蒸发器装配

（1）蒸发器开箱。

（2）蒸发器支座密封圈确认，如图 3-35 所示。

（3）将蒸发器垂直放上蒸发器支座，然后锁紧。

注意：首次对蒸发器进行加药时，蒸发器内的棉芯会吸 50～60ml 的麻醉药。当麻醉机装配两个蒸发器时，蒸发器的互锁功能使两个蒸发器不能同时打开。

图 3-35　蒸发器支座密封圈

5. 废气排放组件和负压吸引安装

（1）废气排放组件：被动排污组件和主动排污组件。

1）被动排污组件：麻醉机废气通过一管道排到室外。

2）主动排污组件：通过医院的废气系统的主动负压，吸除麻醉机排出的废气，AGSS 组件的作用就是医院废气系统和麻醉机的适配器。主动 AGSS 组件有两种规格：高流量：75～105L/min；低流量：25～50L/min。

（2）负压吸引组件（图 3-36）：采用管道压缩空气作为驱动气体，在负压端产生吸引气流，为吸出患者咽部体液和呕吐物提供动力。负压吸引装置主要由负压调节器、集液瓶、吸引管和过滤器组成。

6. 监护仪支架和吊塔支架

（1）监护仪支架：在麻醉机的侧面导轨或顶部安装监护仪。

图 3-36 负压吸引组件

（2）吊塔支架：将麻醉机安装于吊塔上。

（二）设备质量验收

1. 验收相关要求

（1）场地及配套设施要求：根据麻醉机的装机要求，准备好安装场地，并确保相关配套设备齐全。对于开箱后无法及时完成安装的机器，做好相关防护工作，确保设备存放场地的安全。

（2）验收人员及资料要求：接到到货通知时，验收人员应首先准备与采购有关的验收资料，主要包括投标文件、谈判记录、合同及配置清单、装箱单等，提前熟悉相关材料并做好充分准备。货到之后，通知相关部门验收人员，包括医疗设备管理部门验收人员、采购部门验收人员、临床使用科室人员和厂商代表等，验收人员到齐后共同进行到货验收。

（3）验收工作主要要求

1）根据订货合同核对商标、标志、收货单位名称、品名、箱号、箱总件数等有关的外包装标记及批次是否相符。

2）检查设备包装情况：是否是生产原厂原包装，有无拆封、破损，是纸箱还是木箱或是塑料包装，有无油污、水渍等情况，对不可倾斜运输的设备，需检查外包装上的倾斜运输的变色标记是否变色，并对包装情况进行拍照记录，确认外包装完好后，方可开箱。

3）检查设备外观情况：表面是否清洁、有无残损、锈蚀、碰伤，外壳是否光滑无划痕，各按钮旋键是否无损、新旧程度如何等。

4）设备包装情况和外观情况如果与合同不符或者有破损时，必须做好现场记录，记入验收报告并拍照或录像，以便分清责任。

5）检查与清点：以合同及标书配置要求为依据，按装箱清单或使用说明书上的附属器材或零配件的名称、规格型号、数量等逐项进行核对并做记录。注意设备质量与性能是否完好，如出现数量或实物与单据不符的，应当做好记录并保留好原包装，便于向厂方要求补发或索赔。包装箱内应有下列文件：使用手册及出厂鉴定证书，检验合格证（合格证应有的标志：生产厂商名称、产品名称和型号、检验日期、检验员代号），售后服务承诺书，维修手册，维修电路图纸等。

对于需要商检的设备，必须由当地商检部门的商检人员参加。验收记录必须由各方共同签字。对于强制检定的工作计量器具，必须提供检定证书或检定合格证。对于验收情况必须详细记录并出具验收报告，严格按合同的品名、规格、型号、数量、配置逐项验收。对所有与合同配置不符的情况，应做记录，以便及时与供应商交涉或报商检部门索赔。

6）对于违反验收管理制度，造成经济损失或医疗伤害事故的，应追究有关责任人的责任。

2. 技术性能验收
安装调试后通电试机，技术性能验收时应按生产厂商提供的各项技术指标或按招标文件中承诺的技术指标、功能，对新装麻醉机进行检测和测试，逐项验收，必要时可通过临床实际操作或可量化的参数进行核查验证。

（1）气源供气测试——氧气

1）不接气源开机，应出现【氧气供应失败】报警和【驱动气体压力低】报警。氧气气源压力表应为零。

2）将氧气气源软管连接到麻醉系统的气源入口上。

3）检查氧气气源压力表显示应为280～600kPa。

4）报警消失。

（2）气源供气测试——氧化亚氮

1）不接氧化亚氮气源，氧化亚氮气源压力表应为零。

2）选择【设置】→【常规】，设置【新鲜气体控制方式】为【单管流量】。

3）设置平衡气体类型为氧化亚氮。

4）确认出现【氧化亚氮供应失败】报警。

5）将氧化亚氮气源软管连接到麻醉系统的气源入口上。

6）检查氧化亚氮气源压力表显示应为280～600kPa。

（3）气源供气测试——空气

1）不接空气气源，空气气源压力表应为零。

2）选择【设置】→【常规】，设置【新鲜气体控制方式】为【单管流量】。

3）设置平衡气体类型为空气。

4）确认出现【空气供应失败】报警。

5）将空气气源软管连接到麻醉系统的气源入口上。

6）检查空气气源压力表显示应为280～600kPa。

（4）电源报警测试

1）打开系统开关。

2）不接交流电源。

3）主界面上应显示提示信息【电池使用中】。

4）连接交流电源。交流电源指示灯和电池充电指示灯亮起，主界面上【电池使用中】提示信息消失。

（5）呼吸回路未安装报警测试：拔下患者回路，应有【呼吸回路未安装】报警。装上患者回路，确认报警消失。

（6）吸收罐报警测试：打开吸收罐手柄（L形支臂手柄垂直向下），确认有【CO_2吸收器未锁定】中级报警。关闭吸收罐手柄（L形支臂手柄水平向右），确认报警消失。

（7）蒸发罐泄漏测试

1）将手动/机控开关设置在手动的位置。

2）将APL阀设置在SP的位置。

3）将呼吸回路的一端连接到手动支臂，另一端连接到吸气端口，Y形头连接到测试端口。

4）将蒸发器安装并锁定在蒸发器安装座上（为保证测试正确，有的蒸发器需要设置在至少1%，具体情况参见蒸发器制造商手册）。

5）将新鲜气体流速设置为0.2L/min。

6）将APL阀设置在75cmH$_2$O的位置。验证气道压力表上的压力在2分钟内增加幅度大于30cmH$_2$O。

7）关闭蒸发器。

在另一台蒸发器上重复步骤4）～7）。

（8）VCV通气模式调试

1）VCV成人默认参数试运行。

2）VCV小儿默认参数试运行，必要时重新设置报警上下限。

3）VCV婴幼儿默认参数试运行，必要时重新设置报警上下限。

4）以上任一试运行超出允许误差，进行漏气检测和用户校准（允许误差范围：<75ml：±15ml；≥75ml：±20ml或设定值的±10%，取其中较大者）。

患者类型切换方式：手动机控开关→手动→屏幕右下角解除患者→进入待机模式→屏幕左上角选择患者类型→切换后退出待机模式→手动机控开关→机控。

3. 麻醉机技术性能验收合格后，需对操作人员进行培训和考核（包括使用者亲自操作），确保使用者（医护人员）应掌握开机前注意事项、患者安全处理、操作规范、突发意外时的处理措施等，经过培训且考核合格后方可操作麻醉机。相关培训考核样表见表3-10。

表3-10　医疗设备操作使用人员培训考核表

培训项目	□ 岗位技能培训　　□ 使用操作培训 □ 维修维护培训　　□ 安全风险培训		日期	
设备名称		品牌及型号	科室	
培训 考核 内容				
参加人员				
工程师姓名及 联系方式		公司名称		
培训 考核 结果		通过	未通过	
	理论知识			
	日常维护（技能）			
	操作技能			
组织人员	医疗设备管理部门组织人员		使用科室负责人	

4. 经过一段时间使用和操作后，应满足：麻醉机运行稳定，各性能指标正常，科室使用人员操作熟练。

5. 在技术性能验收时还需供应商提供验收资料清单。

6. 验收结束后，参加验收人员应共同填写医疗设备验收报告（表3-11）。

表3-11　医疗设备验收报告

验字第×××号			
设备名称		设备型号	
设备数量		设备品牌	
序列号		设备单价（万元）	
设备安放地点		设备总价（万元）	

续表

保修年限		中标通知及招标编号	
销售公司名称		销售公司联系人/电话	
生产厂家电话		销售公司负责人/电话	
工程师及联系电话		销售公司固话	
主要配置:			
验收项目	备注	验收项目	备注
□到货验收是否合格（到货时间）		□生产厂家、供应商资质	
□配置是否齐全		□商检报告、报关单	
□医疗器械注册证		□操作使用培训	
□医疗器械相关认证证书		□操作规程	
□技术资料（说明书、维修手册）		□运行正常	
□维修密码		□发票复印件	
□检验报告、计量首检合格证		□维护保养计划及内容	
技术性能验收:			
验收过程详细记录及存在问题:			
验收合格日期：　年　月　日			
使用科室负责人		医疗设备管理部门验收人员	
医疗设备管理部门负责人		采供部门负责人	

二、日常使用中的质量控制

日常使用中的质量控制是麻醉机质控的重要环节，麻醉机使用科室应设置专职的设备管理员以保证麻醉机的日常管理。

（一）使用前检查

基于医疗安全的考虑，每一次使用医疗设备之前都应当进行安全检查，以免在使用过程中发生意外和故障。通常情况下，使用科室设备管理人员或者使用人员要在使用之前对麻醉机进行常规检查，查验麻醉机是否具备正常工作的条件，使用前的检查项目清单见表3-12。

表3-12　使用前的检查项目清单

检查项目	具体操作步骤	要求
设备外观检查	查看设备外观状态	外观完好清洁
设备附件完好性检查	查看设备附件是否齐全	附件齐全
内置电源	查看内置电池电量是否充足	电池指示灯正常显示，电量充足
时钟准确性检查	查看设备时钟是否准确	误差<1分钟
中央供气/减压阀输出	连接管道	压力范围：280~600kPa
废气排放系统	查看管道	完好连接
流量计	先打开氧气流量，再打开氧化亚氮	有氧化亚氮输出
	再关闭氧气流量	无氧化亚氮输出
快速充氧	按下	有氧气输出
挥发罐	零位	可锁

续表

检查清单	具体操作步骤	要求
	液面	两线之间
加药口	检查	关闭
连接系统	检查连接处	平滑连接
	自锁	开关自如
	互锁	开关自如
集成呼吸回路	管道，皮囊，吸收罐，流量传感器	完好连接
钠石灰	查看吸收罐	如已变色则须更换
顺应性泄漏检测	在待机状态下：按顺应性/泄漏测试键，根据屏幕提示操作	系统提示通过与否
氧传感器	在空气中暴露 2 分钟，标定	系统提示通过与否
流量传感器	关闭新鲜气体流量，拔掉呼出管道，标定	系统提示通过与否
气道压力监护	系统自检	系统提示通过与否

如时间充足，可对麻醉机做模拟运行，验证各功能监测参数的准确性。

（二）使用中注意事项

麻醉机在使用过程中并非完全安全，使用期间同样有可能发生故障或意外。麻醉机的设计、构造、操作、使用都比较复杂，各个环节都有可能出现问题，如系统故障、细菌污染等。如果不能将上述故障完全排查，患者在手术过程中可能出现心脏骤停等不良现象，而被污染的麻醉机投入使用之后对患者健康威胁更大，可能造成术后感染等一系列并发症。因此，手术过程中需要加强对麻醉机的观察与监测，预防不良事件的发生，并于术后及时填写麻醉机使用登记表（表 3-13）。如果手术过程中发生麻醉机故障，应第一时间寻找替代设备替换故障设备，以保证患者安全，使手术顺利进行。同时，设备管理人员应对故障设备信息进行统计并报医疗设备管理部门维修。

表 3-13　麻醉机使用登记表

麻醉机型号	手术间	日期	使用时间	使用状态	备注

（三）使用后的清洁消毒

由于麻醉机管路直接与患者接触，患者呼出气体在呼吸回路中循环周转，不可避免会造成管路污染。所以使用后必须对麻醉机相关部件清洁消毒。清洁消毒既可以让机器外观保持干净整洁，也可避免下次使用麻醉机时引发交叉感染。对麻醉机的呼吸系统不同部件的清洁与消毒的方法要求有所不同，需要根据实际情况和设备厂商要求在不损坏设备安全的前提下，选择合适的方法进行操作。例如，建议呼吸回路的消毒采取蒸汽高温高压消毒的方法，推荐温度为 134℃，时间不超过 20 分钟，根据患者情况和麻醉机使用频次，必要时可增加消毒次数。

使用在柔性清洁液（如 75%的医用酒精）中浸泡过的湿布擦拭麻醉机外壳表面来达到清洁效果；外壳清洁完成之后，使用干燥的不起毛的布来清除残余清洁剂溶液；对患者呼吸回路的清洁需拆卸患者呼吸回路的相关部件：气道压力表、氧电池、流量传感器、风箱罩、手动呼吸支臂、折叠囊、积水杯、吸气呼气单向活瓣、钠石灰吸收罐和 Y 形管道等。清洁消毒剂的分类见表 3-14。

表 3-14　清洁消毒剂分类表

名称	每次浸泡、蒸煮、擦拭时间	类别
酒精（75%）	大于 30 分钟	中效消毒剂
异丙醇（70%）	大于 30 分钟	中效消毒剂
戊二醛（2%）	大于 30 分钟	高效消毒剂
肥皂水（pH 为 7.0～10.5）	3 分钟	清洁剂
清水	大于 30 分钟	清洁剂
高温高压蒸汽消毒*	20 分钟（折叠囊组件：7 分钟）	高效消毒

*此消毒方法的最高温度能达到 134℃（273℉）。

麻醉机各部件的清洁消毒方法见表 3-15。

表 3-15　麻醉机各部件的清洁消毒方法

部件	清洁方法		消毒方法		
	1 擦拭	2 浸泡	A 擦拭	B 浸泡	C 压力蒸汽
呼吸软管与 Y 形接口		★		★	★
呼吸面罩		★		★	★
流量传感器		★		★	
气道压力表	★		★		
风箱组件（不包含折叠囊）		★		★	★
折叠囊组件		★		★	★
吸气和呼气单向阀组件		★		★	★
氧传感器	★		★		
CO$_2$ 吸收器组件		★		★	★
CO$_2$ 吸收器连接块组件		★		★	★
积水杯		★		★	
储气囊支撑臂		★		★	★
BYPASS 组件		★		★	★
呼吸系统		★		★	★
储气囊		★		★	★

注：★表示可以使用该类清洁方法或消毒方式。
1 擦拭：用在弱碱性清洁剂（如清水或 pH 为 7.0～10.5 的肥皂水等）溶液中浸泡过的湿布擦拭，并用干燥的不起毛布擦干
2 浸泡：先用清水冲洗，然后用弱碱性清洁剂（如清水或 pH 值为 7.0～10.5 的肥皂水等）溶液（建议水温为 40℃）浸泡大约 3 分钟，最后用清水清洗净并晾干
A 擦拭：用在中、高效消毒剂[如酒精（75%）、异丙醇（70%）或戊二醛（2%）等] 溶液中浸泡过的湿布擦拭，并用干燥的不起毛布擦干
B 浸泡：用在中、高效消毒剂[如酒精（75%）、异丙醇（70%）或戊二醛（2%）等] 溶液中浸泡（浸泡时间根据消毒液的不同而不同），然后用清水清洗干净并彻底晾干
C 压力蒸汽：高温高压蒸汽消毒（最高温度为 134℃），消毒时间至少为 20 分钟
A 和 B 属于中级消毒，C 属于高级消毒。折叠囊组件的浸泡时间勿超过 15 分钟，折叠囊组件的压力蒸汽时间勿超过 7 分钟。

由医疗设备所导致的交叉感染是医院内获得性感染的主要原因之一，而麻醉机是临床麻醉中实行全身麻醉必不可少的介入性医疗设备，也是最容易被病原微生物所污染的医疗设备之一。每次使用前和使用后都应严格进行清洁消毒，以防发生交叉感染。尤其是传染性疾病患者麻醉手术中使用过的设备，对其消毒要有更严格的要求。对于麻醉呼吸回路建议采用一次性回路，并执行一人一用一抛弃的方式。其余可以重复消毒的部件建议采用以下几种消毒方式或根据设备厂商提供的消毒要求执行：①药物浸泡消毒法；②气体熏蒸消毒法，可选用甲醛、环氧乙烷；③C 射线照射消毒法。

（四）定期维护

麻醉机在长时间使用后，部件会发生不同程度的损耗，为不影响麻醉机的正常使用，需要针对不同部件制订相应的维护计划。而且，固定的消耗品需要定时更换以保证设备的正常运转。麻醉机常规维护检查项目及要求见表 3-16。

表 3-16　麻醉机定期维护项目及要求

最低维护频率	维护项目及要求
每天	清洁外部表面
每 72 小时	21%O_2 校准（呼吸系统上的氧传感器）
	设备将提示用户进行 21%O_2 校准
每两周	排空蒸发器
每月	100%氧传感器校准（呼吸系统上的氧传感器）
	清除 CO_2 和 AG 模块水槽内的积水
每年	更换蒸发器安装座和呼吸系统端口上的密封圈
	CO_2 模块校准
	AG 模块校准
每三年	更换内置锂离子电池
按需进行	每次安装新的备用气瓶前，请检查备用气瓶口接口已安装气瓶垫圈
	氧浓度校准不通过或者氧电池寿命超过 5000 小时，请更换氧传感器
	如果呼吸系统呼气接口处的积水杯内有积水，请清空积水杯
	如果吸收剂颜色发生改变，请更换 CO_2 吸收器里的吸收剂
	如果发现氧传感器测量偏差过大，且多次校准无法校正，请更换氧传感器
	如果发现流量传感器的密封圈损坏、膜片有裂痕或者变形、传感器本身变形或有裂痕等，请更换流量传感器
	清洁或消毒流量传感器并重新安装后、更换新的流量传感器后或潮气量测量不准确时，请进行流量传感器校准
	如果传输系统软管出现破损，请进行更换
	如果气源软管组件出现破损，请进行更换
	如果 APL 阀泄压压力偏差过大，请更换 APL 阀

（五）维保监管

1. 设备发生故障，使用科室应立即通知医疗设备管理部门，并悬挂设备停用标识。除专业技术人员外，任何人不得私自修理。

2. 设备维修后，维修工程师应对设备进行参数校准和质量控制检测，并详细记录备案。

3. 对保修期内或购置保修合同的设备，应及时掌握使用情况，出现问题或存在隐患时，及时联系保修方。对保修方的维修维护应有专业人员跟踪并做好记录，监督保修合同执行情况。

4. 医疗设备的维修、维护、巡检、技术检测等应在设备管理档案中体现。

5. 每季度或每年对医疗设备维护保养一次。

三、预防性维护

麻醉机作为生命支持类设备，预防性维护应包含使用人员的日常维护保养、医疗设备管理部门的定期维护保养及厂家或第三方的年度维护保养。

（一）预防性维护的时机

1. 高风险点位的定期维护　麻醉机高风险点位是指麻醉机中会造成堵塞、润滑性能降低、泄漏和参数准确性易出现偏差的点位，需要根据运行规律，定期采取维护措施，保障麻醉机性能良好。

2. 巡检发现某台设备性能异常而采取维护措施。

3. 临床使用发现的异常现象，维修工程师采取的维护措施。

（二）高风险点的预防性维护

1. 造成堵塞的风险点维护　如气道压监测软管连接的细菌过滤器、负压泵细菌过滤器、AGS 过滤器、IBF 过滤器等，因机型不同，过滤器的设置有差别，应根据每种机型的配置及要求，定期维护或更换过滤器。气道压监测软管连接的细菌过滤器和负压泵细菌过滤器更换周期不宜超过 2 年，AGS 过滤器堵塞时应及时更换，IBF 过滤器宜每运行 20 小时更换。

2. 造成润滑性能降低的风险点维护　麻醉机中运动部件包括麻醉呼吸机中机械运动部件及吸入单向活瓣和呼出单向活瓣，麻醉呼吸机中机械运动部件润滑性能降低会导致呼吸机停止工作，以海伦 Leon 机型为例，呼吸回路中单向轴的运动需要良好的润滑性能，若润滑性能降低，单向轴停止工作，会导致风箱气囊不工作，致使患者吸入气体不足。单向轴的维护周期宜为 6 个月。吸入单向活瓣和呼出单向活瓣因患者分泌物等物质的聚集无法打开，呼吸机无法工作。吸入单向活瓣和呼出单向活瓣的清洁周期不宜超过 3 个月。Leon麻醉机呼吸回路单向轴添加润滑剂维护如图 3-37 所示，集成呼吸回路拆解如图 3-38 所示。

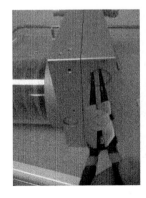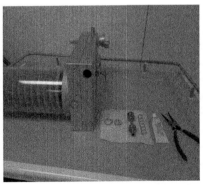

图 3-37　Leon 麻醉机呼吸回路单向轴润滑维护

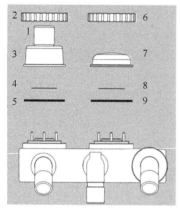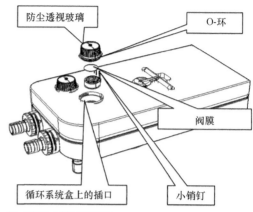

图 3-38　集成呼吸回路的拆解

1. 氧传感器接口；2. 紧固螺帽；3. 吸重阀上盖；4. 吸气阀片；5. 密封圈；6. 紧固螺帽；7. 呼气阀上盖；8. 呼气阀片；9. 密封圈

拆除集成呼吸回路的主要步骤：①拔下吸气端口圆顶帽的插头，拆除吸气阀。②拧下固定螺帽。③拆下检查盖。④取出阀片。⑤从阀片上面取下垫圈，拆除呼气阀。⑥拧下固定螺帽。⑦拆下检查盖。⑧取出阀片。⑨从阀片上取下垫圈。

3. 造成系统泄漏的风险点维护　系统易泄漏点位包括二氧化碳吸收器、采样管、风箱、集成呼吸回路等。常见的二氧化碳吸收器结构如图 3-39 所示，二氧化碳吸收器密封圈、过滤网的清洁维护周期不宜超过 2 周，每次更换吸收剂时应检查滤网和密封圈，发现异常及时维护。采样管应每月检查，发现破损和脱落及时处理。风箱的检查周期不宜超过半年，检查风箱时，应清洁皮碗或气囊，检查完好性。二氧化碳吸收器安装方法如图 3-40 所示。

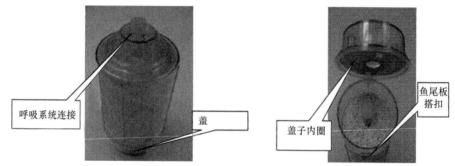

图 3-39　二氧化碳吸收器结构图

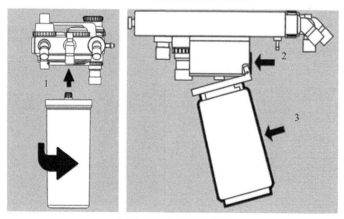

图 3-40　风箱拆卸图

1. 将吸收器安装在呼吸系统下方，并逆时针旋转到位；2. 按下按钮打开固定旋臂；3. 将吸收器推刀，直到接合到位

麻醉机流量传感器和氧电池需定期进行校准或标定，流量传感器的校准周期不宜超过2天，氧电池的标定应每天开机时进行。

（三）日常巡检

1. 气源 为保障麻醉机气体输入端压力稳定安全，医疗设备管理部门工程师在巡检过程中要检查气源输出压力是否稳定、符合要求，并做好记录（表3-17）。

表3-17 气源检查记录表

项目	读数（kPa）	正常值范围	是否合格
麻醉机气源压力			
墙端压力			

（1）连接麻醉机与气源，开机检查麻醉机的气源压力表显示值是否在安全范围内，且在1分钟内压力表显示值无掉落和上升等异常状况。

（2）使用单一表征的气源压力表连接墙端气源，测试墙端气源压力显示值是否在麻醉机正常工作所允许的范围内。

（3）检查气体管道接头和麻醉机相连处是否松动，是否有漏气发生；检查气体插头和气体软管卡箍是否松动及漏气，如发现松动和漏气，及时调整。

2. 电源

（1）使用电压表量取交流电输入是否在麻醉机正常工作的额定电压范围内。

（2）检查麻醉机电池电量指示，不插交流电状态下是否能正常工作50分钟以上，否则说明电池老化，应及时更换电池。

3. 外观

（1）机器外观完整性：检查麻醉机电源线/通信线等附件是否有破损，麻醉机外壳是否有破损或者刮伤，如发现有，记录在巡查记录表上。所发现的问题，现场如能处理应及时处理，并填写维修记录单，如不能现场处理，应反馈给使用科室设备管理员，按正常报修流程报修进行处理（建议贴上医疗设备管理部门巡查表）。

（2）机器外观清洁度：麻醉机外观应整洁，所有管路及附件表面不应集尘，若发现设备有污渍或管路附件表面有积尘，通知使用科室设备管理员进行处理。

（3）机器运行状态：麻醉机开机应能自检通过，检查麻醉机泄漏量和顺应性是否在正常范围内，各项功能是否正常。

4. 时钟 设备时钟显示时间和北京时间相差范围不能超过2分钟，超出范围应及时校准。

迈瑞WATO-EX55麻醉机时钟校准步骤：进入待机界面→系统维护→用户维护→系统时间设置，具体设置如图3-41所示。

（四）全面性维护

麻醉机厂家或者有资质的第三方从麻醉机自身的技术参数和配置出发对麻醉机进行系统性维护，提前发现故障风险点，延长麻醉机的使用寿命，同时确保麻醉机应用安全、有效。

1. 系统自检 连接麻醉机电源、气源，连接好管路，系统开机，根据麻醉机系统自带开机自检功能、对麻醉机的硬件功能、漏气及顺应性、流量控制等能进行检测。系统自检详细项目见表 3-18。

图 3-41　麻醉机时钟校准

表 3-18　迈瑞麻醉机系统自检表

序号	项目	结果		
1	系统自检	□通过	□失败	
2	漏气及顺应性测试（手动）	□通过	□失败	
3	漏气及顺应性测试（机控）	□通过	□失败	
4	泄漏量（ml/min）			
5	顺应性（ml/cmH$_2$O）			
6	流量控制系统测试	□通过	□失败	
7	蒸发器背压测试	□通过	□失败	
8	辅助供气测试	□通过	□失败	□无
9	时钟准确性监测	□通过	□失败	
		偏差量：_____		

2. 外观检查　通过外观的检查，确保机器外壳及外观无损伤，无外在漏电风险，同时符合科室 5S（安全、整理、整顿、清扫、清洁）及感染控制要求。外观检查项目见表 3-19。

表 3-19　外观检查表

序号	项目	描述		备注
1	机器序列号条码是否完整	□是	□否	
2	机器外壳是否洁净	□是	□否	
3	机器外观主要部件是否有破损	□是	□否	
4	回路是否有破损	□是	□否	

3. 机械功能检查　通常涵盖麻醉机的机械结构、机械旋钮、蒸发器、手动机控开关等部分，麻醉机的机械功能检查项目见表 3-20。

表 3-20　机械功能检查表

序号	项目	描述		备注
1	气源压力表是否正常显示	□是	□否	
2	机器开关是否能正常工作	□是	□否	
3	流量计是否正常工作（氧气）机械	□是	□否	
4	流量计是否正常工作（空气）机械	□是	□否	
5	工作台是否能正常折叠	□是	□否	
6	手动机控开关是否正常	□是	□否	
7	APL 阀是否能正常旋转	□是	□否	
8	钠石灰罐提升装置是否正常	□是	□否	
9	气道压力表是否正常	□是	□否	
10	抽屉推拉是否正常	□是	□否	
11	快速充氧功能是否正常	□是	□否	
12	脚轮转动是否正常	□是	□否	
13	刹车功能是否正常	□是	□否	

4. 电子按键功能检查　麻醉机电子功能相关检查，如机器开关、流量计、麻醉机功能按键及电源插座辅助输出等部件检查（表 3-21）。

表 3-21　电子按键功能检查表

序号	项目	描述		备注
1	照明灯是否能正常开启	□是	□否	
2	机器开关是否能正常工作	□是	□否	
3	流量计是否正常工作（氧气）电子	□是	□否	
4	流量计是否正常工作（空气）电子	□是	□否	
5	ACGO 是否正常工作	□是	□否	
6	麻醉机功能按键是否正常	□是	□否	
7	麻醉机风扇是否正常工作	□是	□否	
8	辅助电源插座输出是否正常	□是	□否	

5. 回路密闭性检查

（1）麻醉机密闭性的重要性：麻醉机具备呼吸支持和吸入麻醉两项功能，麻醉机的密闭性是对于呼吸机支持的准确性的决定性因素之一，当麻醉机的泄漏量高于麻醉机的自身补偿量时，输入患者端的潮气量无法保证，可能就造成患者通气量不足，如果在麻醉机同时有吸入麻醉药的情况下，吸入的麻醉药会泄漏到手术室的空气中，对医护均造成污染和伤害。

（2）麻醉机密闭性检查的项目：麻醉机回路的密闭性检查主要针对回路机械通气和手动通气的各自独立部分及机械通气和手动通气的公共部分，这些机械件的连接部分一般通过密封垫和密封圈封闭，通过检查这些硅胶件的老化和破损程度并进行相应处理，确保整个通气过程中回路部分的密闭效果。回路密封性检查项目见表 3-22。

表 3-22　回路密封性检查表

序号	项目	描述		备注
1	风箱罩密封圈是否老化	□是	□否	
2	单向活瓣密封圈是否老化	□是	□否	
3	活瓣罩密封圈是否老化	□是	□否	
4	回路与钠石灰罐密封垫（外径）是否老化	□是	□否	
5	回路与钠石灰罐密封垫（内径）是否老化	□是	□否	
6	钠石灰罐底部密封垫是否老化	□是	□否	
7	手动支臂内径密封垫是否腐蚀	□是	□否	
8	流量传感器密封圈是否老化	□是	□否	
9	气道压力表密封圈是否老化	□是	□否	
10	积水杯密封圈是否老化	□是	□否	
11	氧电池接口密封垫是否老化	□是	□否	

6. 机器模拟运行准确性检查　通过容量控制和压力控制两种通气模式模拟运行观察机器的准确性体现，对于容量控制的偏差，检查潮气量的偏差；对于压力控制的偏差，检查气道峰压的偏差。详细方法参照下文"物理性能的质量控制检测"有关内容和要求。

四、物理性能的质量控制检测

目前中高级麻醉机常用的可测通气参数主要包括麻醉气体检测和麻醉机相关的呼吸功能检测，而更高级的麻醉机和工作站通常会整合体温测量、心电图（ECG）、脉搏-血氧饱和度及血流动力学等参数的监护功能，将生命体征监护仪的部分或全部功能整合进来，形成一体化、智能化麻醉机。血氧饱和度、心电图、心率、无创血压等是监护装置的主要参数。这些辅助麻醉机工作的监护装置相关物理参数都有其专门的质量检测方法，该内容在本书中不再赘述，本节重点介绍麻醉机呼吸系统的参数检测技术。

（一）检测参数

根据现有的国家标准及行业标准，麻醉机呼吸系统检测参数主要有：潮气量、呼吸频率、吸气氧浓度、气道峰压、呼气末正压、气体流量计的流速及麻醉气体浓度等。

1. 潮气量（V_T）　为在静息状态下每次吸入或呼出的气量。它与年龄、性别、体积表面、呼吸习惯、机体新陈代谢等有关。设定的潮气量通常指吸入气量。潮气量的设定并非恒定，应根据患者的血气分析进行调整。对于 100ml 以上潮气量的麻醉机，最大允许误差是：实际读数的 ±20%，100ml 以下的麻醉机应满足其说明书要求。

2. 呼吸频率（f）　指每分钟呼吸的次数，是每分钟向患者送气的次数。成人的呼吸频率一般为 10~18 次/分，儿童的呼吸频率一般为 20~30 次/分。因此，用于不同对象的麻醉机的呼吸频率设置也不一样。麻醉机的呼吸频率的最大允许误差是：设定值的 ±10% 或 ±1 次/分，两者取绝对值大者。

3. 吸气氧浓度（F_iO_2）　为患者吸入的混合气体中，氧气所占的体积百分比。具有空气-氧气混合装置的麻醉呼吸机，其 F_iO_2 可调节。如果麻醉机不具备空气-氧气混合装置，则需通过调整空气和氧气的供气流速来控制氧浓度，麻醉机的吸气氧浓度最大允许误差是：±（2.5% 的体积百分比+气体浓度的 2.5%）。

4. 气道峰压（P_{peak}） 为气道压力的峰值，单位为kPa，气道压力的变化，会影响到患者的循环功能。决定通气压力高低的因素包括胸肺顺应性、气道通畅程度及潮气量等因素。力求以最低通气压力获得合适的潮气量，同时不影响循环功能。在动态测试的条件下，气道峰压的最大允许误差是：±（满刻度读数的4%+实际读数的4%），单位为kPa。

5. 呼气末正压（PEEP） 为呼气末气道压力值，麻醉呼吸机输送一定容积或流量气体进入肺部，吸气相呼吸道和肺泡内处于正压，在呼气直至呼气末气道开放时，口腔、气道和肺泡压力均高于大气压。在呼气末期，借助呼气管路中的阻力阀等装置使气道压力高于大气压水平即获得PEEP。控制PEEP水平可以改善急性呼吸窘迫综合征（ARDS）患者的换气功能，提高动脉血氧分压，可避免肺泡早期闭合，使肺泡扩张，功能残气量增加，改善通气和氧合，是治疗低氧血症的重要手段之一。在动态测试的条件下，呼气末正压的最大允许误差应该是：±（满刻度读数的4%+实际读数的4%），单位为kPa。

6. 气体流量计的流速 根据相关标准技术要求，每个流量计或流量控制系统都需要在20℃工作温度和101.3kPa环境大气下进行校准。所有的流量计和流量控制系统的刻度都应以L/min为单位。对于1L/min或以下的流量，可以用以ml/min或者L/min为单位的小数表示。此刻度方法对任一种麻醉气体输送系统都是一致的。

当在20℃的工作温度通向101.3kPa的环境大气，用于麻醉气体输送系统的任何流量计或流量控制系统的流量在满刻度的10%～100%时，其刻度的精度应在指示值的±10%之内。

7. 麻醉气体浓度 麻醉机可使用多种麻醉气体，现在临床常用的麻醉气体主要有氧化亚氮、恩氟烷、地氟烷、异氟烷和七氟烷等。监测麻醉气体的临床意义在于：

（1）了解患者对麻醉药的摄取和分布特征及患者接受麻醉药的耐受性和反应。

（2）在低流量、重复吸入或无重复吸入的装置中，安全地使用强效吸入麻醉药。

（3）监测麻醉气体浓度可指导调控麻醉和手术不同阶段麻醉深度。

（4）连续测定吸入器和呼气末麻醉气体，可计算麻醉气体药物代谢动力学的参数，为麻醉气体药物的临床药理学研究提供计算参数。

（5）吸入器中的氧气和氧化亚氮比例发生改变，蒸发器输出麻醉蒸气的浓度也会随之发生改变，因此检测是有必要的。

（6）对专用蒸发器性能有所怀疑时，应随时检测其输出麻醉气体浓度。

（7）可及时发现蒸发器的故障或操作失误，提高麻醉安全性。

由上述7条可得知保证麻醉机的麻醉气体浓度准确性十分重要，麻醉机麻醉气体浓度（体积分数）要求见表3-23。

表3-23 麻醉气体浓度（体积分数）要求

气体	测量准确性
卤化剂	±（0.2%的体积百分比±气体浓度的15%）
二氧化碳	±（0.43%的体积百分比±气体浓度的8%）
氧化亚氮	±（2.0%的体积百分比±气体浓度的8%）

（二）检测条件

检测环境条件应满足如下要求：环境温度为（23±2）℃；相对湿度为（60±15）%；

大气压力为 86～106kPa；温度尽量保持恒定，无明显的气流扰动。

另外，麻醉机的供气气源应满足如下要求：若麻醉系统或单独装置经终端装置和软管，连接到医用气体管道系统或压力调节器，规定的输入压力范围应不超出终端装置和软管的压力范围（终端装置压力范围 320～600kPa，软管压力＜1400kPa），并且当快速供氧不工作时，在气体入口处测得压力为 280kPa 状态下，麻醉系统或单独装置对每种气体要求的时间加权平均输入流量（超过 10s）不得超出 60L/min。

（三）检测装置

麻醉机检测设备包括检测标准器、主要配套设备及检测介质，这是开展麻醉机质量控制检测的设备基础。

1. 检测标准器 气流分析仪是用于对呼吸机、麻醉机等进行全面、高效测试的专用计量质控设备。国内目前用的比较多，也比较常见的检测设备有美国福禄克生产的 VT PLUS HF 气流分析仪、PF-300 气流分析仪等。了解这些标准器，可以让检测工程师更好地开展工作。由于呼吸机和麻醉机在做呼吸功能检测过程中采用的都是气流分析仪，以下将气流分析仪和呼吸机测试仪统称为气流分析仪。

图 3-42　通用气流分析仪

（1）概述：通用气流分析仪（图 3-42），可以在高和低量程或高压力和低压力量程测量双向气流。其他功能包括：

呼吸参数检测。气流分析仪可以测量每一次呼吸气体的 17 个参数。这些参数包括潮气量、分钟通气量、吸气压和呼气压、肺顺应性和吸气氧浓度等。

气流分析仪可供用户选择每一被测信号的单位。例如，能够以 mmHg、kPa、bar、mbar、atm、inH$_2$O、inHg、cmH$_2$O 或 mmHg 为单位显示压力，检测时建议统一采用 kPa 单位，检测过程中可将 10cmH$_2$O 近似换算为 1kPa。

泄漏测试：部分厂家气流分析仪可以测试密封导管或测试肺模型的泄漏率。

趋势测试：部分气流厂家分析仪提供了一种自动测试方法，检查预定义的参数是否超出了用户设置的极限。

（2）原理：气流分析仪的内部电路主要由主控板、阀板和电源板组成。传感器包括压力传感器、流量传感器和氧的体积分数传感器。主控板为整机的控制电路，各路传感器采集到的信号通过 A/D 转换器后送到主处理器。压力传感器安装在主控板上，包括压差压力传感器、气道压传感器和大气压传感器。阀板电路主要是流量传感器的控制电路，进行高/低流量测量的切换。电源板用于整机电路的电源供电。其功能原理见图 3-43。

部分气流分析仪流量测量采用节流压差原理。通过网筛节流件前后的压力差测量间接得到的气体流量。

（3）氧浓度检测：氧浓度传感器为化学传感器，位于流量管的下游。一般来说，氧浓度传感器使用 1 年后应更换。

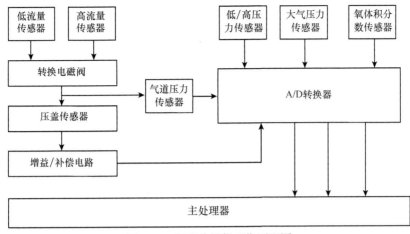

图 3-43　气流分析仪工作原理图

（4）呼吸频率检测：对于麻醉机的检测来说，检测仪必须能够正确地识别出一次呼吸动作的产生，才能准确地测量出潮气量和压力等参数。气流分析仪的内部安装了呼吸检测算法软件，此算法通过检测流量时间波形判断呼吸动作的产生。当正向流量达到所设置的阈值时，吸气动作开始，此时间即为吸气时间的起点，也是潮气量计算积分的起点；当反向流量小于所设置的阈值时，呼气动作结束。

（5）麻醉气体专用检测模块：麻醉气体专用检测模块与麻醉呼吸机主气道相连接。麻醉气体专用检测模块，如图 3-44 所示，可检测 7 种麻醉气体。

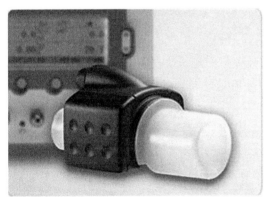

图 3-44　麻醉气体专用检测模块

2. 模拟肺

（1）作用

1）用来测试医用呼吸机及麻醉机潮气量的精确性。

2）用来检测呼吸设备是否正常，以确定是否可以应用于患者。

（2）注意事项：根据应用对象选择合适的模拟肺的大小、顺应性和阻力，通常在检测儿童模式时使用儿童模拟肺，在检测成人麻醉机时使用成人模拟肺。模拟肺的技术指标及用途见表 3-24。

表 3-24　模拟肺技术指标及用途

技术指标	用途
容量：0～300ml 和 0～1000ml 肺顺应性：50ml/kPa、100 ml/kPa、200 ml/kPa 和 500 ml/kPa 气道阻力：0.5kPa/（L·s），2 kPa/（L·s）和 5 kPa/（L·s）	模拟患者胸肺特性的一种 机械通气负载

3. 检测用气源　氧气或氧气与麻醉剂的混合气体。

4. 一台麻醉机及经消毒后麻醉机厂家的 Y 形三通管。

（四）检测前的准备工作

1. 以流速 5L/min 的氧气冲洗设备至少 1 分钟，以消除系统内不必要的混合气及杂物。

2. 按照图 3-45 所示正确连接麻醉机、分析仪和模拟肺，确保呼吸系统连接正确完好。

3. 气流分析仪开机、预热和自检。再接通麻醉机的电源和气源后开机，使之处于待机状态。

图 3-45　麻醉机检测系统连接示意图

4. 储气囊端口连接储气囊。

5. 关闭所有蒸发器。

6. 调节 APL 阀控制旋钮，使得 APL 阀处于完全打开的状态（MIN 位置）。

7. 调节各个气体流量控制旋钮，将所有气体的流量设置为最小。

（五）检测方法及数据处理

依次对麻醉机的潮气量相对示值误差、呼吸频率相对示值误差、吸入氧浓度示值误差、气道峰压示值误差、呼气末正压示值误差、气体流量计的流速相对示值误差、麻醉气体浓度示值误差进行检测。数据记录表可参见表 3-25。

表 3-25　麻醉机质量检测数据记录表

所属科室：				麻醉机类型：□成人型　　□儿童型　　□新生儿型					
生产厂家：			型号：		管理编号：			检测方法：	
测试仪编号：			测试仪证书及有效期：		温度：　　℃			相对湿度：　　%	
潮气量/ml									
麻醉机设定值	麻醉机监测值			平均值 （麻醉机监测值）	测试仪测量值			平均值 （校准结果）	相对示值误差
	1	2	3		1	2	3		
呼吸频率/（次/分）									
麻醉机设定值	麻醉机监测值			平均值 （麻醉机监测值）	测试仪测量值			平均值 （校准结果）	相对示值误差
	1	2	3		1	2	3		

续表

吸气氧浓度/%

麻醉机设定值	麻醉机监测值			平均值（麻醉机监测值）	测试仪测量值			平均值（校准结果）	相对示值误差
	1	2	3		1	2	3		

气道峰压/kPa

麻醉机设定值	麻醉机监测值			平均值（麻醉机监测值）	测试仪测量值			平均值（校准结果）	相对示值误差
	1	2	3		1	2	3		

呼气末正压/kPa

麻醉机设定值	麻醉机监测值			平均值（麻醉机监测值）	测试仪测量值			平均值（校准结果）	相对示值误差
	1	2	3		1	2	3		

气流流量计的流速/（L/min）

麻醉机设定值（各个流量计）	麻醉机监测值			平均值（麻醉机监测值）	测试仪测量值			平均值（校准结果）	相对示值误差
	1	2	3		1	2	3		

麻醉气体浓度/（%）

麻醉机设定值（各种麻醉气体）	麻醉机监测值			平均值（麻醉机监测值）	测试仪测量值			平均值（校准结果）	相对示值误差
	1	2	3		1	2	3		

注：$1kPa \approx 10cmH_2O$。

1. 潮气量相对示值误差的检测　正确连接被检麻醉机、气流分析仪和模拟肺，并按照说明书要求对相关设备进行开机预热。在此过程中应注意使用清洁或者消毒后的呼吸管路连接麻醉机。

对于潮气量大于 100ml 或每分通气量大于 1L/min 的麻醉机，潮气量或呼气每分通气量的测量装置应工作正常，最大误差为 ±20%。对于输送潮气量小于 100ml 和每分通气量小于 1L/min 的麻醉机，按使用说明书提供的精度，检测时需连接儿童管路、儿童型模拟肺。对于成人麻醉机或麻醉机的成人模式，潮气量的检测有所不同。

（1）针对麻醉机不同类型，分别使用成人型或婴幼儿呼吸管路连接，用测试气体（如制造商规定的气体浓度和饱和度）按照相关条件和参数向模拟肺通气，直到被测的潮气量达到稳定，对潮气量进行检测。潮气量测试条件详见表 3-26。

表 3-26　潮气量的测试条件

使用人群	可调节参数				
	C	R	V_T	f	$I : E$
成人	500±5%	0.5±10%	500	10	1：2.5～1：1.5
儿童	200±5%	2±10%	300	20	1：1.5～1：1.0
新生儿	10±5%	5±10%	30	30	1：1.5～1：1.0

注：C=顺应性，ml/kPa；R=阻力，kPa/（L·s）；V_T=潮气量，ml；f=呼吸频率，次/分；I：E=吸气时间/呼气时间。C 和 R 的精度适用于被测参数的全范围。

1）成人型麻醉机：在容量控制模式下，设定呼吸频率 f=10 次/分、吸呼比 I：E=1：2.5～1：1.5、吸入氧浓度 F_iO_2=40%，分别设定并测试潮气量为 400ml、500ml、600ml、700ml、800ml 时的潮气量值。

2）儿童型麻醉机：在容量控制模式下，设定呼吸频率 f=20 次/分、吸呼比 I：E=1：1.5～1：1.0、吸入氧浓度 F_iO_2=40%，分别设定并测试潮气量为 50ml、100ml、150ml、200ml、300ml 时的潮气量值。

3）新生儿型麻醉机：在容量控制模式下，设定呼吸频率 f=20 次/分、吸呼比 I：E=1：1.5～1：1.0、吸入氧浓度 F_iO_2=40%（如果麻醉机有此功能），设定并测试潮气量为 30ml 时的潮气量值。

注意，由于 GB 9706.29—2006 中没有对测试过程中的呼气末正压进行要求，在做潮气量检测时，可将呼气末正压设置关闭。

（2）数据处理方法：分别记录三次气流分析仪上潮气量的实际测量值和麻醉机上的监测值，潮气量的相对示值误差按下列公式计算。

$$\sigma = \frac{\overline{V_0} - \overline{V_m}}{\overline{V_m}} \times 100\% \qquad （3-1）$$

式中，σ 为麻醉机潮气量的相对示值误差，单位为%；$\overline{V_0}$ 为麻醉机潮气量 3 次测量值的算术平均值，单位为 ml；$\overline{V_m}$ 为分析仪潮气量 3 次测量值的算术平均值，单位为 ml。

2. 呼吸频率相对示值误差的检测　正确连接被检麻醉机、气流分析仪和模拟肺，并按照说明书要求对相关设备进行开机预热。在此过程中应注意使用清洁或者消毒后的呼吸管路连接麻醉机。

（1）在容量控制模式下，设置麻醉机潮气量 V_T=400ml，吸呼比为 I：E=1：2.5～1：1.5，吸入氧浓度 F_iO_2=40%，分别设定麻醉机的呼吸频率为 40 次/分、30 次/分、20 次/分、15 次/分、10 次/分。每个检测点分别记录三次分析仪上呼吸频率的实际测量值和麻醉机上的监测值。

注意，由于 GB 9706.29—2006 中没有对测试过程中的呼气末正压进行要求，在做呼吸频率检测时，可将呼气末正压设置关闭。

（2）数据处理方法：呼吸频率的相对示值误差按下列公式计算。

$$\sigma = \frac{\overline{f_0} - \overline{f_m}}{\overline{f_m}} \qquad (3\text{-}2)$$

式中，σ 为麻醉机呼吸频率的相对示值误差，单位为%；$\overline{F_0}$ 为麻醉机呼吸频率 3 次测量值的算术平均值，单位为次/分；$\overline{f_m}$ 为分析仪呼吸频率 3 次测量值的算术平均值，单位为次/分。

3. 吸入氧浓度示值误差的检测 正确连接被检麻醉机、气流分析仪和模拟肺，并按照说明书要求对相关设备进行开机预热。在此过程中应注意使用清洁或者消毒后的呼吸管路连接麻醉机。

（1）在容量控制模式下，设置麻醉机潮气量 V_T=400ml，吸呼比为 I：E=1：2.5～1：1.5，呼吸频率为 10 次/分，分别设定麻醉机的吸入氧浓度为 21%、40%、60%、80%、100%，每个检测点分别记录三次分析仪上吸入氧浓度的实际测量值和分析仪上的检测示值。

注意，由于 GB 9706.29—2006 中没有对测试过程中的呼气末正压进行要求，在做吸气氧浓度检测时，可将呼气末正压设置关闭。

（2）数据处理方法：吸入氧浓度的示值误差按下列公式（3-3）计算。

$$\sigma = \overline{m_0} - \overline{m_m} \qquad (3\text{-}3)$$

式中，σ 为麻醉机吸入氧浓度的示值误差，单位为%；$\overline{m_0}$ 为麻醉机吸入氧浓度 3 次测量值的算术平均值，单位为%；$\overline{m_m}$ 为分析仪吸入氧浓度 3 次测量值的算术平均值，单位为%。

4. 气道峰压示值误差的检测 正确连接好麻醉机、气流分析仪和模拟肺，并按照说明书对相关设备进行开机预热。此过程中应注意使用清洁和消毒后的管路连接麻醉机。

（1）在压力控制模式下设置麻醉机呼吸频率为 f=15 次/分，吸呼比为 I：E=1：2.5～1：1.5，吸入氧浓度 F_iO_2=40%，分别设定麻醉机的吸气压力水平为 1.0kPa、1.5kPa、2.0kPa、2.5kPa、3.0kPa，每个检测点分别记录三次麻醉机气道峰压监测值和分析仪测量值。

注意，由于 GB 9706.29—2006 中没有对测试过程中的呼气末正压进行要求，在做气道峰压检测时，可将呼气末正压设置关闭。

（2）数据处理方法：气道峰压的示值误差按下列公式计算。

$$\sigma = \overline{P_0} - \overline{P_m} \qquad (3\text{-}4)$$

式中，σ 为麻醉机气道峰压的示值误差，单位为 kPa；$\overline{P_0}$ 为麻醉机气道峰压 3 次测量值的算术平均值，单位为 kPa；$\overline{P_m}$ 为分析仪气道峰压 3 次测量值的算术平均值，单位为 kPa。

5. 呼气末正压示值误差的检测 正确连接好麻醉机、气流分析仪和模拟肺，并按照说明书对相关设备进行开机预热。此过程中应注意使用清洁和消毒后的管路连接麻醉机。

（1）呼气末正压是在压力控制模式或容量控制模式下进行检测，设置麻醉机吸气压力水平 2kPa 或潮气量 V_T 为 400ml，呼吸频率为 f=15 次/分，吸呼比为 I：E=1：2.5～1：1.5，吸入氧浓度 F_iO_2=40%，分别设定麻醉机的呼气末正压为 0.4kPa、1.0kPa、1.5kPa、2.0kPa，每个检测点分别记录三次麻醉机的呼气末正压监测值和分析仪实际测量值。

（2）数据处理方法：呼气末正压示值误差按下列公式计算。

$$\sigma = \overline{PE_0} - \overline{PE_m} \qquad (3\text{-}5)$$

式中，σ 为麻醉机呼气末正压的示值误差，单位为 kPa；$\overline{PE_0}$ 为麻醉机呼气末正压 3 次测量值的算术平均值，单位为 kPa；$\overline{PE_m}$ 为分析仪呼气末正压 3 次测量值的算术平均值，单位为 kPa。

6. 气体流量计的流速相对示值误差检测　该检测项目适用于留有流量计计量端口的麻醉机，如麻醉机没有此计量端口就不推荐对该项目进行检测。

（1）分别设定每个气体流量计满刻度的 10%、30%、50%、70%、100%为检测点，每个检测点分别记录三次麻醉机气体流速的设定值和分析仪的实际测量值。

（2）数据处理方法：气体流量计示值的相对误差按下列公式计算。

$$\sigma = \frac{\overline{Q}_0 - \overline{Q}_m}{\overline{Q}_m} \qquad (3\text{-}6)$$

式中，σ 为气体流量计的相对示值误差，单位为%；$\overline{Q}_0$ 为气体流量计 3 次设定值的算术平均值，单位为 ml；$\overline{Q}_m$ 为分析仪 3 次测量值的算术平均值，单位为 ml。

7. 麻醉气体浓度示值误差的检测　麻醉气体浓度采用专用的麻醉气体模块进行测量，整个检测系统由麻醉气体探头、气道适配器、气管导管、气流分析仪、麻醉机组成。

（1）将探头电缆连接到气流分析仪上，接通电源。将探头安装到气管适配器上，通过气管导管连接适配器和呼吸回路。之后再连接好麻醉机，并按照说明书对相关设备进行开机预热。此过程中应注意使用清洁和消毒后的管路连接麻醉机。

将麻醉机在环境温度为（23±2）℃的测试室内放置至少 3 小时，并且在整个测试过程中保持该温度不变。将受试麻醉蒸发器安装在麻醉机上，用相应的麻醉剂灌充至最大可用容积的一半左右，并放置至少 45 分钟。如果制造商建议使用麻醉蒸发器前需要有一段预热时间，则在测试之前按建议进行预热，这段时间可以包括在上述 45 分钟之内。麻醉机呼吸回路的吸气口和呼气口通过三通连接至作为测试肺的风箱。按照规定连接麻醉气体净化装置，或将呼吸回路的排气口接至室外。将麻醉气体检测探头连接在麻醉机的新鲜气体出口和呼吸回路之间，注意探头的方向。

设置麻醉机的呼吸频率为 10 次/分，吸呼比为 1∶2 后，开始进行检测。

（2）零位检测：将通过蒸发器的流量设置为（1±0.1）L/min，通气 1 分钟后测定输出气体浓度。其输出气体浓度应不大于 0.1%。

（3）零位的气体体积分数值检测：同样将通过蒸发器的流量设置为（1±0.1）L/min，并将蒸发器设定为零位以上的最小气体体积分数值，测试其输出气体体积分数值。在最小气体体积分数值和最大气体体积分数值之间（包括最大气体的体积分数）选取几个气体体积分数点进行检测，每次检测通气 1 分钟后测定输出气体浓度（体积分数），气体浓度误差应满足表 3-23 要求。

（4）流量为 5L/min 时的气体体积分数检测：将通过蒸发器的流量设置为（5±0.5）L/min，按照上述方法分别检测相应的气体体积分数。

（六）需要注意的问题

由于麻醉机检测的通气参数与呼吸机检测的基本一致，呼吸机检测时需要注意的问题对于麻醉机检测同样适用。此外，麻醉机检测时还应注意一些其他问题：

1. 正确设置气流分析仪环境修正模式　由于气流分析仪在进行潮气量检测时，环境条件会对麻醉机潮气量检测结果产生影响，气流分析仪在使用过程需要采用合适的环境修正模式，将环境条件对于潮气量检测结果的影响进行修正。

目前常见的环境修正模式有 ATP、BTPS、STPD$_0$ 等。

ATP：自动温度、压力修正模式，即按照当前环境温度和大气压力值修正仪器流量测量结果。根据气体湿度情况还可以分为 ATPD（干空气）和 ATPS（饱和湿空气）。

BTPS：温度为 37℃、环境大气压、饱和湿空气修正模式。

$STPD_0$：温度为 0℃、一个标准大气压、干空气修正模式，该修正模式在部分仪器中也显示为"0/1013"。

2. 正确设置气流分析仪气体类型　气流分析仪内部均可设置测量气体类型，通常气体类型包括氦气、氧气、空气、二氧化碳等。因此，在进行潮气量参数检测时，应正确选择气流分析仪的气体测试类型，以保证检测数据的准确性。

3. 检测麻醉机"吸气氧浓度"参数时，应注意分析仪的氧电池使用寿命的问题，建议根据使用频次对氧电池进行更换，更换周期为半年或一年。

如果麻醉机不具备空气-氧气混合装置，则需通过调整空气和氧气的供气流速来控制氧浓度，可参考设置如下空气-氧气流速比例进行检测。

氧浓度21%可设置输入气体都为空气。

氧浓度40%可设置输入气体的空气流速：氧气流速=3：1。

氧浓度60%可设置输入气体的空气流速：氧气流速=1：1。

氧浓度80%可设置输入气体的空气流速：氧气流速=1：3。

氧浓度100%可设置输入气体都为氧气。

4. 在检测潮气量、呼吸频率、呼吸末正压、氧浓度时，由于 GB 9706.29—2006 中没有对测试过程中的呼气末正压进行要求，故检测时，可将呼气末正压设置关闭。在一些文献中，也指明将呼气末正压设置为0.5kPa 或者 1.0kPa。一般而言，检测时将麻醉机呼气末正压设置关闭的工作状态更接近于实际工作时的设定状态。

5. 在检测麻醉机的麻醉气体浓度示值误差时，由于麻醉气体对检测人员存在潜在危害。因此，检测麻醉气体浓度时，应注意连接管道的密闭性。此外，检测过程中将麻醉气体出风口靠近检测试验场地的气体排风口，以保证检测时排出的麻醉气体都能被顺利排出至室外。

习　题

1. 简述麻醉的定义、分类和基本作用。
2. 简述吸入麻醉实施过程。
3. 挥发性吸入麻醉药物有哪些？
4. 简述并画出现代麻醉机基本原理框图。
5. 麻醉机必须具备的基本功能有哪些？
6. 简述麻醉机的系统构成。
7. 麻醉机需要的气源有哪几种？
8. 麻醉蒸发器的基本功能是什么？
9. 简述麻醉回路的主要组成部件及其作用。
10. 简述麻醉废弃清除装置的作用和分类。
11. 麻醉机电路控制系统的主要作用是什么？
12. 麻醉呼吸机必须具备哪些基本功能？

13. 简述麻醉呼吸机与呼吸机的异同。

14. 麻醉机必须监测的主要参数有哪些？

15. 麻醉机与人体建立麻醉通道的主要器具有哪些？

16. 简述麻醉机可能导致的医疗危害。

17. 简述诱发麻醉机风险的因素。

18. 如何加强麻醉机的风险控制？

19. 涉及麻醉机质量要求的国家标准有哪些？简单介绍两个。

20. 麻醉机日常维护巡查的项目有哪些？

21. 麻醉机质量控制检测主要包含哪些物理参数？

22. 检测麻醉机潮气量参数时，如何连接气流分析仪与被检麻醉机？

23. 检测麻醉机前需要做哪些准备工作？

24. 检测过程中，kPa 和 cmH$_2$O 这两种压力单位如何换算？

25. 检测麻醉机氧浓度时，如果麻醉机不具备空气-氧气混合装置，如何控制输出气体的氧浓度？

第四章　输液泵、注射泵质量控制技术

第一节　输液泵、注射泵的原理与应用

一、静脉输液技术与输液泵、注射泵的发展

（一）静脉输液的发展

1. 什么是静脉输液　静脉输液是临床最常使用的治疗疾病的方法，是患者护理中一种给药治疗的方式。静脉输液治疗是将一定量的药液通过输液装置直接输入患者静脉血管内的方法。静脉输液的原理是利用大气压和液体静压或输液泵驱动将药液直接输入患者静脉血管。

静脉输液的目的：

（1）补充血容量，改善微循环，维持血压，常用于治疗烧伤、出血、休克等。

（2）补充水和电解质，以达到调节或维持酸碱平衡的目的，常用于各种原因的脱水、禁食、大手术后。

（3）输入药物，以达到解毒、控制感染、利尿和治疗疾病的目的，常用于中毒、各种感染等。

（4）补充营养，维持热量，促进组织修复，获得正氮平衡，常用于慢性消耗性疾病、禁食等。

（5）输入脱水剂，提高血液的渗透压，以达到预防或减轻脑水肿、降低颅内压、改善中枢神经系统功能的目的，同时借高渗作用，达到利尿消肿的目的。

1628年，英国医生威廉·哈维发现了血液循环，认识到血液的运输作用，奠定了静脉输液治疗的基础。1656年，伦敦的 Christopher Wren 教授，第一次把药液输入人体内，后人把 Christopher Wren 称为静脉输液治疗之父。1832年，欧洲的一次瘟疫流行，苏格兰医生托马斯成功将盐类物质输入人体，从而奠定了静脉输液治疗的模式。1900年，Landsteiner 发现人体不同血液混合时，会发生反应。此重大发现，使人类确认了 ABO 血型系统，为今后输血技术应用于临床奠定了基础。1923年，Florence Seibert 发现了致热源，因此制成无热源液体，提高了静脉输液治疗的安全性。19世纪，法国巴斯德借助显微镜发现微生物感染，英国医生李斯特创立了无菌的理论和方法，使静脉输液治疗的安全得到保证。20世纪70年代开始，移动式输液设备、输液泵、自控泵、麻醉泵等静脉输液治疗新技术开始在临床应用。20世纪40年代以前，静脉输液治疗只是危重疾病的一种额外的治疗手段，仅允许医生进行操作，护士协助做输液治疗物品准备工作。20世纪40年代以后，随着静脉输液治疗技术的发展，护理责任范围得以发展，护士开始被允许对输液设备进行操作。

2. 静脉输液治疗形式的发展　静脉输液治疗形式一共经历过三次发展：全开放式、半开放式和密闭式。

第一代输液系统为全开放式，输液容器为广口玻璃瓶，即把需要输送的药液置于有盖的广口玻璃瓶内，用一根输液管接针头与患者血管相连接。输液器材经过清洗、消毒、灭

菌后被重复使用。空气与输液管路中的微粒易进入人体。这种方式容易造成感染和血管内气栓（图 4-1）。

第二代输液系统为半开放式，输液容器为玻璃瓶或硬塑料瓶。药液盛放在封闭的玻璃瓶或硬塑料瓶内，输液时需在瓶口橡胶塞上插入一次性输液器与进气管，使空气进入瓶内时产生气压，将瓶内药液输入人体。因为进气管与外界相通，无法避免以空气为载体的污染物或微粒进入人体（图 4-2）。

图 4-1　全开放式输液系统

输液瓶上下两端均有开口以方便盛放药液和药液滴落

图 4-2　半开放式输液系统

输液瓶进单侧开口，使用橡胶塞作为瓶盖便于安装输液管路

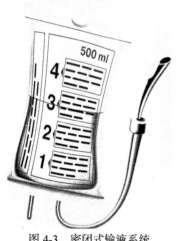

图 4-3　密闭式输液系统

使用密封软袋盛放药液，依靠重力和大气压挤压袋内药液完成输液

第三代输液系统为密闭式，输液容器为塑料软袋。药液装在塑料软袋内，在密闭状态下进行输液治疗，在大气压力下，药液可自行滴入而无须使用进气管。输液过程中药液不与空气接触，从而避免了以空气为载体的污染物和微粒进入人体（图 4-3）。

（二）输液泵和注射泵的发展历史

1. 输液泵和注射泵的诞生　在静脉输液治疗要求中，根据患者的病情和治疗药物的特性，通常需要以恒定速率长时间持续为患者进行输液治疗。传统以吊瓶配合重力进行输液的方法无法满足临床日益增长的对疾病的治疗需求。传统重力输液对于输注速率无法精准掌控：部分药物在输注速率过快时可能导致患者出现中毒症状，严重时甚至出现局部水肿或致患者心力衰竭等医疗事故；而输注速度过慢则会延长患者的治疗时间，或由于治疗药物累积剂量不足而造成对疾病治疗效果不佳情况的发生。同时，传统重力输液会造成医务人员工作量繁重、工作压力大，频繁地接触不同患者也提高了交叉感染的发生概率。医务人员无法长时间看护输液患者，对于输液异常、输液结束的情况无法及时察觉，这不但加大了输液治疗的风险，也使得患者与陪护人员产生巨大心理压力。

1951 年，德国贝朗公司推出了全球第一台机械式注射泵，取名为 Perfusor®，以用于连续输液。自此在将近 60 年的发展过程中，输液泵和注射泵在北美、欧洲、日本等发达国家和地区得到了广泛应用和普及。如今在这些发达国家，输液泵和注射泵已不再局限于在医疗机构中被使用，大量的输液泵和注射泵被应用于家庭环境对患者进行治疗。我国长期依赖医务人员进行静脉输液，以及重力输液进行静脉给药，不但影响药物治疗效果，甚至可能引发用药危害，临床静脉输液存在巨大的治疗风险。20 世纪 80 年代开始，我国相继有科研单位、医疗机构、医疗器械公司开始研发国产输液泵和注射泵。伴随着我国经济的飞速发展及国家和地方政府对医疗卫生事业的不断改革与持续性投入，国产输液泵和注射泵在国内得到了飞速发展和普及。

2. 我国输液泵和注射泵现状　在将近 60 年的临床应用史中，输液泵和注射泵的发展受到临床应用经验的制约。首先普及应用的是北美、欧洲等发达国家和地区。截至 2010 年，美国的装机数量/人口比例大约为 1 台/100 人。我国的情形与美国相差甚远。按照 2010 年拥有 20 万台计算，国内每 6800 人配置一台输液泵或注射泵，为美国的 1/68。目前，输液泵和注射泵在国内医疗机构主要应用于二甲以上医院，其中三甲医院和三乙医院已经接近饱和，县级医院开始普及，卫生院只有部分地区在少量使用输液泵和注射泵。

输液泵和注射泵在国内最早只对医院的重点科室予以配置，用于需要特别精确给药或者维持生命的重要救治场合，如重症监护病房、手术室等。随着临床实践经验的不断积累，输液泵和注射泵的适应证和应用科室不断扩展。目前输液泵和注射泵已经成为一种全科普及型治疗仪器，广泛应用于麻醉、镇痛、抗生素治疗、肿瘤化疗、心脑血管疾病治疗、高血压/糖尿病治疗、新生儿治疗和营养、产妇催产镇痛、术后促进胃肠功能恢复、抗凝血、止血等几乎所有科室的临床实践，不仅显著提高了临床用药的安全性和有效性，同时还大幅度减轻了医护人员尤其是护士的工作强度，成为医护人员不可或缺的帮手。在很多医疗单位，医护人员创造性地应用输液泵和注射泵，使得很多以往无法进行的诊疗业务得以实现。例如，早产儿人工哺喂极易造成窒息，采用注射泵通过鼻饲管输送母乳，完全避免了上述风险，在保证营养的同时，有效促进了婴儿胃肠的发育。中华医学会重症医学分会在《中国重症加强治疗病房（ICU）建设与管理指南》（2006）中特别提出：ICU 中输液泵和微量注射泵每床均应配备，其中明确指出微量注射泵每床应至少配备 2 套，同时需配备肠内营养输注泵，足见输液泵和注射泵对于临床治疗的重要性。

（三）输液泵和注射泵的分类

根据驱动方式不同，有输液泵和注射泵之分。基于不同的分类规则、不同的技术特性或者不同的治疗目的，市场上出现了各类输液泵和注射泵。

1. 分类　输液泵通过控制蠕动泵规律地挤压输液管路达到准确控制输液流量或输液滴数，保证药液能够速度均匀、剂量准确并且安全地流入患者体内达到治疗目的。根据蠕动泵的结构特点，输液泵使用的输液管路存在多种样式。

（1）输液泵根据不同标准分类

1）固定点泵（stationary pump）和非固定点泵（ambulatory pump）：其中固定点泵控制输液参数更加精确，但是体积较大且不易移动使用。

2）体外泵（external pump）和可植入泵（implantable pump）：体外泵还可分为可供患

者多次使用的通用型和一次性两类。可植入泵使用方便，输液时患者移动不会对其产生影响，但需要借助外科手术将其植入患者体内。

门静脉存在血栓是肝移植手术的禁忌证。此类患者术后极易复发门静脉血栓。门静脉高压或者慢性严重腹水和脾大，最终可能导致患者移植肝功能急性恶化。对于再发血栓，与传统的处理方法（包括切开取栓术、脾肾静脉分流术、再次肝移植及其他保守治疗方案）相比，使用植入泵可更好地治疗和预防深静脉血栓形成的其他疾病。

3）机械泵（mechanical pump）、电子泵（electronic pump）和重力泵（gravity pump）：其中机械泵使用正压力来输送药物和液体，没有电源（蓄电池或交流电），体积小，可携带，主要用于输送小体积、长时间或间歇输液，通常用于化疗、止痛或抗生药类的输液；电子泵输液速度可达到999ml/h，同时可对输液过程实现智能控制。

4）容积泵（volumetric pump）和蠕动泵（peristaltic pump）。

（2）输液泵根据使用目的分类

1）输血泵：输血的治疗作用除了为患者补给血量，维持血容量，提高血压以抵抗休克和防止患者出现出血性休克等情况外，还可供给具有带氧能力的红细胞以纠正因红细胞减少或其带氧能力降低所致的急性缺氧症，补充各种凝血因子以纠正某些患者血液凝固障碍。因此，不同患者，输血治疗的具体目的不同而应采取不同种类的输血方式。在符合输血指征的情况下，为了满足在手术室、重症监护室、急诊抢救室等科室快速扩容、加压输入恒温的高质量血液的临床需求，无疑迫切需要加温输血泵。

在抢救危重患者过程中给患者输血，一般采用传统重力输血或采用输液泵输血的方式。采用传统重力输液的方式输血慢，不能满足临床特殊环境要求，采用输液泵输血，虽然克服了输血慢的缺点，但是目前市面上的所有输液泵都是采用蠕动装置，靠蠕动泵挤压管路的原理来进行输液，在输血过程中，由于蠕动泵挤压输血管，匀速性差、脉冲波动大，很容易造成血液中的部分红细胞损坏，造成治疗效果差且浪费血液资源，同时还要另外配加温装置。

2）营养泵：专门用于输送营养的泵。营养泵通过鼻饲管将营养液输入患者胃部，可以在保证患者营养的同时，促进胃肠蠕动功能的恢复。某些肠内、肠外营养泵除了可以泵送液体外，甚至可以输送米乳等黏稠质地的营养剂。

肠内营养泵是一种由电脑控制的输入装置，可通过鼻饲管输入水、营养液，可以精确控制肠内营养液的输注速度，保持营养液的相对无菌、食物渗透压的稳定、输入温度及速度的恒定。肠内营养泵具有自动输入、输完报警、快排、反抽和定时冲洗等功能。通常根据临床治疗需求长时间、持续地将营养液匀速泵入患者体内。使用营养泵可以逐渐改善患者的细胞免疫功能及降低外科手术患者血液内激素水平，大大减少患者胃内容物的反流、呛咳、腹泻、腹胀、胃潴留、急性机械性肠梗阻、肠瘘和代谢性并发症的发生，使胃肠道功能在最短的时期恢复。危重症患者早期应用肠内营养不仅可促进肠蠕动恢复，并且有助于改善肠道黏膜的结构和功能，维持肠道的完整性，同时可避免肠道细菌移位，降低感染发生率。此外，营养泵持续滴注法应用简便，滴注速度均匀、准确、安全；肠内营养泵的喂饲及冲洗袋结合使用，能够进行自动冲洗，减少了胃管堵塞的概率；可结合负压吸引定时检测胃内残留量，节约护理人员的时间，也大大减少了护士的工作量。

2. 注射泵 通过控制步进电机定速旋转带动注射器进行定向推注运动，使注射器内的药液能够被定速地推注到患者体内。注射泵相比于输液泵，所使用的输液管路为小容量注射器，其容积通常为 10ml、20ml、50ml 和 60ml。

（1）注射泵根据不同标准分类

1）恒速泵和靶控泵（target controlled infusion，TCI）：恒速泵以设定固定速率完成注射；靶控泵则根据患者体征参数和药物特性，结合血药浓度的需求和效应室浓度的要求，自动调节注射速度。

由于婴幼儿手术以短小手术为多，且疼痛刺激强。婴幼儿在全身麻醉状态下血流动力学极易发生波动，术后呼吸抑制、呼吸道梗阻的发生率极高，这通常与麻醉药物的残余作用有关。复合应用短效的静脉麻醉剂及麻醉性疼痛剂可明显缩短术后恢复时间，改善清醒质量，减少呼吸系统意外和并发症的发生率，对于提高婴幼儿围术期的安全性具有重要临床意义。使用靶控泵将药剂持续注入，可使多种药物在联合使用时充分发挥各自作用，对循环代偿能力较差的婴幼儿具有显著的优越性。

2）单通道泵和多通道泵：多通道泵是指双轨道以上的注射泵，相对于单通道泵而言，多通道泵可同时安装复数套注射管路以达到将多种药物混合输送给患者的目的，既能更方便地为需要同时使用多种药物的危重患者提供更便捷的给药工具，又能节省空间，减少供电缆线数量，也可保证单一药物持续低剂量对患者进行推注的治疗过程的连续性。多通道泵可以在需要多药联动（如手术麻醉）、院前急抢救等多种场合中有效发挥作用。市场中也有多种型号的多通道输液泵。

注射泵在医疗器械领域有广泛的应用，单通道泵注射器注射完毕后，需要更换注射器，该更换过程需要花费一定的时间，导致注射效率降低，而对于一些急诊抢救的场合，时间就是生命，该更换时间有可能对患者带来致命的危险。应用多通道泵可以有效保证注射药液的连续性，达到临床治疗的目的，降低因暂停给药所导致的医疗风险。

晚期癌症的治疗中，联合化疗是主要的治疗手段。多种治疗药物需同步作用于患者。与常规输液治疗方案相比，使用多通道泵进行输液治疗可明显提高给药有效率，同时减少毒副作用发生率。且使用多通道泵进行输液治疗的方案更加简洁，可降低医护人员的工作强度。

（2）注射泵根据使用目的分类

1）自控镇痛（patient control analgesia，PCA）泵：即患者自控镇痛技术，其特点是可以有效减少不同患者个体之间药代动力学和药效动力学的波动，克服患者对自控镇痛药物的个体差异，防止药物过量。由麻醉医师根据手术方式、患者一般情况等因素设定 PCA 药物种类、给药浓度、置管方式。PCA 泵的工作机制：麻醉医师设定给药方式—患者根据自身疼痛感觉—PCA 控制机制—自行给药—缓解疼痛，避免意识不清的患者用药过量，比较安全。

PCA 泵是专用于注射阿片类、吗啡类药物的具备患者控制功能的镇痛泵。除了自动设定的微量缓释注射外，在疼痛剧烈时患者可以通过按键临时性进行一次性的特定剂量的注射。

癌痛为晚期癌症最常见症状之一，约 95% 的晚期癌症患者伴有不同程度的疼痛，包括神经疼痛、自发性疼痛、伤害性疼痛、牵涉疼痛，严重影响癌症患者生活质量。患者泵自控镇痛是指患者根据自身疼痛程度通过微量泵自控注射药物，可有效减少止痛药物用量，降低药物不良反应风险，满足个体化治疗需求。

2）高压注射泵：是现代医疗影像诊断中不可缺少的设备之一。高压注射泵可以应用于 DSA、CT 及 MRI 等多种影像诊断，它可以保证在有限的时间内将造影剂集中注入患者的心血管中，高浓度地充盈受检部位，以摄取对比度较好的影像。高压注射泵还能使造影剂注射、球管曝光及换片机换片三者协调配合，从而提高摄影的准确性和造影的成功率。高压注射泵可以通过远程遥控的方式完成造影剂的注射工作，从而使 DSA 技师和医护人员在设备曝光时离开放射现场，极大地改善了操作者的工作条件，有效降低了相关医护人员受到的 X 射线辐射剂量。高压注射器通过特殊设计能够在强磁场环境下工作，降低了工作人员的工作强度。

二、输液泵的工作原理与临床应用

（一）输液泵的基本概念

我国 GB 9706.27—2005《医用电气设备 第 2～24 部分：输液泵和输液控制器安全专用要求》的输液泵定义：预期通过泵产生的正压来控制流入患者体内的液体流量的设备。

输液泵可以分为：

1 型：仅为连续性输液。

2 型：仅为非连续性输液。

3 型：丸剂的离散输液。

4 型：同一设备上包含 1 型与 3 型和（或）2 型的组合输液。

5 型：程控泵。

医用输液泵临床应用的基本原理如图 4-4 所示。药液被存放于密闭的药液袋中，药液袋通过输液管路与患者端连接。输液管路被安装在输液泵上，输液泵通过不断地挤压输液管路使得药液能够定速流入患者静脉，达到治疗目的。由于药液本身存在一定物理、化学或生物学特性，存放药液的药液袋应根据需求提供避光、保温、密闭等功能。

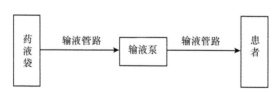

图 4-4　输液泵临床应用基本原理示意图

（二）输液泵的优点

输液泵在临床应用中的优点：

1. 较传统输液可进行精确测量并控制药液输送速度和累积剂量。

2. 较传统输液输送药液的线性度好，脉冲波动小。

3. 较传统输液能够对气泡、空管和输液管路堵塞等异常情况进行报警，并采取自动切断输液通路等措施以保护患者安全。

4. 较传统输液能够实现较智能的自动控制输液。

（三）输液泵的构成

输液泵通常由以下五个方面构成：输液管路、电气控制系统、流量控制系统、电路控制系统及监测与报警系统。

1. 输液管路　部分输液泵为了保证精确控制流入患者体内药液的速度，减小输液误差，通常采用专用输液管路。当输液泵使用专用输液管路时，输液误差能够被控制在 3% 以内，有效降低了临床输液时出现速率不准进而造成医疗事故的概率。同时，在输液泵的结构上，通常被设计成只适用于专用输液管路的结构，从而避免医务人员将其他类型输液管路错误安装在输液泵的情况发生，也降低了输液泵的操作风险。

2. 电气控制系统

（1）电源管理系统：负责对输液泵进行供电和开关机管理。电源管理系统将 220V 交流电转换成各种直流电压，为输液泵内各电气控制系统供电。电源管理系统还承担备用电池的管理与使用功能，其中包括交流电源断电后备用电池自动切换、供电电源的逆变、备用电池的自动充电和充电控制等。

（2）检测和控制系统：主要承担各种传感器的检测、驱动单元的控制，同时实现多种输液模式的算法。输液泵上所有传感器的信号输出端都与其控制系统连接，检测与控制系统会将各个传感器的检测信号进行单独处理，并通过计算将其转换成流速、压力等物理量。检测与控制系统根据用户的设置和采集到的传感器数据，通过内嵌于单片机的软件系统运算，实时控制驱动系统的机械动作，实现不同速率输液的目的。

（3）显示系统：是供用户观察和操作的平台，通常包括电路板、显示屏、按键等。输液泵各系统的信息都要汇集到显示系统，并实时地显示，如流速显示、累积剂量显示、报警显示等。同时，用户还可以在显示系统上进行输液泵的各种操作与设置，如输液模式设置、输液参数设置和传感器开关设置等。

（4）报警系统：负责检测并判断报警状态，发送报警信息和执行报警操作。报警系统能检测输液泵各系统的状态，判断是否需要警示。报警系统如果发现输液泵处于需要警示状态，立刻会向显示系统发送相关的报警信息，由显示系统发出对应的提示。对于一些严重、特殊的状态，报警系统不仅可以发送报警信息，还会立刻自动执行某些保护性操作，使输液泵暂停当前的输液操作，以保护患者在输液治疗过程中的安全。

3. 流量控制系统　是用以保证药液能够按照控制系统设定的速率定向流入患者体内的机械动力源。流量控制系统在输液泵结构中起到"心脏"的作用。流量控制系统为了实现精确控制药液的流量和流速的目的，需要选择可以满足输液管路安装便捷、药液不能污染输液泵等条件的机械结构。大部分输液泵的流量控制系统采用的是蠕动泵。

蠕动泵是利用滚轮连续定向转动，使输液泵管路中的一部分受到挤压，产生蠕动，从而推动药液定向流动。

蠕动泵的优点：①可大范围地控制输液累积剂量和输液速度；②有全面的报警装置；③精确性、安全性、稳定性较好；④用途广泛。

蠕动泵的缺点：①输液延长管较短；②部分机型需要使用专用的输液管以保证输液精度；③输液管路漏液检测功能欠佳甚至欠缺。

目前在输液泵上应用较多的蠕动泵：

（1）指状蠕动泵（finger like peristaltic pump）：又称线性蠕动泵（linear peristaltic pump），目前在输液泵中广泛使用。它具有体积小巧，重量较轻，定量准确，使用方便，输液管路安装方便等优点。如图 4-5 所示，这种蠕动泵有一根凸轮轴，凸轮轴上安装有复数个凸轮，这些凸轮的运动规律具有一定相位差，每个凸轮与一个滑块相连。工作时，首先由步进电机带动凸轮轴转动，使滑块按照一定顺序和运动规律做上下往复运动，像波浪一样每次挤压输液管路中的液体使其以设定的速率定向流动。指状蠕动泵比较精确，容易控制。静脉输液治疗时不希望药液的速率产生脉冲型波动，而要求指状蠕动泵的线性度好。指状蠕动泵的线性度与滑块的数目有关，当滑块数目超过 8 个时，指状蠕动泵具有很明显的线性度，脉冲波动明显减少。

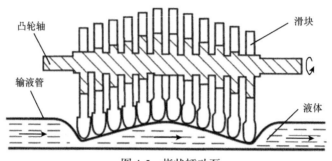

图 4-5　指状蠕动泵

（2）盘状蠕动泵：具有圆弧形内周面泵壳，其中心轴上装有一个中心轮，中心轮的边缘呈轴对称分布安装有复数个可转动的挤压轮，输液管路夹在挤压轮和泵壳的圆弧形内周

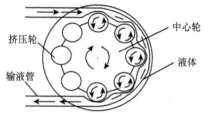

图 4-6　盘状蠕动泵

面之间。工作时，步进电机带动中心轮转动，中心轮又带动其周围的挤压轮转动，中心轮与步进电机进行同心同向旋转，挤压轮均匀分布在与中心轮同心圆轨道上，围绕中心轮进行旋转。同时根据输液方向进行自转。几个挤压轮沿着中心轮顺序挤压输液管，使液体以一定的方向流动（图 4-6）。

（3）半挤压式输液泵：目前传统输液泵通常采用蠕动泵输液形式，这种蠕动泵结构体积大，不易便携，对输液管路进行完全挤压，对于输液管路造成的损伤较大，对输液管路弹性要求比较高，输液分辨率低，流速不高。由于这两种输液模式均为依靠电机匀速旋转，挤压药液定向流入患者身体，因此药液流速会呈现周期性波动。为了克服这种流速波动，输液泵通常会通过微机系统对电机转速进行调整，形成电机非匀速转动以弥补流速波动带来的输液误差。当以这种方式高速进行输液时，机械结构会引发谐振与高分贝噪声等问题。针对传统蠕动泵设计上存在的不足，输液泵产品出现了一种新型半挤压式蠕动泵。半挤压式蠕动泵在结构上仍然依靠凸轮带动滑块机构挤压具有弹性的输液管路来完成对于流速的控制，但是其泵片与蠕动泵的各个泵片运动规律完全不同。新型半挤压式输液泵的核心是一根凸轮轴，凸轮轴上安装有多个凸轮，这些凸轮之间具有一定的运动相位差值。每个凸轮与一个滑块相连接，凸轮轴上的凸轮共分为四种：进口开关阀凸轮、出口开关阀凸轮、挤压凸轮和补偿凸轮。这四种凸轮的运动规律各不相同：从各自典型的滑块位移线图可以看出明显的区别（图 4-7），这与蠕动泵泵片的运动规律截然不同。

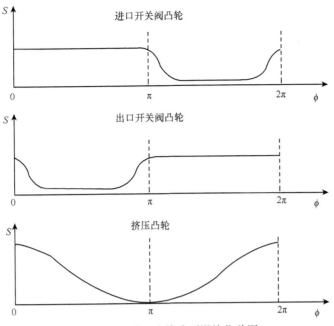

图 4-7　半挤压式输液泵滑块位移图

　　由于这种半挤压式蠕动泵并不像常规蠕动泵在输送药液时将输液管路完全压扁，因此它可以更长时间、更高效地利用和维持输液管的弹性，并且对输液管路的弹性特性不敏感，具体结构如图 4-8 所示。

　　半挤压式蠕动泵工作时，由步进电机带动凸轮轴转动，使泵片按照一定顺序和运动规律做上下往复运动挤压弹性输液管路，输液管路中的药液则以一定的速率定向流动。半挤压式蠕动泵流速控制较精确，凸轮轴转

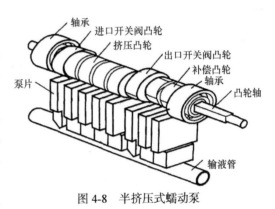

图 4-8　半挤压式蠕动泵

速与流速基本呈线性关系。因此，通过控制凸轮轴的转速就可以达到精确控制输液速率的目的。

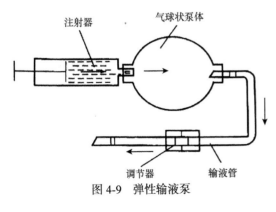

图 4-9　弹性输液泵

　　（4）弹性输液泵：这种输液泵依靠机械力，由气球状容器、输液管和输液调节器组合而成（图 4-9）。气球状容器为泵体，其内层膜是合成弹性橡胶（非乳胶）。工作时，注射器向泵体内注入药液，然后使泵体密封，使泵体内形成正压，打开输液调节器，利用合成橡胶的弹性挤压作用，就可以将药液连续或间断地输入到患者机体。这种泵可以随身携带，使用方便，多用于长时间或间断地输液。

4. 电路控制系统　为使输液泵能够按照预设的流速和流量正常工作，输液泵配备有电

路控制系统。电路控制系统以单片微处理器为核心，还具备相应的执行电路。输液泵电路控制系统的主要作用：接收控制指令；按照预设的输液模式正确驱动蠕动泵的转速，以保证输液管路中的药液定向流动；采集并处理各种传感器的数据，并根据输液模式实时调整输液速率。

（1）微机系统：对输液系统整体的运行进行智能控制和管理。微机系统接收来自操控系统的控制信号，对控制信号进行处理后再将控制信号传递给驱动系统；接收由监测系统收集发送的输液泵各个环节的运行状态信号，通过对该信号进行处理以对超出预设值的运行状态信号进行分析。为防止发生错误输入药液的情况，微机系统向报警系统发出报警指令，通过蜂鸣器和光电二极管进行声光报警。微机系统相当于输液泵系统的"大脑"，随着输液泵的电子化、自动化程度的不断提高，微机系统逐渐成为输液泵系统中越来越重要的部分。

（2）通信系统：作用是提供微机系统与驱动系统、检测与控制系统、报警系统的数据通信联络。同时部分输液泵还可通过通信系统实现多通道输液、多台输液泵的联动输液功能，实现多条输液管路通过输液港同时对患者进行输液治疗的目的。医学工程人员也可通过通信系统将微机系统与外部计算机相连接，实现对微机系统内软件版本的更新及历史数据的采集分析，帮助医务人员开展基于历史数据的分析工作，检查输液泵运行状态，排查潜在风险。

5. 监测与报警系统

（1）监测系统：主要对输液泵上各种传感器进行监测，以便于控制蠕动泵运行状态。输液泵上所有传感器的信号输出端都与其监测系统连接，监测系统会将各个传感器的监测信号进行单独处理，以便及时发现输液泵各部件运行异常状态，并将收集到的输液泵运行状态信号实时传送到微机系统进行进一步处理。它主要由各个传感器组成，包括但不限于压力传感器、光耦传感器、红外传感器、超声波传感器、霍尔元件传感器等。

1）气泡监测：输液泵通过气泡监测电路实现气泡监测功能。气泡监测电路通常由红外传感器及放大器组成。当有气泡通过时，红外传感器发射管发射出的光信号由于气泡的影响而改变了强度，造成接收管电压的改变，经放大器处理后监测信号被发往报警系统。

部分输液泵采用超声波传感器监测输液管路中是否存在气泡。该传感器利用超声波可以在水和液体中传播，且不同介质具有不同声阻抗，对超声波的定向传播具有不同影响的特性实现气泡监测。将输液管路放置于超声波传感器发射端与接收端之间，当输液管路中只有药液、没有混入空气时，液体密度相对稳定，超声波在液体中顺利传至接收端。当药液中混入大小不等的气泡时，药液密度发生变化，接收端接收到的超声波能量减弱，信号波形也将产生畸变，幅值变小，其衰减程度及时间也会与气泡大小、形状和气泡多少有关。

2）压力监测：此功能一般由压力传感器实现。压力传感器通常位于被蠕动泵挤压段输液管路区域。在输液时，如果输液管路内药液停止流动而蠕动泵仍在运行，则会导致管路内压力增加。压力传感器与泵管贴合，所以它可以感应到上述压力的变化，并将其转化为电信号传递到报警系统。

3）流速/流量监测：输液泵通常使用滴数传感器对输液速率进行监测。滴数传感器需要准确采集药液滴落信号，从而保证不漏检，同时为符合卫生需要，避免感染，滴液信号的采集不能接触药液。滴数传感器通常基于非接触式光电监测技术进行设计。滴数传感器在发射管和接收管之间留有适当距离，当无药液滴落时，接收管光导通，输出信号为零。药液滴落的瞬间，使光线折射，接收管的光通量不足，产生输出电信号。通过收集单位时间内滴液传感器产生的电信号次数来计算药液的实际流速。

4）常见的输液泵报警

A. 输液管路未按输液泵要求正确安装时，输液泵应发出报警并无法进行输液操作，提示操作人员检查输液管路安装状态。在输液管路未被正确安装的情况下，输液泵不能开启输液选项。

B. 开始输液时或在输液过程中，当输液管路中存在气体或气泡时，输液泵应发出相应报警并中断输液进程。

C. 当输液管路因弯折或挤压造成管路不通时，输液泵应发出报警提示医护人员检查管路状况。在输液管路恢复通畅前输液泵不能够继续向患者输液。

D. 输液泵应对内部蓄电情况进行持续监测，当蓄电无法独立满足输液泵运行时应发出相应提示。

E. 当输液速率与设定速率产生较大偏差时，输液泵应停止输液并发出报警，提示相关专业人员进行故障排查。

（2）报警系统：负责检测并判断报警状态，发送报警信息和执行报警操作。报警系统能检测输液泵各系统的状态，以判断是否需要警示。报警系统如果发现输液泵存在异常状态并需要警示，会立刻向微机系统发送相关的报警信息，由微机系统进行处理后通过控制系统对使用者进行提示。对于一些严重、特殊的状态，报警系统不仅可以发送报警信息，还会立刻自动执行某些保护性操作，使输液泵切换到相对安全的运行模式。通常报警系统分为声学报警信号（通过扬声器产生）与光学报警信号（通过发光二极管产生）。根据国标要求，输液泵报警音量应达到65dB（A）以上，便携式输液泵报警音量应达到50dB（A）以上。

（四）输液泵的基本技术要求

1. 基于临床治疗和注射安全的要求，输液泵和注射泵需要满足以下基本技术要求

（1）电气安全性：电子输液泵和注射泵是目前广泛应用于医院等医疗卫生机构的先进电子医疗设备。它们具备传统重力型输液器所缺乏的对流量的精确控制的能力，对需要持续小剂量输液的患者体现出显著的优势。输液泵和注射泵作为有源医疗器械，它们直接关系到患者的生命安全，因此该类产品的设计、制造应严格遵守各项标准要求，进行多项性能及安全测试，其中电气安全是其重要的基本技术要求。美国、欧洲国家和世界其他地区都已经制定了电气安全标准，各地的标准各具有不同的判别准则。总部设在欧洲的国际标准化组织（ISO）和国际电工委员会（IEC）是在世界范围内提供标准的组织，他们提供的标准包括了有源医疗设备相关内容。医疗设备的首要标准是 IEC 60601，我国也制定了输液泵和注射泵相关电气安全标准，即 GB 9706.1—2007《医用电气设备 第 1 部分：安全通用要求》与 GB 9706.27—2005《医用电气设备 第 2-24 部分：输液泵和输液控制器安全专用要求》。其中要求泵即使输液泵和注射设备故障或短路，患者与使用人员也应能够避免受到微电击。因此，电气安全标准对患者与使用人员直接接触的输液泵和注射泵漏电流要求精确至微安级别。

（2）剂量安全性：在临床诊疗过程中，有时会使用具有强烈生物毒性或者剂量敏感性的药物对患者进行治疗，需要输液泵和注射泵精确控制注入剂量和速度。输液泵和注射泵必须具备设置剂量和输液速度的功能，同时必须保持输液速度的准确，符合相关国际/国家/地区标准规定的对于速度精度的要求。JJF 1259—2010《医用注射泵和输液泵校准规范》中规定了输液泵对不同药液流速的允许误差（表 4-1）。

表 4-1 输液泵流量允许误差

流量范围/（ml/h）	示值允许误差/%	示值重复性/%
5～19.9	±8	3
20～200	±6	3
201～1000	±8	3

（3）输液管路安装监测：输液泵必须具备识别输液管路正确安装与否的功能，当输液管路未被正确安装在输液泵时，设备必须对使用者发出警示信息并无法进行输液操作。输液泵在工作情况下对输液管路进行位置变更操作，必须可以发出相应报警。输液泵必须设计成当输液管路受到外力影响时，不会出现对患者产生安全方面的危险的模式。

（4）输液异常的防止功能：输液泵需要具备充分的患者保护措施，防止输液过程中出现的各类异常现象。输液泵应具备管路堵塞压力检测和报警、对于泵门在设备运行过程中意外打开的报警、外部网电源断开报警、输液管路脱离报警、内置电池欠压及电量耗尽报警、速度和剂量超过限定值报警、输液即将完成及输液完毕的提醒、一定时间内未对输液泵进行操作的提醒等丰富的安全提醒功能。

（5）蓄电功能：为了防止输液泵在运行过程中与外部网电源意外断开或输液泵自身电源模块故障造成药物输送突然停止引发的治疗风险，满足当患者需要进行转运操作或在灾区、战地等野外环境下使用输液泵治疗的需要，输液泵必须具备内部供电装置用以支持设备完成特定时间内的输液任务，且输液泵的蓄电功能应对使用环境因素（如温度、湿度）具备一定适应性。

（6）快速输液功能：在输液泵对患者进行输液过程中，输液管路会存在一定空气。快速输液功能可用于在输液开始前将此部分空气排出。在输液过程中，必要时可以快速施行补药或者补液措施以满足患者输液治疗的需要。

（7）保持静脉开放（keep-vein-open rate，KVO/keep open rate，KOR）功能：在临床输液治疗中，通常存在根据患者病情进行间歇性静脉输液的情况。当每次输液完成后，如果较长时间未拔针，输液管路中可能出现患者血液回流、凝固的情形，导致输液通路堵塞进而产生一定医疗风险。保持静脉开放功能以极低的输液速度保证输液通路畅通，可以有效防止上述医疗风险的发生，保证患者输液过程的安全性。

（8）键盘锁定和功能锁定功能：在输液治疗过程中，医护人员无法长时间看护患者。在某些情况下，患者及其陪护人员可能对输液泵进行操作。为了防止输液泵使用人员或患者及非专业人员的错误操作引起输液治疗风险而导致治疗事故，输液泵应该提供相应的控制系统锁定功能。通常在输液过程中，输液泵应具有对设定键、电源键进行锁定的功能。

（9）显示和声光报警功能：输液泵应当能够显示重要的输液参数如即时药液输送速度、药液输送累积剂量等。当出现输液异常或者需要提醒的情况时，必须提供符合国家标准的声光报警信号，提醒医护人员及时处理。国家标准要求可听报警必须能够产生一个声级（如果报警声级可调，则调至最大级），此声级在距离 1m 处产生至少 65dB（A）的声压，并且不能由操作者通过对输液泵进行调节使输液泵发出的报警声级在距离输液泵 1m 处低于 45dB（A）；设备可听报警静音周期不得超过 2 分钟；在可听报警静音周期内可视报警必须持续工作。当输液泵在夜间被使用时，其控制面板应具备一定亮度以协助使用人员完成对设备的操作。

（10）电磁干扰的防止：输液泵必须符合电磁兼容性国际标准的要求，国内上市的输液泵对电磁兼容的要求应满足 YY 0505—2005《医用电气设备 第1-2 部分：安全通用要求-并列标准：电磁兼容要求和试验》。作为药物输入的治疗类仪器，必须具备一定的抗干扰能力，以防止输注错误引起危险。同时，输液泵大量应用的场合（如手术室），通常同时会与呼吸麻醉机、监护仪、心电图机、电刀等仪器设备配合工作，如果由于输液泵的使用干扰了上述医疗设备的正常运行或多台输液泵相互产生干扰，同样可能引发严重的医疗风险。

（11）防水功能：输液泵和注射泵工作中不可避免会遭遇药液滴落、溅射等情形，因此必须具备基本的防水功能。通常至少应符合 IPX2 的要求，最好达到 IPX4 标准。IP（ingress protection）防护等级由后两位字符组成，第一个字符 X 表示电气防尘、防外物侵入的等级，第二个数字字符表示电气防湿气、防水浸入的密闭程度，数字越大表示其防护等级越高。IPX2：倾斜 15° 时，仍可防止水滴浸入对电器造成损坏。IPX4：防止各个方向飞溅而来的水浸入电器而造成损坏。

（12）数据采集输出功能：输液泵必须提供相应接口，用于数据的输出采集、软件版本的更新等操作。可以采用有线方式和无线方式将记录的数据输送到外部计算机上进行分析处理。此类数据传输接口应设计成对应多种传输形式的样式，以方便相关专业人员进行数据调取。

2. 输液泵最好具备以下各项功能/性能

（1）数据记录功能：输液泵应具有记录发生在输液过程中的所有事件数据的功能，包括但不限于设定的各种输液参数、过程中的异常报警信息和处置信息等。这些数据不但可以用于分析治疗效果，更重要的是，当发生治疗异常或事故时，输液泵可以提供分析鉴定所需的数据和证据。

（2）精度校正功能：输液泵是一种机电一体化产品，随着时间推移，内部各元器件的老化可能造成原先设置的一些修正参数发生偏移。提供定期的校正功能，可以保证输液泵在整个生命周期内稳定、精确地运行。针对不同品牌输液器的性能差异和规格误差，可以校准内部参数，保证输液精度。这一功能也进一步拓宽了医疗机构采购输液器的选择范围，有利于降低医疗成本。

（3）冲击剂量防止功能：管路堵塞后，管路内部压力升高，当故障处理完毕重新开始输注时，会有大量药液瞬时进入患者体内。对于多种敏感药物，这种情况可能引发危险。因此，输液泵最好具备自动防止冲击剂量的功能或能够提示设备使用者关注剂量冲击的问题，以便使用者采取相应的保护措施使患者避免相应的输液风险。

（4）药液外渗监测：输液过程中，患者乱动输液部位可能会导致药液渗至皮下。药物外渗后可能会使输液部位出现疼痛、肿胀、红斑，严重者可能引起局部皮肤组织坏死、溃疡等情形。因此，药液外渗监测功能为影响输液泵应用安全的一项重要功能。

（5）固定装置：输液泵和注射泵使用时可能平放于台面，也可能固定在输液架、手术吊塔等装置上，甚至放在移动仪器（如婴儿暖箱）上使用。输液泵在工作中会产生震动位移。为了保证安全，输液泵和注射泵最好具有相应的固定装置及摩擦防滑设计，防止从台面掉落，以此避免对患者造成伤害、对使用单位造成相应经济损失。

（6）药液使用禁忌提示功能：输液泵可增加对输注药物、液体、营养液、胰岛素、麻醉药品、血液制品的提示功能，严禁该输液泵将没有明确说明的或非法的药液输送至患者体内。另外，因治疗需要而对患者进行多种药物混合输液时，输液泵对各种药物之间是否存在相互作用的危害提示功能也十分重要。

（7）与信息系统的通信功能：输液泵可增加与医院电子病历、药品管理等医院信息系统对接通信的功能，使得输液泵上可以显示患者的信息及所输注药物的名称、剂量、时间等信息，成为患者在院治疗全周期监测的组成部分，同时对护理人员人工"三查七对"进行有效补充。

（8）其他功能：如外接直流电源输入接口、护士呼叫接口、输液点滴传感器等。

（五）输液泵的临床应用

输液泵多用于抢救休克快速输液或需要严格控制输液总量及输液速度的情况，以及供部分特殊药物使用。在重症监护病房，输液泵可以准确评估患者的液体进出量，并替代护理人员进行输液监测，而普通病房主要作为精确控制特殊药物流速的设备使用。下面具体列举输液泵在临床输液治疗上的应用：

1. 等渗电介质静脉输液 人体内各种体液的电介质渗透压大小和电介质的浓度有关，等渗指的是溶液中电介质渗透量等于血浆渗透量，正常血浆渗透压为 290～310mmol/L。常见的等渗电介质溶液有 0.9%NaCl 溶液及 5%葡萄糖溶液。

静脉输液将溶液、药物或血液成分注入静脉，其用药类型和剂量取决于患者的临床治疗需求。应用输液泵可以长时间有效维持静脉输液速率，并且对药液累积剂量进行监控，减轻医务人员的工作强度。

2. 胰岛素输液 糖尿病患者遭受病痛的折磨，临床治疗需要以规定的速度给他们注射规定剂量的胰岛素。所有 1 型和一些 2 型糖尿病患者都需要胰岛素来实现血糖控制，使用短效、中效和长效和（或）两阶段胰岛素的混合物，进行静脉输液。胰岛素是美国医疗安全协会确定的前五位高危药物之一。以往的做法是一次性注射较大剂量的胰岛素，这不仅造成巨大的药物浪费，而且药效也较短，同时存在治疗风险。因此，需要一种流量和流速能够控制的持续输送装置，来输送少量的药物并精确控制其输送速度和流量，以满足临床治疗需求。使用输液泵可以有效控制胰岛素输入患者机体的速度，部分智能型输液泵可以通过监测患者的相应生理参数进而改变胰岛素的输入速度，一次达到临床理想的治疗效果。

3. 化疗药物输液 化疗是化学药物治疗的简称，是利用化学药物阻止癌细胞的增殖、浸润、转移，直至杀灭癌细胞的一种治疗方式。人们通常把抗肿瘤药物治疗称为化疗。化疗的给药途径有静脉给药、肌内或皮下注射等。其中静脉给药是化疗的主要途径。癌症患者的化疗需要使药物以恒定的速度灌注，通过调节输入的速度和时间将化疗药物均匀持续地注入，既可以达到化疗的最佳效果，又能最大限度地降低化疗药物的副作用。由于化疗药物输入患者体内需要较长的时间，而传统输液方式在输液速率上无法精确把控，因此，使用输液泵进行静脉输液是目前化疗药物输液的主要途径。

4. 镇痛药物注射 患者自控镇痛（patient controlled analgesia，PCA）的维持方式先后经历了人工单次推注、电子泵持续而缓慢地恒速输注、PCA 装置与脉冲式给药等。可以看出，输液泵在硬件及功能上的不断提升，不仅推动了临床治疗过程中镇痛模式从完全依赖于麻醉医师到使用电子输液泵持续自动化镇痛再到患者自身也可参与镇痛的转变，而且相关研究表明，使用输液泵进行镇痛在降低暴发痛、减少药物用量等方面具有显著优势。

5. 抗生素、抗真菌药物、抗病毒药物输液 抗菌类药物在临床上主要用于防止感染，其在临床治疗过程中使用十分广泛。对于部分治疗指数低、安全范围窄的抗生素类药物（如林可霉素、氨基糖苷类药物等），其输注速率过快会使血药浓度超过治疗范围，使患者产生毒性反应，输注速率过慢又达不到有效的血药浓度，使用输液泵加以控制输液速率将对治疗过程产生重要作用。

6. 麻醉、肌松药输液 麻醉即将麻醉药物单纯施加于患者机体，使其处于意识消失的状态。给药途径有肌内注射、静脉注射、口服，临床常用前两种方式达到使患者麻醉的临床目的。肌内注射：起效较快，麻醉确实，便于操作，副作用明显，维持时间较短，没有镇痛作用。静脉注射：起效最快，麻醉确实，操作相对便捷，副作用明显，患者肌体不耐受，没有镇痛作用，维持时间短。据报道，美国麻省总医院围术期麻醉用药差错中剂量错误占据 22.9%。使用输液泵进行持续微量静脉输液可保证在围术期麻醉用药过程的剂量准确性，提高临床用药安全性。

静脉给药：在患者被带到手术室之前，护士或麻醉师会将静脉注射针留置于患者手臂，手术期间将使用该留置针实现静脉注射。患者可以在术前接受镇静剂，镇静剂将帮助患者放松。如果患者高度焦虑，麻醉师可能不得不使用更多的药物来实现全身麻醉。

7. 治疗血液中毒，抗血栓、止血类药物注射 部分抗血栓类药物如肝素，无法通过患者口服吸收，而在对特殊人群如老年患者、儿童用药时，其输注剂量存在严格要求。使用输液泵对输注速率及输注累积剂量进行控制将有效降低此类药物的输注风险。

8. 肠内营养肠外营养输注

（1）肠内营养泵是一种由电脑控制的输入装置，可通过鼻饲管输入水、营养液，可以精确控制肠内营养液的输注速度，保持营养液的相对无菌、食物渗透压的稳定、温度及速度的恒定。肠内营养泵具有自动输入、输完报警和快排、反抽、定时冲洗等功能。通常临床根据患者体重计算营养液的输液速度，持续将营养液在 10～16 小时匀速泵入患者体内。使用营养泵可以逐渐改善患者的细胞免疫功能及降低外科手术患者血液内激素水平，大大减少患者胃内容物的反流、呛咳、腹泻、腹胀、胃潴留、急性机械性肠梗阻、肠瘘和代谢性并发症的发生，使胃肠道功能在最短的时期恢复。危重症患者早期应用肠内营养不仅可促进肠蠕动恢复，并且有助于改善肠道黏膜的结构和功能，维持肠道的完整性，同时可避免肠道细菌移位，降低感染发生率。此外，营养泵持续滴注法应用简便，滴注速度均匀、准确、安全；肠内营养泵的喂饲及冲洗袋结合使用，能够进行自动冲洗，减少了胃管堵塞的概率；可结合负压吸引定时检测胃内残留量，节约护理人员的时间，也大大减少了护士的工作量。

（2）肠外营养输注是对暂时或永久性不能进食或进水后不能吸收的患者通过静脉途径输注营养物质。肠外营养输注使用持续输注法，将一天预定输入的营养液在 24 小时内均匀输注，静脉营养输注速率在 100～150ml/h。肠内营养是通过鼻饲管将营养液输入患者胃部。使用输注设备有助于精密输液及输液速度的微调，从而达到给患者提供能量，纠正或预防营养不良，改善营养状态，并使肠道得到充分休息的目的。

9. 其他采用输液泵的场合　在临床产科中，催产素应用比较广泛，小剂量使用催产素能够促进患者宫颈成熟，促使子宫平滑肌收缩，一般适用于催产和引产。静脉使用催产素以往大多采用人工输液器滑轮进行滴速调节，但是容易受到滴速不恒定及个人计数误差所影响，导致催产静脉滴注的效率比较低下，同时剂量的不准确可能导致强直性子宫收缩、胎儿窘迫、子宫破裂、病理性缩复环等治疗风险。使用输液泵调节催产素静脉输液能够准确控制输液速度，缩短产程，降低临床治疗风险。

新生儿缺氧缺血性脑病是指各种围生期窒息引起的部分或完全缺氧、脑血流减少或暂停而导致胎儿或新生儿脑损伤。应用纳洛酮是治疗该类患儿的有效手段。给予患儿吸氧、止惊、纠正低血糖、维持血压稳定、纠正酸中毒等常规治疗手段的同时，依靠输液泵对药物输送的精确控制，增加纳洛酮并将其以 0.1mg/h 的速度进行静脉输液，持续 5 天为一个疗程。通过临床观察，上述疗法可有效提高病症的治愈率，减少后遗症的发生。

三、注射泵的工作原理与临床应用

（一）注射泵的基本概念

1. 注射泵（syringe pump）　在国家标准中的定义为通过一个或多个单一动作的注射器或类似容器来控制注入患者体内液体流量的设备（如通过推动推杆清空桶内溶液），注射速度由操作者设定，并由设备指示单位时间内的流量。

2. 注射泵介绍　注射泵是一种定容型的输液泵。它能够在单位时间内将设定的药液量均匀注入静脉内，能严格控制输液速度及保持血液中药物的有效浓度，具有操作简单、定时精度高、流速稳定、易于调节、小巧便携的特点。注射泵已成为医院急救、治疗和护理方面的常用设备。在临床上广泛应用于 ICU、CCU、NICU 和手术室，注射升压药、降压药、化疗药、抗癌药、缩宫药、抗凝药、麻醉药及给予营养和输入血液。注射泵的应用对患者的治疗及医护人员的诊疗工作都至关重要。

注射泵相对于输液泵在临床使用中更多应用于小剂量给药的情形。注射泵在小剂量给药时相较于一般容量式输液泵的优势在于：小容量给药的精度高、配合容量更灵活、容易解决台式的放置、流速/脉冲波动小。

（二）注射泵的特点

1. 注射泵可满足多种临床治疗的需求

（1）相较于输液泵能够更精确地测量和控制输液速度。

（2）能够精确地测定和控制注射剂量。

（3）相较于输液泵药液流动线性更好，不产生脉冲波动。

（4）能对气泡、空液和输液管堵塞等异常情况进行报警，并自动切断输液通路。

（5）能够实现智能控制输液。

2. 注射泵存在的缺点

（1）相较于输液泵输液量较少，需要专用的大注射器及输液管。

（2）相较于输液泵没有防渗漏检测装置。

（三）注射泵结构和组成

（1）输液管路：与输液泵使用输液软管不同，注射泵使用具有单向推拉功能的注射器盛放药液。注射泵通过对注射器活塞进行推动，挤压药液定速进入患者体内。注射泵通过传感器对注射器的管径大小进行识别。由于常用注射器中存在不同型号注射器使用相同管径的情况（主要存在于50ml与60ml同品牌注射器），使用者在安装后还需在设备上对注射器型号进行确认操作，防止可能发生的注射风险。

（2）注射泵结构：注射泵由步进电机及其驱动器、丝杆和支架等组成，具有可往复移动的丝杆螺母，因此也称为丝杆泵。旋转螺母与注射器的活塞相连，注射器里盛放药液。工作时，微机系统发出控制脉冲信号使步进电机旋转，而步进电机带动丝杆将旋转运动变成直线运动，推动注射器的活塞进行注射输液，把注射器中的药液以高精度、平稳无脉冲的传输方式输入到患者体内。操作人员通过操控系统设定螺杆的旋转速度，就可调整其对注射器针栓的推进速度，从而调整所给的药物剂量，结构如图4-10所示。注射泵启动后，微机系统借助于D/A转换器提供电机驱动电压。电机旋转检测电路通常为一组光电耦合电路，通过电机的旋转产生脉冲信号，这一脉冲信号通过监测系统反馈到微机系统，微机系统通过分析反馈信号控制电机电压，从而达到控制电机旋转速度进而调整注射速度的目的。

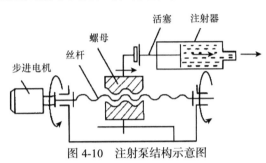

图4-10 注射泵结构示意图

（四）注射泵的基本技术要求

基于临床治疗和注射安全的要求，注射泵需要满足以下基本技术要求（以下仅列举注射泵专用要求，与输液泵相同内容不再赘述）。

1. 剂量安全性 在临床诊疗过程中，有时会使用具有强烈生物毒性或者剂量敏感性的药物对患者进行治疗，需要注射泵精确控制注入剂量和速度。注射泵必须具备设置注射速度的功能，同时必须保持注射速度的准确，相关国际/国家/地区标准规定了对于速度精度的要求。JJF 1259—2010《医用注射泵和输液泵校准规范》中要求，注射泵对不同药液流速的允许误差见表4-2。

表4-2 注射泵对不同药液流速的允许误差

流量范围/（ml/h）	示值允许误差/%	示值重复性/%
5～19.9	±6	2
20～200	±5	2
201～1000	±6	2

2. 注射器安装监测 注射泵必须具备识别不同管径注射器及判定注射器正确安装与否的功能，当注射器未被正确安装在注射泵上时，注射泵必须对使用者发出警示信息并无法进行注射操作。注射泵在工作的情况下对注射器进行位置变更操作，必须可以发出相应报警。注射泵必须设计成，当注射器受到外力影响时不会出现对患者产生安全方面危险的模式。

（五）注射泵的临床应用

1. 高血压药物的注射 高血压是临床常见的慢性疾病，随着各种不良因素的影响，急性高血压患者发病率会逐渐增加，损害机体各个组织器官，导致患者出现组织、脏器功能衰竭现象。资料表明，快速平稳地降低高血压患者的血压并将其维持在安全范围内是救治高血压急诊患者的关键。硝酸甘油能够有效扩张血管，降低患者血压，促使心肌供血量增加，从而改善患者血压水平，促进血压恢复正常。临床证明，通过使用注射泵以 0.1μg/min 的速度配合卡托普利对患者进行输液治疗，可在短时间内将患者血压恢复至正常水平，改善患者心率，控制患者临床症状并降低并发症发生率。此例证明，注射泵在对患者进行微速输液的临床治疗中发挥重要作用。

2. 强心类药物注射 强心类药物能增强心肌纤维的收缩力，改善心血管的功能状态。强心类药物主要用来治疗心力衰竭（心功能不全），通过增加心输出量，以适应机体组织的需要，增强心肌纤维的收缩力，改善心血管的功能状态。

多巴胺是临床常用的血管活性药物，广泛用于心肌梗死、心脏手术及充血性心力衰竭等患者的抗休克治疗。由于多巴胺为强酸性药物（pH=4.0），对血管刺激性大，且大剂量多巴胺可引起组织缺血缺氧甚至坏死，对需要持续泵入较大剂量多巴胺的危重患者，传统输液无法满足治疗需求，且换药期间造成的短暂停药会致使患者血压瞬间下降，出现头晕、心慌、胸闷等症状，严重者甚至诱发阿斯综合征。针对上述情况，使用多通道注射泵不但可以安全有效控制多巴胺输入剂量，通过注射即将终止的报警提示，医护人员可启动其他通道继续为患者输注药液，保证多巴胺用药的连续性，降低此类药物的用药风险。

3. 放射线检查中造影剂的注射 在多种输卵管的检查方法中，应用注射泵进行子宫输卵管造影术，可有效避免人工推注造影剂过程中存在的诸多弊端，取得较好的临床效果。优点：注射泵使用安全，在注射造影剂过程中，注射药物过程匀速，压力稳定，可以避免人力推注时快时慢导致图像欠清晰流畅的弊端，利于动态观察造影剂通过情况；注射泵在推注造影剂的过程中可施加一定的压力，对于输卵管有轻微粘连的患者起到疏通的作用，小部分患者进行造影术后能自然受孕；由人工进行造影剂推注会造成工作人员长期接触放射线，对医护人员身体造成严重损害，使用注射泵避免了相关工作人员接触放射线的辐射。

第二节 输液泵、注射泵的风险辨析

输液泵、注射泵属于辅助治疗设备，其用途是为临床治疗提供可以严格控制输液量和给药剂量的静脉输液方式。由于输液泵、注射泵通过输注管路直接作用于人体，在使用过程中存在较高的风险，这种风险会对患者造成潜在的、间接的或直接的伤害，甚至造成患者死亡。通过对这些风险进行分析和评价，采取合适的措施进行风险管理和控制，可以尽量减少因输注设备使用导致的人体危害，提高输注设备使用的安全性和有效性。

一、输液泵、注射泵的风险危害

任何医疗器械产品都具有一定的使用风险，输液泵、注射泵也不例外。因受时代科技水平的制约、实验条件的限制等因素影响，在产品设计过程中一些使用风险未必能够考虑到，也因此会导致输液泵、注射泵不良事件的发生。

（一）输液泵、注射泵的使用风险

1. 药液不滴　医用输注设备上设有一个压力传感器，当药液受阻时会发出警报声。如果压力传感器出现故障，当针头阻塞、泵管弯折、泵管调节器未打开等导致药液不通畅时则不会报警；未使用与输液泵、注射泵配套的泵管、出现各种阻塞现象时也可能出现不报警的情况。

2. 药液外渗　通常情况下，在普通输液过程中发生液体外渗至皮下，会致输液部位肿胀，局部压力增高，液体输注速度也会随之变慢甚至停止。而输液泵、注射泵的驱动系统大多以泵为动力源，当药液外渗时，机器仍在运行，如护理人员巡视不及时、观察注射部位不仔细、药液外渗可能会导致输液局部皮肤肿胀明显，甚至发生皮肤损伤。

3. 空气进入静脉　医用输液泵上设有气泡传感器，当管道内有气泡通过，且达到一定阈值时，设备会发出报警，并停止运行。如果气泡传感器发生故障，管道内进入气泡时则不报警；医用输液泵软管未卡进气泡传感器之中，又未设置"错误报警"提示时不报警；使用的泵管太粗或者太细，或者未使用与输液泵配套泵管时，即使管道内气泡达到阈值也可能不报警；仪器稳定性差，当输液泵连续工作超过一定时限后，管道内出现气泡且达到阈值也不能正常报警。

4. 输注药液速度错误　输液泵、注射泵操作人员在使用时，通过操作系统输入运行参数时将输注时速设置错误；输注多瓶、多种药物时，操作人员因疏忽没有对药液名称与药液输注速率进行核对，始终按照之前设置的运行参数进行输注，会导致药液在输注过程中剂量偏离治疗要求，输液无法达到治疗目的。

5. 输液精度不够　输液泵、注射泵本身精度不够，导致预置量与实际输出量不符；由于长时间使用，输液泵内部形成机械性磨损，导致作为其驱动系统的蠕动泵超出合格精度允许范围，造成输液速度不准确；输液管路弹性较差，输液时间过长，超出管路承受的延展性极限，导致输液精度受到影响。

6. 仪器突然停止工作　输液泵、注射泵在临床使用中，会出现设备突然停止工作的现象。一般此类现象发生的原因可能是病房网电源未采用专用插座，遇水或使用中在插拔设备时导致短路，或者输液泵、注射泵内置蓄电池自身损坏而引起设备负载内阻增大。

7. 泵管与输液泵、注射泵不配套　未使用配套输注管路，或仅使用普通输注管路，可能会发生以下情况：

（1）空气或压力传感器不报警：使用的输注管路太粗或者太细，管路内有气泡或者输注管路阻塞时可能不报警，导致空气栓塞或液体不滴。

（2）输液精度不够：输液泵、注射泵与输注管路配套时，其相对流速误差一般能控制在厂家书写的流速误差范围内，反之相对流速误差也会超过误差极限。

（3）输液管路破损：输液泵的主动轴与电机轴通过齿形皮带传递动力。把泵管压在齿形皮带上，当齿形皮带带动蠕动泵时，齿轮上的轮齿就会依次挤压输液泵管，如果泵管弹性不够，随着齿轮的无数次挤压，可能导致泵管破损发生空气栓塞等现象。

（二）输注设备风险信息分析

1. 国内情况

（1）医疗器械不良事件信息通报 2010 年第 3 期指出，国家药品不良反应检测中心自 2002 年至 2010 年 8 月共收到有关植入式输液泵的可疑医疗器械不良事件报告 2 份。一例为导管断裂，脱落导管进入右心室；另一例为导管堵塞并导致形成深静脉血栓，分析原因可能与导管本身有关，也可能与植入和使用过程中操作不当及患者活动过度有关。

（2）国家市场监督管理总局发布的 2011 年第 4 期医疗器械不良事件信息通报指出，输液泵、注射泵在临床使用中可能会出现输注流速控制异常，直接影响患者用药安全，应引起重视。通报指出，自 2002 年至 2010 年年底，国家药品不良反应监测中心共收输液泵、注射泵相关可疑不良事件报告 575 份，其中输液泵 359 份，注射泵 216 份。主要的异常现象包括输注速度控制异常。不能泵入药液、死机、输注管路漏液等。其中，表现为输液流速异常的报告有 216 份，涉及输液泵 155 份（占输液泵部报告数的 43%），涉及注射泵 61 份（占注射磁总报告数的 28%）。输液泵、注射泵速度控制不准，可能与软件设计及使用的配套耗材（输液管路、注射器）种类、性能等因素有关。

（3）在 2012～2015 年国家医疗器械不良事件监测年度报告中，在有源医疗器械中输液泵、注射泵连续四年可疑医疗器械不良事件报告数量排名前三。在国家医疗器械抽验中，抽验合格率连续多年处于较低水平。国家药品不良反应监测中心也发布了医疗器械不良事件信息通报输液泵相关不良事件。如何开展输液泵、注射泵的质量管理并有效降低其使用风险成为现今医学工程部门的重要课题。

（4）2017 年，我国医疗器械不良事件报告中的十大主动医疗设备是患者监护仪、输液泵和注射泵、心电图仪、电子血压监测仪、血液透析机、呼吸机、生化分析仪、特定电磁波治疗仪、婴幼儿培养箱、血糖仪。十大主动医疗设备上报数共占报告总数的 9.78%（表 4-3）。其中，输液泵和注射泵上报不良事件数量在十大主动医疗设备上报不良事件数量中排名第二，足见其在临床诊疗过程中存在巨大风险。

表 4-3　2017 年医疗器械十大主动医疗设备不良事件报告数及占比

编事情	产品名称	报告数	占报告总数的百分比/%
1	患者监护仪	12 917	3.43
2	输液泵和注射泵	7947	2.11
3	心电图仪	3109	0.83
4	电子血压监测仪	3105	0.83
5	血液透析机	2423	0.64
6	呼吸机	2328	0.62
7	生化分析仪	1383	0.37
8	特定电磁波治疗仪	1355	0.36
9	婴幼儿培养箱	1167	0.31
10	血糖仪	1067	0.28
合计		36 801	9.78

2. 国外情况　2005～2010 年，美国 FDA 收到了超过 5 万份有关输注设备的医疗器械不良事件报告。通过对这些报告的分析可以看出，有一部分是由于设计错误导致的，其他最常见的问题还包括软件信息错误、人为因素（包括但不限于使用错误）、器件损坏、供电不足、警报遗漏、输液过度或不足等。在输注设备的设计开发过程中，需要对输注设备的生产和使用等提出一系列可能影响其安全性和有效性的特征性问题，提问题的角度也是从涉及的操作者、患者和维护者等方面来考虑的。FDA 明确了存在于输注设备系统中的危

险因素，要求企业对输注设备进行危害分析，来识别所有可能出现的危害，并且要求企业在产品上市前通告时明示危险因素并描述危害分析的方法及减轻危害的措施。

二、输液泵、注射泵风险产生原因

输液泵、注射泵的危险因素可分为操作、环境、电气、硬件、软件、机械、生物学和化学、使用者八个方面。

（一）操作因素

1. 空气进入输注管路　不正确或不完整的装药过程；破损、不牢固或不密封的输液管路；输液泵、注射泵未进行排气操作；输液泵、注射泵与输液器不匹配等。

2. 输液泵、注射泵管路堵塞　如管路扭曲、输液管路发生化学降解、堵塞后产生丸剂效应等。

3. 液体自流　输液管路中阀门损坏；输液泵、注射泵的放置位置过高于输液器的滴壶，可能会造成药物非预期的流出；输液管路破坏，产生缺口，液体因重力作用非预期流出等。

4. 回流　输液泵、注射泵的输出位置（即患者输注位置）过低于注射器，可能会造成输注过程中产生虹吸作用；输液管路破坏，产生缺口，使药物不按照预期的方向流动等。

以上风险因素可能会导致输液剂量不足或者剂量过大、空气栓塞、回血、延误治疗等不良结果。

（二）环境因素

1. 温度、湿度、气压过高或过低会影响输液泵、注射泵正常工作。

2. 溢出污染/暴露于有毒物质会导致泵暴露于病原体、过敏原和其他有害物质。

以上风险因素可能会导致药液剂量过大、剂量不足、延误治疗、电击、外伤、感染、过敏反应等不良结果。

（三）电气因素

1. 设备之间不正确或者不牢靠的相互连接、处理器供电过高、不充足的冷却或错误的散热、非预期的磁体失效等因素会导致输注设备过热。

2. 交流供电超过上限、电池电压超过上限、电池耗尽、交流直流转换失败等因素会导致供电电压错误。

3. 电池电压过低、电池耗尽、电池过充电等因素会导致电池失效或充电故障。

4. 不充足的隔离或短路会导致漏电流过高。

5. 短路、高阻抗、低阻抗、腐蚀液体进入导电等因素会导致电路失效。

以上风险因素可能会导致系统错误、输液泵或注射泵无法正常使用、药液剂量不足、延误治疗、治疗不当、电击等不良结果。

（四）硬件因素

1. 组件不能正常工作、输注设备组件之间的同步错误、监视定时器失效、未满足可靠性说明等因素会导致系统失效。

2. 网络阻塞、通信问题、（无线）信号丢失、输注设备和网络中/整个设备不兼容等因素会导致网络故障。

3. 内存写入失败、临界值数据完整性错误等因素会导致内存故障。

4. 监视定时器错误中断、设备或传感器受污染、设备或传感器失准等因素导致报警错误。

5. 传感器失效导致无法报警。

以上硬件存在的风险将会导致药液剂量过大、剂量不足、延误治疗、治疗不当等结果。

（五）软件因素

1. 不能备份、数据存储或检索失败、通信问题等因素会导致数据错误。

2. 缓冲溢出或下溢、空指针解除引用、内存泄漏、变量未初始化、不正确的动态链接库等因素会导致软件运行时间错误。

3. 软件运行时间错误、通信错误等因素会导致系统错误。

4. 数据存储或检索错误会导致输液控制崩溃。

5. 传感器失效、报警属性设置错误、报警阈值设置错误等因素会导致无法报警或误报。

以上风险因素可能会导致系统崩溃、输液泵、注射泵无法使用、输注剂量过大、输注剂量不足、延误治疗、治疗不当等不良结果。

（六）机械因素

1. 输液泵、注射泵键盘部件损坏会导致无法设定剂量，无法启动、停止、重置输注设备，警报器不响。

2. 输液泵、注射泵扬声器部件失效会导致无法报警。

3. 输液泵、注射泵意外跌落、剪切力或应力破坏输液泵、注射泵及设备管路、液体进入输设备内部、电线损坏等意外因素会导致泵体损坏。

4. 输液泵、注射泵的驱动系统电动机失效、输液泵、注射泵的驱动系统无法排气会导致设备无法启动。

以上风险因素可能会导致输液泵、注射泵损坏、无法启动、无法正常使用等不良后果。

（七）生物学和化学因素

1. 输液泵、注射泵清洁不当；输液泵、注射泵被血液或泄漏的液体污染；可重复性使用输注管路无法冲洗；输注设备与非无菌设备或集液容器连接；输液泵、注射泵在使用前包装受损；使用者对输液器或输液器附件过敏；使用者未在推荐的输液环境下使用会导致泵暴露于病原体、过敏原和其他感染性物质而受到输液环境污染。

2. 器械清洁不当；药物与输液泵、注射泵材料不相容会导致输液管路的化学降解。

3. 设备材料不相容；温度超过药物耐受会降低药效。

4. 设备材料不是生物相容的；药物从设备中滤出化学物质会导致产生毒性物质。

以上风险因素可能造成感染、过敏反应、危及生命等不良结果。

（八）使用者因素

1. 用户使用界面设计混乱，使用者对输液泵、注射泵操作不理解；缺少接口单元；缺少培训等因素会导致使用者不知道怎样对输液泵、注射泵进行初始化。

2. 使用者在暂停使用后忘记重新开启；使用者若不知道电池剩余电量会导致输液提前停止。

3. 环境噪声或持续错误警报使得使用者无法听到或忽略了警报；使用者无意或有意地调小了输液泵、注射泵的扬声器或其他发音装置的声音导致使用者无法听到输液泵、注射泵的报警声音。

4. 使用者为输液泵、注射泵设置的药物种类和浓度错误；药物是正确的但使用者选择的药物浓度或输液速率不正确会导致输注的药物类型或浓度错误。

5. 使用者对输液泵、注射泵的设置、检修或操作任务感到困惑；输液泵、注射泵的各部件的物理连接困难会导致物理环境（如管道路径、管道组合的选择）不正确。

6. 经常显示报警信号，以至于使用者忽略报警信号。

7. 使用者设置过多的丸剂药物导致过度的丸剂量。

以上风险因素可能导致药液剂量过大、设置错误、输液泵、注射泵无法使用、延误治疗等不良后果。

三、输液泵、注射泵的风险管控

为了促进输液泵、注射泵的安全使用，减少输液流速异常带来的伤害风险，可从以下几个方面来开展输液泵、注射泵的风险管控工作。

（一）提高医护人员的风险管控意识

1. 加强医护人员的安全意识 随着医疗技术的发展，输液泵、注射泵的高性能在各种输液场所越来越受青睐，但又成为临床使用中很容易出问题的辅助治疗设备。首先，仪器的使用可减轻医护人员的工作量，但也能让人产生依赖心理，忽视输液巡视的重要性；其次，任何科学精密仪器都不能代替临床观察，管理者应加强医护人员责任心的培养，让他们明确输液是一个严肃、严密的过程，最好的仪器也离不开人的操作与管理。因此，医护人员对临床中使用输液泵、注射泵的患者应该有严谨科学的事故防范措施。

2. 组织医护人员学习并进行操作考核 让医护人员熟悉输液泵、注射泵的原理、操作程序和注意事项，熟悉输液泵、注射泵的报警原因及处理方法，听到报警声音后能够及时处理、及时消除故障和风险隐患。

（二）使用前的风险管控

1. 仪器使用前必须对仪器进行功能性测试（能够完成自检），显示一切正常方可使用。

2. 注意用电安全 输液泵、注射泵长期使用后，其固定旋钮上的表面保护层及其电源线可因长期磨损或过度扭曲导致保护层破坏、漏电造成事故，因此在使用仪器前要仔细检查，发现磨损部件要及时更换。另外，输液泵、注射泵在使用过程中不能用毛巾擦拭，以确保安全。

3. 长时间使用后，应该对输液泵、注射泵进行检测校准 输液泵、注射泵使用时间过长，会导致蠕动泵本身灵敏度下降，因此使用时间长、频次高的输液泵、注射泵应该及时更换校准。

（三）使用中的风险管控

1. 使用中的输液泵、注射泵，应要求护士在交接班时查看液体滴注是否通畅，管道内有无气泡，注射部位有无红肿，针头是否在血管内，输液泵、注射泵显示屏上的时速是否与正在滴注的药物要求一致，及时发现导管阻塞，药物外渗等情况，防止刺激性药液引起组织伤害；当显示输液量与实际输液量相差较大时，应及时停止仪器设备的使用或者更换设备，以防不测，并联系设备管理部门进行维修。

2. 使用时注意不要将输液泵置于输液瓶的正下方，把他们之间一段泵管做成一个下垂弧线，使沿输液器外壁流下来的药液滴在地上，以防止药液滴落到输液泵上，导致药液对传感器等部件腐蚀损坏。

3. 输液时因挂瓶的药液量是不完全标准的，加上输液器本身要充满液体，所以设置设备参数预置量时要略小于输液量和药物量之和，避免输液结束后不能正常报警。

（四）其他风险管控措施

1. 配套使用输液泵管　输液泵、注射泵要尽量使用专用配套的泵管，不同品牌泵管的材料、弹性、内径等都有差异，运行参数直接关系着输液泵、注射泵的输液精度及报警功能；输液器选择开关要和输液器种类一致。如果输液管路不能与输注设备配套，应在使用前进行校准，并验证所使用泵管的质量。

2. 输液泵、注射泵控制的输液管路一定要单独建立一条静脉通道，不能与任何其他输液管路连接；同时使用输液泵、注射泵的静脉通道最好用静脉留置针建立。

3. 及时进行维护保养及检测校准，建议由专业人士定期检测维修，及时发现问题，确保安全。

4. 输液泵、注射泵不能置于高温处或阳光直射处，长时间连续使用会导致机器发热。应建立设备轮换工作机制，不能让单一设备长时间运转。

5. 输液泵、注射泵生产企业应严把产品设计、制造质量关，提高产品的精确度；在使用说明书中明确标识配套耗材的型号及范围，如涉及多种耗材，应给出不同耗材的流速校准值；加强对使用者的培训；提高售后服务水平，定期对售后产品进行检测与校准，保证器械的安全使用。

第三节　输液泵、注射泵质量控制相关标准和技术规范
一、输液泵和注射泵质量控制的国际标准

目前我国采用的输液泵和注射泵的国际标准主要有两大类：国际电工委员会（IEC）标准和国际标准化组织（ISO）标准。

（一）IEC标准

与输液泵和注射泵相关的IEC标准主要是IEC 60601-2-24：2012《医用电气设备 第2-24部分：输液泵和控制器的基本安全和基本性能专用要求》，该标准规定了肠内营养泵、输液泵、门诊输液泵、注射泵或容器泵、容量式输液控制器和容量式输液泵的基本安全和基本性能专用要求。这些专用要求不适用于下列设备：

（1）专门用于诊断或类似用途的设备（如由操作者永久性控制或管理的血管造影或其

他泵）。

（2）血液体外循环设备。

（3）植入式设备。

（4）专门用于尿动力学诊断用设备（利用导管将膀胱充满水，测量其压力-体积关系）。

（5）专门用于男性阳痿检测的诊断用设备（为保持阴茎勃起，必须维持一个预置压力。测量为维持该压力而注入的液体量：阴茎海绵体造影）。

（6）ISO 28620 涵盖的设备。

（二）ISO 标准

与输液泵和注射泵相关的 ISO 标准主要有 ISO 8536《医用输液器具》系列标准、ISO 7886《一次性使用无菌注射器》系列标准、ISO 594《注射器、注射针及其他医疗器械 6%（鲁尔）圆锥接头》系列标准、ISO 595《重复使用的全玻璃或金属-玻璃医用注射器》系列标准、ISO 28620《医疗设备 非电驱动的便携式输液设备》等。

二、输液泵和注射泵质量控制的国内标准

目前我国有 22 个医疗器械专业标准化（分）技术委员会，其中与输液泵和注射泵直接相关的主要有 SAC/TC10 全国医用电器标准化技术委员会、SAC/TC95 全国医用注射器（针）标准化技术委员会、SAC/TC106 全国医用输液器具标准化技术委员会等，负责输注泵相关国家标准（GB）和医药行业标准（YY）的制定、修订工作。此外，全国医学计量技术委员会则负责全国医学计量领域内国家计量技术法规（检定规程和校准规范）的制修订、宣贯及国内外量值比对等工作。

（一）输液泵和注射泵的国家标准

1. GB 9706.27—2005《医用电气设备 第 2-24 部分：输液泵和输液控制器安全专用要求》 该标准等同采用国际标准 IEC 60601-2-24：1998《医用电气设备 第 2-24 部分：输液泵和输液控制器安全专用要求》（英文版），同时引用 GB 9706.1—1995《医用电气设备 第一部分：安全通用要求》（idt IEC 60601-1：1988+修改件 1（1991））和 IEC 60601-1：1988 修改件 2（1995）《医用电气设备 第 1 部分：安全通用要求（修改件 2）》，也引用标准 YY 0505—2005《医用电气设备 第 1-2 部分：安全通用要求-并列标准：电磁兼容-要求和试验》，当出现要求不一致时，该专用标准的要求优先于上述提到的通用标准和并列标准的要求。

该标准规定了 2.101～2.110 定义的输液泵、输液控制器、注射泵和便携式输液泵的要求，具体定义如下：

（1）输液泵：预期通过泵产生的正压来控制流入患者体内的液体流量的设备。输液泵可以分为：1 型，仅为连续性输液；2 型，仅为非连续性输液；3 型，丸剂的离散输液；4型，同一设备上包含 1 型与 3 型和（或）2 型的组合输液；5 型，程控泵。（对应标准条款2.101）

（2）容量式输液泵：输液速度由操作者设定并且设备以每单位时间的容量来指示的输液泵，但不包括注射泵。（对应标准条款 2.102）

（3）滴速式输液泵：输液速度由操作者设定并且设备以每单位时间的点滴数来指示的

输液泵。(对应标准条款 2.103)

（4）输液控制器：预期通过重力产生的正压来控制流入患者体内的液体流量的设备。（对应标准条款 2.104)

（5）容量式输液控制器：输液速度由操作者设定并且设备以每单位时间的容量来指示的输液控制器。(对应标准条款 2.105)

（6）滴速式输液控制器：输液速度由操作者设定并且设备以每单位时间的点滴数来指示的输液控制器。(对应标准条款 2.106)

（7）特殊使用设备：输液速度由操作者设定并且设备用除 2.101～2.106 定义之外的单位来指示的设备。(对应标准条款 2.107)

（8）注射泵：通过一个或多个单一动作的注射器或类似容器来控制注入患者体内液体流量的设备（如通过推动推杆清空筒内溶液），输液速度由操作者设定，并由设备指示单位时间内的流量。(对应标准条款 2.108)

（9）便携式输液泵：用于控制患者输液并且可由患者连续携带的设备。（对应标准条款 2.109)

（10）程控泵：通过一系列程序可控的输液速度控制患者输液的设备。(对应标准条款 2.110)

2. GB/T 14233《医用输液、输血、注射器具检验方法》系列标准　该系列标准分为两部分：

（1）GB/T 14233.1—2008《医用输液、输血、注射器具检验方法 第 1 部分：化学分析方法》：该标准适用于医用高分子材料制成的医用输液、输血、注射及配套器具的化学分析。

（2）GB/T 14233.2—2005《医用输液、输血、注射器具检验方法 第 2 部分：生物学试验方法》：该标准是根据 GB/T 16886.1《医疗器械生物学评价 第 1 部分：评价与试验》的基本原则，特别针对医用输液、输血、注射器具的生物学评价需求所设立的。

3. GB 8368—2018《一次性使用输液器 重力输液式》　该标准修改采用 ISO 8536-4：2010《医用输液器具 第 4 部分：重力输液式一次性使用输液器》，规定了一次性使用重力输液式输液器的标记、材料、物理、化学和生物等要求，适用于一次性使用的、与输液容器和静脉器具配合使用的重力输液式输液器。该标准于 2018 年 3 月 15 日发布，于 2021 年 4 月 1 日实施。

4. GB/T 6682—2008《分析实验室用水规格和试验方法》　该标准修改采用 ISO 3696：1987《分析实验室用水规格和试验方法》（英文版），规定了分析实验室用水的级别、规格、取样及储存、试验方法和试验报告。在对输液泵和注射泵进行流量检测时要求使用符合该标准规定的实验用水。

5. 涉及输注泵相关配件或辅助设备的国家标准

（1）GB 15810—2001《一次性使用无菌注射器》：该标准等效采用 ISO 7886-1：1993《一次性使用无菌皮下注射器 第 1 部分：手动注射器》，规定了一次性使用无菌注射器的分类与命名、要求、试验方法、检验规则、包装、标志等。本标准适用于供抽吸液体或在注入液体后立即注射用的手动注射器，而不适用于胰岛素注射器、玻璃注射器、永久带针注射器、带有动力驱动注射泵的注射器、由制药厂预装药液的注射器及与药液配套的注射器。

（2）GB 15811—2016《一次性使用无菌注射针》：该标准非等效采用 ISO 7864：1993《一次性使用无菌皮下注射针》，规定了针管公称外径为 0.3～1.2mm 的一次性使用无菌注射针的要求。此标准规定的注射针是与 GB 15810 一次性使用无菌注射器配套使用，也适合于其他相适宜的注射器具配套使用，作为对人体皮内、皮下、肌内、静脉等注射药液用。

（3）GB 18671—2009《一次性使用静脉输液针》：该标准规定了针管公称外径为 0.36～1.20mm 的一次性使用静脉输液针的要求，以保证与相应的重力输液式输液器、压力输液设备用输液器或输血器相适应，也为输液针所用材料的性能及其质量规范提供了指南。此标准的第 3 章至第 8 章中的 8.1 和 8.3 给出了与输液器、输血器配套供应的输液针的质量规范。

（4）GB/T 1962《注射器、注射针及其他医疗器械 6%（鲁尔）圆锥接头》系列标准：该系列标准等同采用 ISO 594 系列标准，包括两部分内容。

第 1 部分：通用要求，规定了用于注射器、注射针及其他医疗器械 6%（鲁尔）圆锥接头通用要求的尺寸、要求、试验方法。本标准适用于刚性和半刚性的注射器、注射针及其他医疗器械 6%（鲁尔）圆锥接头通用要求，不适用于较柔软的或弹性体材料制成的 6%（鲁尔）圆锥接头。虽然要精确的定义刚性或半刚性材料的特性有一定难度，但通常将玻璃和金属当作典型的刚性材料。与之相对照，虽然壁厚是影响部件刚性的重要因素，但许多塑料被当作半刚性材料。

第 2 部分：锁定接头，规定了用于注射器、注射针及其他医疗器械（如输液设备）6%（鲁尔）圆锥锁定接头的尺寸、要求、试验方法。本标准的要求适用于刚性和半刚性的圆锥接头并包括了试验方法，但对较柔韧或有弹性的材料没有规定。

（二）输液泵和注射泵的医药行业标准

1. YY/T 1469—2016《便携式电动输液泵》 该标准规定了便携式电动输液泵的定义、基本要求和相应的试验方法。便携式电动输液泵的预期用途为静脉或硬膜外的镇痛给药，主要由驱动装置、贮液装置和输液管路组成，贮液装置和输液管路为一次性使用部件。该标准不适用于以下设备：

——专门用于诊断或者类似用途的设备（如高压注射器）。

——肠胃给养泵。

——用于血液体外循环的设备。

——胰岛素泵及相似临床应用的泵。

——对输液精度有特殊要求的便携式输液泵。

2. YY 0451—2010《一次性使用便携式输注泵 非电驱动》 该标准规定了非电驱动一次性使用便携式输注泵的基本要求和相应的试验方法，适用于可持续给液（固定的或可调节）和（或）自控给液的输注泵。

该标准不适用于：IEC 60601-2-24 所包括的电驱动或电控制的输液泵；植入式装置；肠给养泵；经皮给液装置；输液动力不是装置自身提供动力，而是通过患者主动干预来获得动力的装置（如只靠重力作为动力的装置）。

3. YY 0286《专用输液器》系列标准 该系列标准采用 ISO 8536 系列标准，包括以下

6 个部分：

（1）YY 0286.1—2007《专用输液器 第 1 部分：一次性使用精密过滤输液器》：该标准适用于一次性使用精密过滤输液器，规定了药液过滤器过滤介质标称孔径为 2.0～5.0μm 的一次性使用精密过滤输液器的要求。

（2）YY 0286.2—2006《专用输液器 第 2 部分：一次性使用重力输液式滴定管式输液器》：该标准等同采用 ISO 8536-5：2004《医用输液器具——第 5 部分：一次性使用重力输液的滴定管式输液器》，规定了公称容量为 50ml、100ml 和 150ml 的一次性使用重力输液式滴定管式输液器的要求，以保证与输液容器及静脉器具相适用。同时该标准还为输液器所用材料的质量和性能规范提供了指南。

（3）YY 0286.3—2017《专用输液器 第 3 部分：一次性使用避光输液器》：该标准是在 GB 18458.3—2005《专用输液 第 3 部分：一次性使用避光输液器》的基础上制定的，规定了液路材料添加避光剂的一次性使用重力输液式输液器的要求，还为避光输液器所用材料的性能及其质量规范提供了指南。

（4）YY 0286.4—2006《专用输液器 第 4 部分：一次性使用压力输液设备用输液器》：该标准等同采用 ISO 8536-8：2004《医用输液器具——第 8 部分：压力输液设备用输液器》，规定了无菌供应的用于 200kPa 以下压力的输液设备的一次性使用输液器的要求。

（5）YY 0286.5—2008《专用输液器 第 5 部分：一次性使用吊瓶式和袋式输液器》：该标准规定了贮液容器不大于 300ml、以分液输注为主要目的的一次性使用吊瓶式和袋式输液器的要求，以确保与输液容器及静脉器具相适应，还为输液器所用材料的质量和性能规范提供了指南。本标准不适用于对输液剂量有精确控制要求的滴定管式输液器（见 YY 0286.2）。

（6）YY 0286.6—2009《专用输液器 第 6 部分：一次性使用流量设定微调式输液器》：该标准规定了一次性使用重力输液式流量设定微调式输液器的要求，以保证与其他静脉输液器具相适应。流量设定微调装置上不标刻度数字的输液器不在该标准适用范围内。

4. YY/T 0573《一次性使用无菌注射器》系列标准 该系列标准采用 ISO 7886 系列标准，包括以下 3 个部分：

（1）YY/T 0573.2—2018《一次性使用无菌注射器 第 2 部分：动力驱动注射泵用注射器》：该标准修改采用 ISO 7886-2：1996《一次性使用无菌注射器 第 2 部分：动力驱动注射泵用注射器》，规定了由高分子材料制成的公称容量为 5ml 及 5ml 以上的动力驱动注射泵用注射器的要求，动力驱动注射泵注射器应与经制造商确认的注射泵配套使用。该标准不适用于胰岛素注射器、玻璃注射器、由制造厂预装药液的注射器及与药液配套的注射器等，也不涉及注射药液的兼容性。该标准于 2018 年 9 月 28 日发布，将于 2019 年 10 月 1 日正式实施。

（2）YY 0573.3—2005《一次性使用无菌注射器 第 3 部分：自毁型固定剂量疫苗注射器》：该标准等同采用 ISO 7886-3：2005《一次性使用无菌皮下注射器——第 3 部分：自毁型固定剂量疫苗注射器》，规定了由塑料材料和不锈钢制成的供抽吸疫苗或注入疫苗后立即注射用的带针或不带针的一次性使用无菌注射器的特性和性能。在输送至固定的疫苗剂量时，注射器会自动失效。该标准不适用于胰岛素注射器（在 YY 0497—2005 中有规定）、玻璃注射器（在 ISO 595 中有规定）、带动力驱动注射泵的注射器（在 ISO 7886-2 中有规定）、不固定剂量的自毁型注射器及预装药液的注射器，也未涉及注射药液/疫苗的兼容性。

（3）YY 0573.4—2010《一次性使用无菌注射器　第 4 部分：防止重复使用注射器》：该标准等同采用 ISO 7886-4：2006《一次性使用无菌皮下注射器　第 4 部分：防止重复使用注射器》，规定了由塑料材料制成的，带针或不带针的，用于抽吸药液或药液灌注后立即注射用的，且设计上能够防止再次使用的一次性无菌皮下注射器的要求。该标准不适用于玻璃注射器（ISO 595 中有规定）、自毁型固定剂量疫苗注射器（YY 0573.3—2005）及预装药液的注射器，也不涉及注射器与注射药液的兼容性。

5. YY 1001《玻璃注射器》系列标准　该系列标准非等效采用 ISO 595-1：1986《重复使用的全玻璃或金属——玻璃医用注射器 第 1 部分：尺寸》和 ISO 595-2：1987《重复使用的全玻璃或金属——玻璃医用注射器 第 2 部分：结构、性能要求和试验》（英文版），包括以下 2 个部分：

（1）YY 1001.1—2004《玻璃注射器 第 1 部分：全玻璃注射器》：该标准适用于全玻璃注射器，该产品装上注射针后，供人体进行皮下、肌内、静脉注射药液及抽取液体等用，标准规定了全玻璃注射器的分类、术语、要求、试验方法、检验规则、标志、使用说明书和包装、运输、储存的要求。

（2）YY 1001.2—2004《玻璃注射器 第 2 部分：蓝芯全玻璃注射器》：该标准适用于蓝芯全玻璃注射器，该产品装上注射针后作生化试验、皮下试验、注射疫苗、口腔麻醉用，也可以注射其他药液用。标准规定了蓝芯全玻璃注射器的分类、术语、要求、试验方法、检验规则、标志、使用说明书和包装、运输、储存的要求。

6. YY/T 0031—2008《输液、输血用硅橡胶管路及弹性件》　该标准规定了输液、输血用硅橡胶管路（以下简称"管路"）及弹性件的通用要求和试验方法，适用的产品包括（但不限于）：

——重复性使用的静脉输注药液的体外转移管路。

——一次性使用血液处理产品中的硅橡胶弹性件，如泵管、阀门或流量控制装置的密封垫、注射件等。

——一次性使用输液器具用硅橡胶弹性件，如注射件、输注泵的硅橡胶贮液囊等。

——一次性使用压力输液管路中的泵管、阀门、注射件等。

该标准不包括插入或植入人体的硅橡胶导管和人工心肺机泵管。

7. YY/T 0282—2009《注射针》　该标准规定了公称外径 0.4～1.6mm，用于人体皮下、皮内、肌内、口腔等部位注射药液、疫苗、麻醉剂或静脉输液、输血的注射针的要求。

（三）输液泵和注射泵的计量技术规范

1. JJF 1259—2018《医用注射泵和输液泵校准规范》　该规范参考 GB 9706.27—2005《医用电气设备 第 2-24 部分：输液泵和输液控制器安全专用要求》，是目前国内校准检测输液泵和注射泵物理参数的主要技术法规依据。其主要内容如下：

（1）范围：该规范适用于医用注射泵（以下简称注射泵）和医用容量式输液泵（以下简称输液泵）的校准。

（2）术语和计量单位

1）流量（flow rate）：单位时间内流过管道横截面的流体体积，单位为 ml/h。

2）阻塞报警阈值（压力）：阻塞报警触发时的物理量数值，单位为 kPa，也常用 mmHg 表示（1mmHg≈0.1333 kPa）。

3）中速：对于输液泵，速度设定为 25ml/h；对于注射泵，速度设定为 5ml/h；对于特殊使用设备和便携式输液泵，设定为制造商规定的速度作为设备的标准速度。

（3）校准条件

1）温度：15～30℃。

2）相对湿度：≤80%。

3）电源：（220±22）V，（50±1）Hz。

4）周围无影响正常校准工作的机械振动和电磁干扰。

5）校准介质：符合 GB/T 6682《分析实验室用水规格和试验方法》要求的分析实验室用水。

（4）物理参数的校准：该规范主要针对输液泵和注射泵的流量和阻塞压力这两个物理参数，使用医用注射泵和输液泵检测仪，进行流量相对示值误差、流量示值重复性和阻塞报警误差的校准。具体的要求和方法在本书下一节"物理性能的质量控制检测"中有详细介绍。

2. JJG 1098—2014《医用注射泵和输液泵检测仪》检定规程 该规程适用于医用注射泵和输液泵检测仪的首次检定、后续检定和使用中检查。医用注射泵和输液泵检测仪是检定注射泵和输液泵的专用设备，主要由液体采样模块、压力采样模块、计时器、信号处理单元和显示单元等组成，通常具有流量、累积流量和阻塞压力三种测量功能。

3.《医用注射器》（JJG 18—2008）检定规程 该规程参照了国际标准 ISO 7886-1：1993《一次性使用无菌皮下注射器 第 1 部分：手动注射器》；ISO 595-1：1986《重复使用的全玻璃或金属-玻璃医用注射器 第 1 部分：尺寸》；ISO 595-2：1987《重复使用的全玻璃或金属-玻璃医用注射器 第 2 部分：结构、性能要求和试验》；国际建议 OIML R26：1978《带玻璃套筒的医用注射器》，适用于医用注射器的首次检定、后续检定和使用中检查。

第四节　输液泵、注射泵的质量控制检测

输液泵、注射泵的质量控制分为：安装验收阶段的质量控制、日常使用中的质量控制、预防性维护及物理参数的质量控制检测四个部分。

一、安装验收阶段的质量控制

输液泵、注射泵的安装验收是其全生命周期管理的第一关，是输液泵、注射泵购置管理和使用管理衔接的关键环节。安装验收工作一般由设备供货商、使用科室和医疗设备管理部门共同参加，各负其责。输液泵、注射泵的安装验收工作过程一般包括到货验收、安装调试、功能验收三个步骤。

（一）到货验收

到货验收是指到货之后、安装之前的验收，其工作重点是依据所签订的设备供货合同，

对到货的设备、附件及设备资质证件、设备随机技术资料等逐一清点核对，对设备外观进行检查确认。到货验收一般包括以下四个步骤。

1. 部门人员准备 输液泵、注射泵到达医院后，设备供货商告知医院有关部门（一般是医疗设备管理部门负责）具体拆箱装机时间，医疗设备管理部门负责人负责通知本科人员及相关科室人员做好验收准备。具体验收人员，由医疗设备管理部门中熟悉待验收输液泵/注射泵的各项技术性能、安装条件及配套要求的工程师和使用科室中熟悉输液泵、注射泵、注射泵基本性能及临床应用的科室技术骨干组成。

2. 商务资料提供 医疗机构验收人员应依据设备购置合同进行验收，对采购合同有异议或存在不明确的条款要及时向设备采购部门或合同签署部门汇报，确保合同每一个条款落到实处，并且具备可以核对设备信息的基本能力。设备供货商负责提供合同设备的全套必备资质证明材料，包括医疗器械注册证（或备案凭证）、医疗器械生产许可证、医疗器械经营许可证、生产厂家商务授权书等，如为法定检验检疫进口医疗设备，还需要提供货物的报关单和检验检疫证明。

3. 现场开箱清点 是到货验收的关键环节。新到输液泵、注射泵开箱时需设备供货商、使用科室人员和医疗设备管理部门人员三方在场，缺一不可。开箱前检查外包装是否按合同要求进行包装，是否有破损、污渍、重订、修补等情况，新到输液泵、注射泵外包装箱应有"小心轻放""向上""防潮"等字样或标志，对于运输中不可倾斜的设备，重点检查外包装箱上的倾斜运输"变色"标志是否变色。如出现包装方式与合同不符、外包装破损及"变色"标志变色等不正常情况，必须立即现场拍照并做好现场记录，参加验收货物的供货商签字确认，以明确责任，为将来索赔提供证据。开箱后，进行输液泵、注射泵数量和随机资料清点。工程师依据设备购置合同及详细配置清单、设备装箱单逐项清点核对，在核对数量是否一致的同时还要认真核对设备国别、生产厂家、规格型号是否与合同相符。如出现数量或设备与合同不符的情况，应当做好详细记录，三方现场签字确认，并保留好原厂包装，以便于供货商更换设备或索赔。设备包装箱内应有使用说明书、产品合格证（进口设备应有合格证明文件）、备份软件、维修手册、专用工具和备件等必备资料。

4. 设备外观检查 设备数量及随机资料清点无误后，进行输液泵或注射泵及附件的外观检查。重点查看外观是否完好，有无破损、变形、磨损、锈蚀情况，设备面板和开关是否完好无损，设备标牌内容是否符合国家标准。如设备外观存在可疑情况或设备标牌不符合要求，立即停止验收，并做好书面记录。

（二）安装调试

安装调试是到货验收的第二个关键步骤，是指在医院具备正常的环境、场地、电源、地线等必备外界条件后，由设备生产厂家装机工程师对输液泵、注射泵进行整体装配、通电试机、开机运行。安装工程师要严格按照使用说明书对输液泵、注射泵的各项技术参数逐一调试，并根据临床科室日常使用输液管路耗材的型号对输液泵、注射泵相关物理参数（如流量、阻塞压力等）进行校正，必要时可做临床功能验证。医疗设备管理部门的工程师应全程参加设备的安装调试，并随时监督检查安装质量，记录安装调试过程，严格按照技术规范安装调试，尽可能消除故障隐患，确保设备长期稳定运行。安装调试完成，输液泵、注射泵可以正常运转后，厂家设备安装工程师应协助医疗设备管理部门工程师、使用科室操作人员制定设备操作规程，规程应包括以下内容：操作人员技术要求、开机前检查事项、输液管路型号、开关机程序、操作步骤、常见故障及处理步骤、设备意外处理措施、临床应用注意事项等。

（三）功能验收

输液泵、注射泵的功能验收在到货验收、安装调试完成之后，正式进行临床应用之前进行，主要是对设备进行功能和性能检测及必要的安全性检查。

1. 功能验收准备　医疗设备管理部门应组织本科室熟悉同类输液泵、注射泵性能的工程师和使用科室技术骨干及其他使用人员详细阅读设备使用手册，了解设备各项临床应用功能、技术性能指标、检测办法与步骤，与厂家安装调试工程师一起，共同完成设备的功能验收。

2. 功能验收内容与具体步骤　功能验收主要包括设备配置验收、性能指标检测及输液泵、注射泵使用和维护培训。

（1）设备配置验收：是指根据设备购置合同配置清单中列出的各项功能，逐一进行现场操作演示核对，个别功能还需要进行临床验证。应认真检查配置是否齐全，是否与合同相符。

（2）性能指标检测：是指根据设备购置合同配置清单中列出的各项技术性能指标、设备技术手册及相关国家标准，按照生产厂家提供的测试要求、测试仪器进行逐项检查测试。认真对照生产厂家提供的性能指标，核对检测结果是否合格，并做好设备检测记录。输液泵、注射泵性能指标检测，对检测条件和检测设备有较高要求，许多单位通常不具备设施条件。可以邀请第三方专业检测机构或具备检测条件的兄弟单位协助检测。也可以利用设备自带检测软件进行检测，自带软件针对性强、操作方便、简单易行，是医疗设备性能指标检测的重要手段之一。

（3）输液泵、注射泵使用和维护培训：是功能验收不可缺少的重要内容，通过厂家安装工程师的现场培训和专门的临床应用培训，医疗设备管理部门工程师和使用科室具体操作使用人员可掌握输液泵、注射泵的使用操作规程、日常维护保养和常见故障的处理，确保设备在临床使用中的质量与安全。

到货验收、安装调试、功能验收三个步骤正式完成后，设备安装验收正式完成。医疗设备管理部门工程师应在验收现场填写本单位标准格式的设备安装验收记录表格，由使用科室负责人和生产厂家安装工程师现场签字确认。另外，设备临床使用培训完成后要填写《新增设备培训考核记录表》，参加培训人员现场签字确认后，设备方可投入临床正常使用。医疗设备管理部门还要负责把验收过程中产生的全部资料包括安装验收记录表、安装培训记录表等原件存入该设备技术档案。

二、日常使用中的质量控制

在临床实践中，输液泵、注射泵的使用质量控制一般通过设备操作者、临床工程师和设备质控者来具体实施，三者缺一不可，各负其责，相互配合，构成一个完整的医疗设备使用质量控制体系，使质量控制工作融入医疗设备日常使用管理之中。操作者在输液泵、注射泵日常使用中的质量控制主要包括以下内容：

（一）操作资质和使用记录检查

1. 输液泵或注射泵需悬挂设备操作规程。

2. 操作者需接受设备操作规程的培训，并经考核合格。

3. 在使用输液泵或注射泵时，需对设备名称、生产厂家、规格型号、使用日期、使用人员等信息进行详细记录。

（二）使用前设备外观状态检查

1. 输液泵或注射泵应结构完整，没有影响其正常工作或电气安全的缺陷或机械损伤。输液泵、注射泵外观应整洁干净，泵体表面洁净，注射泵泵槽、输液泵泵门无明显污渍，传感器部位无明显污痕。

2. 输液泵或注射泵设备出厂铭牌应完好无损，国别、生产厂家、规格型号、生产日期、医疗器械注册证号等相关信息完整无缺。

3. 设备所有部件包括外壳、提手、电源线、注射泵拉杆、夹钳、输液泵泵门等处于完好状态。

4. 设备通风口干净、清洁。

5. 输液泵、注射泵配套耗材如输液管、注射器应为合格产品，应使用设备专用配套输液管。

（三）开机后设备状态检查

1. 输液泵、注射泵使用外部供电（交流电）和内部供电（内置电池）时，供电指示灯应正常显示。

2. 设备所有开关、旋钮、按钮应开关顺畅、旋转顺滑、灵敏有效。

3. 在自然光正常照射或室内灯光下，输液泵、注射泵屏的显示内容应清晰可辨。

4. 开机通电自检正常，无错误提示代码。

5. 设备警示标志工作正常，警示标志灯点亮时应同时伴有声音报警。

（四）输液泵临床使用注意事项

1. 在使用输液泵时，要求操作者每次交接班时认真观察液体滴注是否通畅、输液管路有无气泡、注射皮肤部位有无红肿、针头位置是否正常，输液泵显示屏显示输注速度是否与药物要求输注速度一致，及时检查发现输液管路阻塞、药物外渗等非正常情况，防止药液引起人体组织损害；观察输液泵显示屏显示累积输液量与实际输液估计量误差，如差值较大应立即停止使用，并立即向医疗设备管理部门报修。

2. 输液泵使用时注意不要安装在输液袋或输液瓶的正下方，要有一个倾斜角度，确保顺泵管外壁流下来的液体滴到地面上，防止进入输液泵的药液渗入气泡和压力传感器之内，导致传感器故障。

3. 操作者在设置输液预置量时，要略小于输液量和药物量之和，防止药液实际用完后，不能进行输完报警。同时药液用完后一般会产生气泡，一旦输液泵气泡监测报警失效，空气极有可能进入人体，严重危害患者生命健康。

4. 输液泵控制的输液管路不能与其他输液管路连接，应单独建立静脉通道，最好使用静脉留置针注射。

5. 输液泵不可长时间连续使用，尤其在发现设备发热后，应启用备用机器，暂停使用发热设备一段时间，以免造成设备过热、功能失效。

6. 使用输液泵专用配套输液管路，确保流速精度。

（五）注射泵临床使用注意事项

1. 操作者应熟悉微量注射泵注射并发症并有高度认识，熟练掌握设备正确操作和速率设置。对需微量注射泵维持治疗的患者，做好"三查七对"，严格交接班。

2. 临床使用微量注射泵注射药物时，要密切观察患者反应和效果。如患者出现无明确原因的心悸、出冷汗等症状时，应立即脱开注射泵延长管和针头接头，观察血管是否通畅，切记不要在延长管部分折叠向血管内挤压，尤其在输注胰岛素时，避免因此导致患者血糖降速过快。

3. 应用微量注射泵为患者输液时，应建立专用输液通道。一般选择血管比较粗直、容易固定、便于观察的部位进行静脉穿刺。对循环衰竭患者应避免进行下肢静脉穿刺，防止药液外渗。使用深静脉或经外周静脉穿刺中心静脉置管管路泵入药液，可确保泵入速度快、药效好且持续稳定，方便患者抢救，还可以避免药物浓度过高导致的液体外渗或发生静脉炎。

4. 正确处理静脉回血。

5. 防止泵入药物浓度过高或过低。

6. 积极讲解仪器知识和优越性，消除患者恐惧心理。

（六）设备使用后的维护保养

1. 设备表面清洁 用干净的湿布加适量的清洁剂，对输液泵或注射泵外表进行擦拭，再用干净湿布擦拭表面，最后用干净布擦干，并放置在干燥的架子上即可。

2. 电池维护保养 电池欠压：输液泵或注射泵发出间断声光报警后，请及时充电或将泵接通交流电源；电池耗尽：输液泵或注射泵发出连续声光报警，泵即停止工作，请立即关机，重新接通交流电源后再使用。充电方法：在关机状态下，将注射泵接通交流电源，交流电指示灯亮，泵即处于充电状态。须在关机状态下连续充电 16 小时。当泵长期不用时，应每个月充电一次，以免内置电池自动放电而报废。当泵长期不用，在使用前应对电池做充放电检查，以免在停电情况下无法用内置电池工作，若发现电池已不能正常充放电，应用新的充电组合电池予以更换。

三、预防性维护

预防性维护，是指为了维持输液泵、注射泵处于最佳工作状态，周期性地对设备采取的一系列维护工作。具体工作包括系统操作性能检查、测试和调整，电气安全测试，设备外部清洁和内部除尘，机械部件的润滑及易损部件的更换等内容。

预防性维护通常由三级维护保养模式实施完成，俗称三级保养体系，即日常保养、一级保养和二级保养，各级维护保养内容及要求如下：

日常保养：主要包括对设备进行除尘、清洁、消毒和基本参数校正。日常保养是设备预防性维护工作的基础，应至少每周进行一次。一般由使用科室的临床医护人员在日常使用中完成。

一级保养：根据设备性能要求，参照使用说明书或维护手册，对设备消耗性材料进行定期更换，以及对容易发生故障的部件进行定期检查。

二级保养：是指根据设备故障发生的频率和特点，按计划定期对设备进行全面的功能检查、电气安全检查、性能测试和校准，以及对设备易损部件进行更换和故障重点部件进行拆卸检查，通过更换、调试、加油、自检及安全防护等技术手段，使设备符合出厂时的技术参数和性能指标要求。

二级和三级维护一般由临床工程师和厂家工程师配合完成。

（一）输液泵的清洁消毒

1. 每天连续使用8~10个小时，须更换泵内输液器位置，以保持较高的输液精度。

2. 连续使用24小时应更换输液器。

3. 保持气泡探头清洁，输液过程中避免药液流入输液泵泵片内、门轴内及气泡探头上。

4. 每日用75%乙醇溶液清洁显示器，用清水擦拭机身及导线，清洁显示器前先关闭触摸屏和显示器电源。

5. 使用结束后，关闭仪器，用75%乙醇溶液擦拭仪器机身及导线，仪器被血液、痰液、呕吐物等污染时，用含500mg/L含氯消毒剂擦拭。

6. 长期不使用时，应每隔3个月将输液泵插电源线充电24小时，以免电池因自动放电而报废。

（二）注射泵的清洁消毒

1. 使用前常规检查　确保此泵妥当放置，且安全牢靠，确认自检过程中声音和视觉警报功能正常，同时检查是否有损坏。为拟定的医疗选择适当的注射器/管路，检查电池电量是否充足，当显示"电池用完"或"电池预警信号"时，应立即更换电池。

2. 使用过程中　更换注射器时中断其与患者的连接，以防止不正确的剂量输入，确保输液管路没有扭结，选择患者不易受挤压部位的血管进行穿刺。

3. 保持机器外壳干净，不用时将其放在干燥通风处，若长期不使用，应将电池从设备中取出，每年检查电池触点是否被腐蚀，如金属触点上存在污垢，可用软橡皮擦除。

4. 应定期用干净的湿布加适量的清洁剂，对泵外表进行擦拭，再用干净湿布擦拭其表面，最后用干净布擦干即可，并放置在干燥的架子上。

5. 电池欠压时泵会发出间断声光报警，此时请及时充电或将泵接通交流电源；电池耗尽，泵会发出连续声光报警，泵即停止工作，请立即关机，重新接通交流电源后再使用。充电方法：在关机状态下，将注射泵接通交流电源，交流电指示灯亮，泵即处于充电状态。

6. 泵长期不用时，正常情况下应每3个月充电一次，以免内置电池因自动放电而报废。另外，泵长期不用，在使用前应对电池做充放电检查，以免在停电情况下无法用内置电池工作。

（三）输液泵常见故障检查与排除方法

1. 气泡报警　输液器中有空气。排除方法：将空气及时排除，检查气泡探头是否干净，若探头有污染，用酒精棉球擦干净或更换泵内输液器软管位置。

2. 堵塞报警 管路折叠、调节器关闭、针头堵塞。排除方法：针对报警原因及时查看并处理。

3. 滴速报警 输液器设定与实际不符或用错输液器。排除方法：按输液泵选择正确型号。

4. 电池欠压报警 外部电源接插不正确，内部电池电量接近用完。排除方法：正确连接外部电源，必要时手动输液。

5. 暂停超时报警 输液泵停止状态超过 60 秒。排除方法：重新启动输液泵。

6. 低温报警 室内温度低于（10±1）℃。排除方法：提高室温至 11℃以上。

（四）注射泵常见故障检查与排除方法

1. 注射过程中出现堵塞报警，有可能由以下三种情况引起：

（1）药物配伍不当产生沉淀引起的远心端注射器通道堵塞。

（2）管道受压或扭曲导致药液注入受阻等。

（3）注射器排空。

发生堵塞报警，泵会自动减少积聚的液体量，此时应断开其与患者的连接，并打开推注装置锁，减少积聚液量。针对起因的不同采取不同的对策。对于第一种情况，保证药物正确配伍，更换延长管；第二种情况，则应调整患者的体位，妥善安置管道，保证注射通道的顺畅；第三种情况，由于不同的注射器差异，压力报警可能会先于输液完成报警而发生，此时应检查注射器。

2. 部分注射泵开机时可能显示系统报警代码同时伴随有持续的声音报警信号，此种情况可能为设备自检故障造成。通常可以持续按住开关键使设备报警标识消失，然后放开键，再次开机。如果还发生故障报警，则是内部故障，需要专业工程师维修。

3. 注射泵在接通交流电后开机时，可能会出现由于内部蓄电池欠压而导致无法通过自检的情况。应根据设备生产厂商提供的维修手册确认报警原因，并对注射泵内部各供电排线进行检查，确认无松动后将注射泵恢复原状并对注射泵在关机状态下进行一定时间的充电操作。同时提醒使用科室相关人员关注注射泵电池电量信息，并定期进行充放电保养操作。如依然无法排除故障，应立即联系专业工程师进行设备维修。

4. 个别按键失效。注射泵使用的时间久，有可能会发生此种情况，此时可小心揭开前面板的贴膜，使按键暴露出来，把不起作用的按键轻轻取下来，稍稍用力掰四个角，使其恢复原形状，再装上、贴好膜，问题可解决。如果是规则的某一列或全部按键不起作用，此方法就不再适用。

5. 当注射泵检测不到注射器时也会发出报警。使用者应确认注射器的安装是否正确，打开机箱，用无水酒精擦拭针管探测器，把针管探测器安装牢固，如果还不能解决问题，就需要请专业工程师维修。

（五）输液泵、注射泵使用注意事项

1. 正确设定输液剂量和输液流速。

2. 使用普通输液器输液时，应保证温度不低于 17℃，若低于 17℃，输液泵发出声光报警，输液器指示灯闪烁并停止输液。

3. 要经常对输液泵进行擦拭，保持清洁，以免药液凝固影响开门等机构的灵活性，以

及避免药物对输液泵的腐蚀。用湿润干净抹布或酒精棉球清洗时，不要使液体流入输液泵内。气泡探头表面要保持清洁，以免其灵敏度降低。

4. 保护传感器。不得用手或器械触碰阻塞传感器和气泡探头，以免影响灵敏度，引起误报。

5. 保险丝损坏时，根据其规格更换，更换前一定要拔掉电源插头。

（六）电气安全检测

1. 保护接地阻抗测试 如图 4-11 所示，连接输液泵、注射泵和测试装置，接通检测仪器及输液泵、注射泵电源。首先对检测仪器的探测电缆进行归零校准，之后使用测试探针依次连接输液泵、注射泵的保护接地端子、等电位端子等位置，记录分析仪读数。在测量期间，在整个长度上移动电源线，并且不得改变电阻。保护接地阻抗的最大值（包括单个仪器的定连接电源线，或者只能使用工具拆卸的电源线）均不得超过 4Ω。

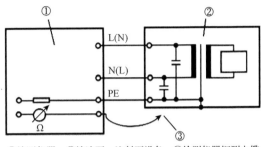

①检测仪器；②输液泵、注射泵设备；③检测仪器探测电缆

图 4-11 保护接地阻抗测试电路图

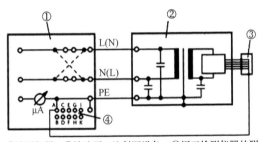

①检测仪器；②输液泵、注射泵设备；③用于检测仪器的测试适配器；④应用部件连接器

图 4-12 漏电流检测电路图

2. 漏电流测试 如图 4-12 所示，连接输液泵、注射泵和测试装置，接通检测仪器电源。将分析仪的功能旋钮切换至漏电流档，测量时，将测试线依次与被测设备的外壳接地点、输注管路相连，分别记录分析仪读数。进行第二次测试时，将电源插头的零、火线对调插入插座中。很多检测仪器都能通过内部转换开关模拟极性反转后的电源插头。测试完毕后，一定要将被测设备恢复至原始的位置。

四、物理参数的质量控制检测

对医用注射泵和医用容量式输液泵（以下简称注射泵和输液泵）在第一次使用前的校准，以及使用过程中的周期性校准，均应按照 JJF 1259《医用注射泵和输液泵校准规范》进行，以确保其物理性能的准确和统一。而对于用户在使用中对输注泵进行的质量控制检测，可参照该校准规范，在实际使用的流量范围和压力范围内，根据需要来确定具体的检测点。

（一）检测参数

注射泵和输液泵的物理参数主要包括流量和阻塞压力。

1. 流量 流体流过一定截面的量称为流量。流量是瞬时流量和累积流量的统称。在一段时间内流体流过一定截面的量称为累积流量，也称总量。当时间很短时，液体流过一定截面的量称为瞬时流量，在不会产生误解的情况下，瞬时流量也可简称为流量。流量用体积表示时称为体积流量，用质量表示时称为质量流量。

JJF 1259 要求检测的是注射泵和输液泵的瞬时体积流量，即单位时间内流过管道横截面的流体体积，单位为 ml/h。

注射泵和输液泵的流量范围通常为 5～1000ml/h，最大允许误差和重复性应符合表 4-5 的规定。

表 4-5　流量示值的最大允许误差和重复性

器具名称	流量范围/（ml/h）	最大允许误差/%	重复性/%
注射泵	[5, 20）	±6	2
	[20, 200]	±5	2
	（200, 1000]	±6	2
输液泵	[5, 20）	±8	3
	[20, 200]	±6	3
	（200, 1000]	±8	3

2. 阻塞压力　是在输液过程中，为避免输注管路出现意外阻塞时对患者造成伤害，要求注射泵和输液泵不得出现的一个能够使输注管路产生破裂或泄漏的最大压力。因此，注射泵和输液泵均具有阻塞报警功能，当输注管路中的阻塞压力达到阻塞报警设定值时，将触发一个可听报警并自动停止继续输液。

阻塞报警设定值的范围为 0～200kPa，其最大允许误差为 ±13.33kPa（即 ±100mmHg）或阻塞报警设定值的 ±30%，两者取大者。

（二）检测装置

医用注射泵和输液泵检测仪（以下简称检测仪）是检测注射泵和输液泵的专用装置，通常具有流量、累积流量和压力三种测量功能。主要由液体采样模块、压力采样模块、计时器模块、信号处理模块和显示模块等组成。

检测仪的流量范围要求至少为 5～1000ml/h，压力范围至少为 0～200kPa，其最大允许误差、重复性和分辨力应符合表 4-6 的规定。

表 4-6　医用注射泵和输液泵检测仪技术指标

主要参数	测量范围	最大允许误差	重复性	分辨力
流量	[5, 20] ml/h	±（2.0%读数+1 个分度值）	1.0%	0.01ml/h
	[20, 200] ml/h	±（1.0%读数+1 个分度值）	0.5%	0.01ml/h 或 0.1ml/h*
	（200, 1000] ml/h	±（2.0%读数+1 个分度值）	1.0%	0.1ml/h
阻塞压力	0～200kPa	±2.0kPa	—	—

*要求流量示值最少具有 4 位有效数字。

检测仪常用流量检测方法有容积法、气泡法、液面法等。

1. 容积法　早期的检测仪大多采用此种测量方法。该方法需要一个采样容积非常精确的泵，基本原理是依靠采样泵对管道内流动液体进行多次采样，从而得到精确的流速。由于这种方法对泵的精度要求很高，相应成本也很高，目前已基本被其他方法取代。

2. 气泡法　采用气泡法的检测仪主要通过一个气泡发生器和一组光学传感器来实现测量。开始测量后，气泡发生器产生的一个标准气泡，与管道内流动的液体一起通过一个玻璃管。布置在玻璃管外的光学传感器可测量出气泡的移动速度，此速度即为管道内液体的流动速度。当气泡通过最后一个传感器后，气泡发生器再产生一个标准气泡。如此往复循环，即可得到液体流动的平均速度。

3. 液面法　采用液面法的检测仪，其内部测量管路为一玻璃管，两侧分布着多对光学传感器，最底端和最顶端传感器之间的玻璃管容积是已知的。测量开始后，流动的液体从底部进入玻璃管内，最底端的传感器将首先检测到液体；随着液面的升高，检测仪可根据各对传感器检测到液面的时间计算出液体的流动速度；当最顶端传感器检测到液面时，表明测量管路已充满液体，此时管路两端阀门关闭，待管路内的液体排空后，阀门重新开启，如此循环测量，可得到液体流动的平均速度。

（三）检测方法和数据处理

1. 流量相对示值误差的检测　注射泵和输液泵在临床上的使用目的和使用情况各不相同，因此在检测流量相对示值误差的时候，流量的检测点应根据被检仪器的实际使用范围，按需要确定检测点数，一般不少于 3 个点，且应尽可能分布在表 4-6 规定的不同的流量范围段中。

检测时，按照检测仪的使用说明连接好被检仪器，注意应排空管道内的气泡，避免产生测量误差。每个检测点测量 3 次。检测时，必须待流量稳定后方可记录。对于同时具有瞬时流量和平均流量测量功能的检测仪，记录平均流量读数。

流量相对示值误差按公式计算：

$$\delta_i = \frac{Q_i - \bar{Q}_i}{Q_i} \times 100\% \qquad (4\text{-}1)$$

式中，δ_i 表示被检仪器第 i 检测点的流量相对示值误差；Q_i 表示被检仪器第 i 检测点的流量设定值；$\bar{Q}_i$ 表示检测仪在第 i 检测点 3 次测量值的算术平均值。

2. 流量示值重复性　使用检测流量相对示值误差得到的测量值，按极差公式计算可得到各检测点的流量示值重复性：

$$b_i = \frac{R}{1.69\bar{Q}_i} \times 100\% \qquad (4\text{-}2)$$

式中，b_i 表示被检仪器第 i 检测点的流量示值重复性；R 表示检测仪在第 i 检测点 3 次测量值的极差。

取上述各检测点的最大示值重复性作为被检注射泵或输液泵的重复性检测结果。

3. 阻塞报警误差　按照检测仪的使用说明连接好被检仪器，注意管道的密闭性，避免因漏气产生测量误差。将被检仪器设置为输液状态，流量设定为中速，检测仪设置为测试阻塞报警状态。当被检仪器输液受阻后，必须产生相应的声光报警并停机，记录此时检测仪测得的阻塞报警阈值，同时检查被检仪器是否出现漏液及管道破损等现象。

对于具有多级阻塞报警设定值的被检仪器，可根据用户的实际使用情况及临床需求进行检测。

阻塞报警误差按公式（4-3）或公式（4-4）计算：

$$\Delta P = P_s - P_c \qquad (4\text{-}3)$$

$$\Delta P_r = \frac{P_s - P_c}{P_c} \times 100\% \qquad (4\text{-}4)$$

式中，ΔP 表示被检仪器阻塞报警绝对误差；ΔP_r 表示被检仪器阻塞报警相对误差；P_s 表示被检仪器阻塞报警设定值；P_c 表示检测仪测得的阻塞报警阈值。

（四）需要注意的问题

1. 输液管路的选择　输液泵的流量准确与否，不仅取决于泵的质量好坏，使用的输液管路对流量也具有很大的影响。输液泵生产厂家通常会申明：为保证输液泵的流量准确，应使用生产厂家指定的专用输液管路。因此，在 2010 版的 JJF 1259 中，也规定检测输液泵流量时应使用输液泵生产厂指定厂商的输液管。但是，考虑到医院目前大量使用的是一次性输液管，并不是"生产厂指定厂商的输液管"，2018 版 JJF 1259 认为，应对设备的实际使用情况进行检测以发现使用中可能存在的问题。因此，新规范要求将输液泵与用户实际使用的输液管路作为一个整体进行检测，并在检测原始记录及检测证书等文件中，详细记录检测所使用的输注管路的生产厂商、型号规格等信息。对于在检测中发现的由输液管路造成的检测结果的超差情况，检测人员应该明确告知用户，以提醒用户使用不合格输液管路可能带来的危害，以消除隐患。

2. 注射器的匹配　注射泵在使用时，有一个重要步骤是进行注射器的匹配。注射泵的流量 Q 的计算公式为 $Q = \pi r^2 L$，式中 r 为注射器的内半径，L 为注射器内活塞的直线运动速度。由上式可知，注射器型号是否匹配，质量是否合格，对注射泵的流量范围及流量误差具有很大的影响。

3. 中速的规定　分析注射泵和输液泵阻塞压力的检测数据可知，阻塞报警误差与检测时使用的流量有关，因此 JJF 1259 规定，必须在中速条件下检测阻塞报警误差，并依据 GB 9706.27—2005《医用电气设备 第 2-24 部分：输液泵和输液控制器安全专用要求》，对中速的定义如下：①对于容量式输液泵和容量式输液控制器，速度设定为 25ml/h；②对于注射泵，速度设定为 5ml/h；③对于特殊使用设备和便携式输液泵，设定为制造商规定的速度作为设备的标准速度。

4. 稳定状态的判别　在检测输液泵流量时，GB 9706 27—2005《医用电气设备 第 24 部分：输液泵和输液控制器安全专用要求》与 JJF 1259 仅要求"必须待流量稳定后方可记录"，但并未给出具体的判断方法，主要是因为对于不同原理的输液泵和检测仪，流量稳定的情况与所需的时间差别很大，很难给出一个通用的判断方法，需要检测人员根据检测仪流量值的变化来加以判断。

常见的流量变化情况有以下三种：

（1）最常见的情况是流量数值刚开始呈现一直增大或减小的趋势，此时流量尚未稳定。随着时间的延长，流量逐渐趋近于某一流量值，可判断流量稳定。

（2）流量读数在某一流量值附近上下跳变，随着时间的推移，跳变幅度逐渐减小且逐渐趋近于该流量值，可判断流量稳定。

（3）瞬时流量一直存在较大的跳变且无减小的趋势，但基本能保持在某一流量值附近，当其平均流量稳定在该流量值附近时，可判断流量稳定。

5. 阻塞报警设定值的理解　输液泵和注射泵都具有设置阻塞报警设定值的功能，但不同厂家的仪器要求各不相同。在实际检测中，大致会碰到下面四种阻塞报警设定值的情况：

（1）设定值为一固定值：如 500mmHg，其 30%为 150mmHg，大于 100mmHg，依据 JJF 1259 的要求，应按照（500±150）mmHg 的要求进行检测。

（2）设定值以允差形式表示：对于低于 JJF 1259 的要求的少数仪器，如（500±160）mmHg，应以规范规定的允差作为最低要求，即按照（500±150）mmHg 进行检测；当仪器的要求优于规范要求时，如（500±120）mmHg，若客户要求，也可使用该指标进行检测，但应说明指标来源。

（3）设定值以压力范围的形式表示：如 300～700mmHg，应视为设定值为（500±200）mmHg，低于规范的要求，应按照（500±150）mmHg 的要求来进行检测。

（4）找不到设定值的说明，或以"高/低""High/Low"等表示时，可在检测报告中出具阻塞报警阈值的实际测量值，并说明情况。

习　题

1. 简述静脉输液的目的。
2. 简述静脉输液治疗形式经历了几次变化，以及变革的原因。
3. 简述输液泵的功能特点。
4. 简述指状蠕动泵与半挤压式蠕动泵的区别。
5. 输液泵、注射泵监测系统通常包括哪些传感器？
6. 简述输液泵应具备的基本技术要求。
7. 简述注射泵的工作原理。
8. 简述注射泵的功能特点。
9. 输液泵的使用风险包括哪些？
10. 输液泵的操作风险包括哪些？
11. 简述输液泵和注射泵流量相对示值误差的检测方法。
12. 输液泵、注射泵报警阈值无法设置属于哪种风险因素？
13. 输液泵、注射泵键盘损坏可能导致哪些风险？
14. 当输液泵、注射泵显示速率与实际输液速率相差较大时，应采取哪些处置措施？
15. 当输液泵管与输液泵不匹配时，应采取哪些措施保证输液精度？
16. 简述降低输液泵/注射泵使用风险的措施。
17. 输液泵/注射泵清洁不当可能导致的风险有哪些？
18. 简述可能导致输液泵/注射泵系统失效的风险因素。
19. 简述输液泵、注射泵在临床应用的目的。
20. 使用输液泵、注射泵时，使用者有哪些注意事项？
21. 简述输液泵、注射泵运行速度与累积流量的设定依据。
22. 简述输液泵、注射泵运行时患者的注意事项。
23. 输液泵、注射泵安装验收由哪些部门及人员参与完成？
24. 简述输液泵、注射泵安装验收的文件包括哪些，在验收过程中发现问题时的处置措施。
25. 在临床实践中，输液泵、注射泵的使用质量控制由哪些部门及人员参与方可使质量控制工作融入医疗设备日常使用管理之中?

26. 对需微量注射泵维持的患者，操作者应做哪些工作保证患者的输液安全?

27. 当输液泵、注射泵存在长期不使用的情况时,应采取哪些措施对其进行质量控制?

28. 与输液泵、注射泵直接相关的国家标准都有哪些?

29. 目前国内校准检测输液泵和注射泵物理参数的主要技术法规依据有哪些?

30. 简述输液泵和注射泵阻塞报警误差的检测方法。

31. 简述在检测输液泵流量参数时，对输注管路的选择原则和处理方法。

32. 简述在检测注射泵流量参数时，匹配注射器的意义。

参 考 文 献

安德鲁·沃勒德，2004. 21 世纪计量的新发展[J]. 中国计量，（12）：8-10.

曹德森，刘光荣，吴昊，2007. 基于风险分析的医疗设备管理[J]. 中国医院院长，（7）：50-53.

曹德森，吴昊，2007. 医疗器械临床应用质量管理[J]. 中华医院管理杂志，23（8）：505-509.

陈宏文，黄鸿新，王胜军，2017. 医疗器械使用质量管理工作指南[M]. 长沙：中南大学出版社：110-116.

陈靖，杨元弟，2010. 当代医学计量的特点及发展趋势[J]. 中国计量，（8）：68-72.

陈晓红，任国荃，周丹，等，2008. 医疗设备质量控制体系构建实践与研究[J]. 解放军医院管理杂志，（15）：384-386.

陈晓红，周丹，曹德森，2010. 谈医疗设备质量控制工作的价值[J]. 中国计量，（9）：68-70.

陈学钊，周燕朋，2013. 呼吸机的日常管理与维护[J]. 中国医学装备，10（2）：59-60.

戴顺平，陈泓伶，2012. 临床医学工程部门的发展现状及展望[J]. 中国医疗设备，27（1）：61-63.

杜和诗，2013. 医学计量、质量控制与医学装备质量保证的关系[J]. 医疗卫生装备，（6）：120-123.

杜和诗，高慧，2007. 计量检测在医学装备质量保证中的作用[J]. 中国计量，（9）：16-18.

杜和诗，孙志辉，2003. 关于新世纪医学计量发展方向的探讨[J]. 医疗卫生装备，（10）：28-29.

段宇宁，2013. 计量新趋势[J]. 中国计量，（3）：17-21.

高关心，2017. 临床工程管理概论[M]. 北京：人民卫生出版社：163-166.

郭军涛，陈基明，田晓东，2006. 美国 OHMEDA 麻醉机故障分析与排除［J］. 中国医学装备，3（3）：56.

国家食品药品监督管理总局，2017. 风险管理对医疗器械的应用[S]. 北京：中国标准出版社.

何金圣，徐立平，蒋丽丽，2013. 医院等级评审与医学工程学科的发展[J]. 中国医疗设备，28（1）：104-105.

贾国良，葛毅，2005. 医疗设备系统性故障的认知和处理[J]. 医疗设备信息，（8）：61-62.

贾璐文，2018. 脉冲泵在分娩镇痛中的研究应用[J]. 中国医刊，53（12）：19-24.

蒋冬贵，王刚，努尔江·沙布开，等，2010. 医疗器械不良事件发生原因及分析方法[J]. 中国药物警戒，7（1）：16.

黎经何，2018. 植入式门静脉泵防治肝移植术后门静脉血栓复发[J]. 中华肝胆外科杂志，1（24）：1.

李强，2016. 探讨医学工程学科在医疗器械不良事件监测中的作用[J]. 中国医学装备，13（5）：138-140.

李庆功，2009. 临床风险管理[M]. 北京：人民卫生出版社：100-103.

李威，倪萍，马继民，2014. 呼吸机质量控制检测常见问题分析[J]. 中国医疗设备，29（05）：58-60.

梁林玉，2017. 临床工程师在呼吸机的管理应用中的作用[J]. 中国医疗器械信息，23（18）：142-143.

刘庆，唐晓薇，杨东明，2016. 中国医疗设备维修技术指南[M]. 2 版. 长春：吉林大学出版社：342-345.

刘胜林，张强，等，2012. 临床医学工程中的人因工程[J]. 中国医疗设备，27（10）：9.

刘文丽等，2015. 医学计量体系框架[M]. 北京：中国计量出版社.

卢爱国，2012. 医疗设备质量控制体系的构建[D]. 重庆：第三军医大学：29-44.

卢根娣，王世英，2009. 呼吸机操作手册[M]. 上海：上海科学技术出版社.

鲁永杰，金伟，2012. 麻醉科医疗设备质量控制方法[J]. 中国医学装备，11：49-51.

伦丽芳，张榛芬，李镜钦，等，2001. 输血泵替代人工外周同步换血方法及护理[J]. 实用护理杂志，17（7）：28-29.

孟杰雄，王燕，刘志成，2006. 医疗器械风险分析方法的介绍与应用展望[J]. 标准监测备信息，（1）：49-54.

潘泽森，陈宇珂，何兴华，等. 2016. 呼吸机质量控制与维护保养典型案例分析[J]. 中国医学装备，13（12）：10-13.

漆小平，董海龙，付峰，2016. 手术室设备[M]. 北京：科学出版社.

谦梓，2017. 围术期用药安全：临床现状与指南解读[J]. 麻醉安全与质控，（4）：163-167.

宋菲，董迪，陈宁，等，2017. 风险管理在胰岛素及其类似物用药错误防范中的应用[J]. 中国医院药学杂志，37（7）：650-653.

孙建海，2018. PCA 泵自控镇痛在癌痛治疗中的应用效果观察[J]. 中国地方病防治杂志，12，33（6）.

孙劼，张璞，曹德森，等，2018. JJF1234-2018《呼吸机校准规范》解读[J]. 中国计量，（11）：118-120.

孙劼，张璞，李姜超，2018. 呼吸机质量检测仪校准中应注意的问题[J]. 中国计量，（5）：109-111.

汤黎明，周耀平，胡新勇，2009. 卫生装备质量控制与计量管理技术规范[M]. 南京：南京大学出版社：4-24，452-461，467-474.

田君鹏，林小灵，胡立勇，等，2016. 医院卫生装备质量控制体系的建立[J]. 中国医疗设备，（31）：165-166.

仝青英，李振华，范铁锤，等，2007. 对医疗设备安全管理的探讨[J]. 中华医院管理杂志，23（10）：678-679.

王成，钱英，2017. 医疗设备原理与临床应用[M]. 北京：人民卫生出版社：180-203.

王国庆，2014. 关于呼吸机质量控制的探讨[J]. 医疗装备，27（7）：23-25.

王慧，2013. 浅谈医院生物医学工程学科建设[J]. 中国医疗设备，28（3）：134-135

王新，2017. 医疗设备维护概论[M]. 北京：人民卫生出版社：16-23，208-219.

文强，熊学财，2011. 基于轨迹交叉理论的有源医疗器械不良事件致因模型研究[J]. 中国药物警戒，8（1）：34-37.

吴正煜，杜和诗，孙志辉，等，2004. 医学计量学科构架及特征初探[J]. 中国医疗器械杂志，（28）：376-378.

肖胜春，卢兴平，曹德森，等，2008. 呼吸机通气质量检测及质量评估方法[J]. 中国医疗设备，（1）：40-43.

谢松城，徐伟伟，2004. 医疗设备管理与技术规范[M]. 杭州：浙江大学出版社：80-87.

谢松城，严静，2016. 医疗器械管理与技术规范[M]. 杭州：浙江大学出版社：111-120.

徐恒，许峰，2011. 医学计量在医疗设备质量控制中的作用[J]. 质控与计量，26（5）：89.

严劲，2014. 输液泵的使用安全与发展趋势[J]. 医疗装备，（9）：96-97.

杨立群，2015. 当代麻醉机[M]. 上海：世界图书出版公司.

于树滨，2010. 医用输液泵　注射泵质量控制检测技术[M]. 北京：中国计量出版社：13-19，34-38.

张臣舜，2011. 呼吸机应用与维修[M]. 昆明：云南科技出版社.

张健，张蓓，2014. 浅谈医疗设备的计量管理与检测[J]. 中国计量，（1）：22-23.

张坤毅，2009. 生物医学工程人员工作职能转变的探讨[J]. 医疗卫生装备，30（1）：117-118.

张曼华，高树森，张秋实，等，2013. 麻醉机工作原理及麻醉气体浓度输出检测方法探讨[J]. 中国医学装备，10：32-35.

张朋，2009. 输液泵/注射泵的发展趋势研究[J]. 中国医疗器械杂志，33（4）：282-285.

张秋实，2010. 呼吸机麻醉机质量控制检测技术质量控制检[M]. 北京：中国计量出版社.

张素敏，2008. 我国医疗器械不良事件报告的影响因素探讨[J]. 中国药物警戒，5（4）：32-33.

张叙天，2009. 医疗设备安全应用与质量控制系统的构建[D]. 武汉：华中科技大学：9-13.

赵鹏，李长兴，贾建革，等，2011. 输液泵分析仪测量原理比较分析[J]. 医疗卫生装备，32（2）：131-132.

郑惠芳，杨建珍，1999. 微泵注射并发症的原因分析及对策[J]. 中华护理杂志，34（2）：125.

周理治，姜天，郑小溪，2012. 结合质量管理要求实施呼吸机日常维护保养的实践[J]. 中国医学装备，9（03）：48-50.

朱蕾，刘又宁，钮善福，2008. 临床呼吸生理学[M]. 北京：人民卫生出版社.

CNAS-CL01 检测和校准实验室能力认可准则[S].

Dosch M，Nagelhout J，Plaus K，2014. Anesthesia equipment[J]. Nurse Anesthesia，242-291.

Felodman J，Olympio M，Martin D，2008. New guidelines available for Pre-Anesthesia Checkout[J]. ASPF Newsl，23：6-7.

GB/T 4999—2003 麻醉呼吸设备　术语[S].

GB9706.1—2007，医用电气设备　第 1 部分：安全通用要求[S].

GB9706.29—2006，医用电气设备　第 2 部分：麻醉系统的安全和基本性能专用要求[S].

International Organization for Standardization ISO/13485：2003，Medical Devices Quality Management Systems Requirements for Regulatory Purpose[S/QL]. [2009-10-28]. http：//www. iso. org/iso/catalogue_detail. h-tml?csnumber=36786.

International Organization for Standardization ISO/14971：2007，Medical Devices Application of Risk Management to Medical Devices[S/QL]. [2009-10-28]. http：//www. iso. org/iso/catalogue_detail. html?csnumber=38193.

Morey，Bruce，2013. Medical metrology assists with FDA reporting rules[J]. Manufacturing Engineering，150（5）：89-90，92-96，98.

Morey，Bruce，2014. Medical metrology finds the best fit[J]. Manufacturing Engineering，152（5）：63-64，66-68，70，72-73.

YY 0635.4—2009 吸入式麻醉系统　第 4 部分：麻醉呼吸机[S].